# 非煤地下矿山生产现场管理

主编 赵炳云

北京

冶金工业出版社

2013

## 内 容 简 介

　　本书内容主要分三部分。第一部分介绍现场管理的基础知识与基本方法，主要包括现场管理的基本概念、标准化管理、目视管理等内容；第二部分讲述地下矿山安全管理的基本理论与基本方法，主要包括地下矿山防火、矿山事故处置与应急救援以及地下矿山常见的安全事故案例等内容；第三部分讲述地下矿山生产技术管理，主要包括采矿方法简介及分类、矿山井下爆破知识以及矿山环保基础知识等内容。

　　本书可作为非煤地下矿山负责人或生产矿长、班组长等生产现场管理人员的培训和自学教材使用，也可供采矿工程专业技术人员和师生参阅。

**图书在版编目(CIP)数据**

　　非煤地下矿山生产现场管理/赵炳云主编 . —北京：冶金
工业出版社，2013.1
　　ISBN 978-7-5024-6094-5

　　Ⅰ.①非… Ⅱ.①赵… Ⅲ.①矿山—地下开采—生产
管理 Ⅳ.①TD803

　　中国版本图书馆 CIP 数据核字(2012)第 248083 号

出 版 人　谭学余
地　　　址　北京北河沿大街嵩祝院北巷 39 号，邮编 100009
电　　　话　(010)64027926　电子信箱　yjcbs@ cnmip. com. cn
责任编辑　袁建玲　美术编辑　李 新　版式设计　孙跃红
责任校对　卿文春　责任印制　李玉山
ISBN 978-7-5024-6094-5
冶金工业出版社出版发行；各地新华书店经销；北京慧美印刷有限公司印刷
2013 年 1 月第 1 版，2013 年 1 月第 1 次印刷
169mm×239mm；14 印张；271 千字；211 页
**48.00 元**
**冶金工业出版社投稿电话：(010)64027932　投稿信箱：tougao@cnmip. com. cn**
**冶金工业出版社发行部　电话：(010)64044283　传真：(010)64027893**
**冶金书店　地址：北京东四西大街 46 号(100010)　电话：(010)65289081(兼传真)**
　　　　　(本书如有印装质量问题，本社发行部负责退换)

# 《非煤地下矿山生产现场管理》
## 编辑委员会

# 前　言

非煤矿山行业是对经济社会发展具有重大影响的资源性和基础性行业，也是高危特殊行业。加强矿山企业生产现场管理，是深入贯彻落实科学发展观，体现以人为本，促进企业和谐发展的需要。为提高非煤地下矿山生产现场管理工作水平，安徽省经济信息化委员会针对非煤矿山的实际，组织编写了《非煤地下矿山生产现场管理》，力图在为矿山生产管理人员系统学习现场管理基础理论、全面掌握矿山生产现场管理的基本理论和方法上提供有针对性的培训教材。本书的内容主要有三部分。第一部分介绍了现场管理的基础知识，包括现场管理的基本概念、5S管理、目视管理、定置管理和看板管理等内容；第二部分介绍了地下矿山安全管理的基本理论与基本方法，包括地下矿山防火、井下防水、事故处置与应急救援、安全避险"六大系统"建设、井下职业安全卫生管理以及地下矿山常见的安全事故案例等；第三部分介绍了地下矿山生产技术管理，包括采矿方法简介及分类管理、矿山井下爆破知识以及矿山环保的基础知识等。

本书先后在安徽省经济信息化委员组织举办的五期非煤地下矿山现场管理培训班进行了试用，同时针对试用反馈意见不断修改充实。试用效果表明，本书对提升现场管理人员的管理水平、提高工作效率，创造良好工作环境、减少生产安全事故、奠定矿山企业管理基础，有较好的帮助和指导作用。

本书汇集了国内外非煤矿山行业现场管理的理论与实践总结，对非煤矿山的现场管理具有较强的针对性和指导性。希望对非煤矿山企业现场管理水平的提升、防范生产安全事故意识和能力的提高，起到积极的促进作用。

安徽工业职业技术学院对本书的编写给予了大力支持。参加本书编写的有黄玉焕、曹有智、季惠龙、王林、赵兴国、罗国平等，由黄玉焕、李世杰负责统稿。本书编写过程中得到铜陵有色金属集团公司领导和有关人员的帮助与指导，在此表示感谢。书中引用、参考了一些文献和资料，谨向这些文献和资料的作者表示诚挚谢意。由于水平所限，书中如有错漏与不妥之处，敬请读者批评指正。

编　者

2012 年 10 月

# 目　　录

# 1 现场管理基础知识

## 1.1 现场管理综述

### 1.1.1 现场管理概念

"现场"指的是"实地"——实际发生行动的场地。现场这个概念，有广义和狭义两种。

就广义而言，所有的企业，都要从事三项直接与赚取利润有关的主要活动：开发、生产及销售。若缺少这些活动，公司是无法存在的。因此，"现场"指的是这三项主要活动的场所。在许多服务业里，"现场"是指接洽顾客与服务顾客的地方。旅馆业的现场到处存在：在大厅里、餐厅里、客房里、接待室里、登记柜台处，以及值班管理处。银行的柜台出纳员是在现场工作，贷款员也是在现场接受贷款申请。同样在办公室里，在桌上办公的员工和坐在电话交换机前的总机人员，也都是在现场工作。因此，现场涵盖了多种层面的办公及管理部门。这些服务业公司的大多数部门里，也具有一些部门间活动的内部顾客，这些活动也可视为现场。

就狭义而言，"现场"指的是制造产品的地方，是指企业从事直接生产或包括辅助生产过程的现场，是生产系统布置的具体场所，是企业实现生产经营目标的重要基础。一般情况下大家默认的现场是指狭义上的现场。

研究表明，制造业中产品成本的50%～80%是在制造现场发生。因此，生产现场管理水平的高低直接影响着企业管理的效率和竞争力，直接影响产品质量、成本、交货期、安全生产和员工士气。

现场管理就是指用科学的管理制度、标准和方法对生产现场各生产要素，包括人(工人和管理人员)、机(设备、工具、工位器具)、料(原材料)、法(加工、检测方法)、环(环境)、信(信息)等进行合理有效的计划、组织、协调、控制和检测，使其处于良好的结合状态，达到优质、高效、低耗、均衡、安全、文明生产的目的。现场管理是生产第一线的综合管理，是生产管理的重要内容，也是生产系统合理布置的补充和深入。

### 1.1.2 现场管理基本内容

(1) 现场实行"定置管理"，使人流、物流、信息流畅通有序，现场环境整洁，文明生产。

（2）加强工艺管理，优化工艺路线和工艺布局，提高工艺水平，严格按工艺要求组织生产，使生产处于受控状态，保证产品质量。

（3）以生产现场组织体系的合理化、高效化为目的，不断优化生产劳动组织，提高劳动效率。

（4）健全各项规章制度、技术标准、管理标准、工作标准、劳动及消耗定额、统计台账等。

（5）建立和完善管理保障体系，有效控制投入产出，提高现场管理的运行效能。

（6）搞好班组建设和民主管理，充分调动职工的积极性和创造性。

### 1.1.3 现场管理的重要性

（1）现场能提供大量的信息。俗话说："百闻不如一见"间接的信息不一定都是真实的，要想获得准确的第一手材料，只有到现场去做深入细致的调查了解。

（2）现场是问题萌芽产生的场所。现场是企业活动的第一线，无论什么问题，都是直接来自现场，出现问题时如不及时采取对应的措施，放任自流而任其发展，向着好的方面发展的概率要比向坏的方面发展的概率要小得多。

（3）现场最能反映出员工的思想动态。人是有感情、有思维的，一个人所做的工作不一定是他认为最理想、最顺心的工作，如果他感到不称心，心里就可能别扭而意气用事。这有意识或无意识地会反映到他的工作上，都是会直接或间接地影响产品和生产效率。

（4）生产现场是生产型企业的基础。生产现场管理水平的高低，将直接影响质量、成本、交货期、安全生产等各项绩效指标的实现。生产现场是一面镜子，反映出企业经营管理水平。

总之，到了现场才能清楚地了解现场的实际情况，一个企业管理水平的高低，就看其现场管理是否为达到总的经济目的而设定了各项阶段性和细化了的具体目标，是否很好地引导广大员工有组织、有计划地开展工作，经济合理地完成目标任务。现场是企业所活动的出发点和终结点，不重视现场管理的企业终究是要衰败的。

### 1.1.4 现场管理技术

#### 1.1.4.1 现场管理技术的含义

指在开展现场管理过程中，利用资源，创造出新价值的有效手段（工具和具体方法或技巧)。

### 1.1.4.2 现场管理主要技术

(1)标准化管理:对于一项工作或任务,将目前最好的实施手段或操作方法(如规定、规程、规范等)作为标准,让参与这项工作的人去执行并不断完善它,其整个过程称之为标准化。

(2)目视管理:利用形象直观、色彩适宜的各种视觉感知信息来组织现场的生产活动,达到提高劳动生产率的一种管理手段,也是一种利用视觉来进行管理的科学方法。亦称"可视化管理","一目了然的管理"。所以目视管理是一种综合运用管理学、生理学、心理学、社会学等多学科的研究成果,以公开化和视觉显示为特征的管理方式。

(3)定置管理:对现场的人、物、场所三者间的关系,进行科学的分析研究,使之达到最佳结合的过程。

(4)看板管理(又称视板管理):将希望管理的项目(信息),通过各类管理板揭示出来,使管理状况人人皆知的管理方法。

管理看板是管理可视化的一种表现形式,即对数据、情报等的状况一目了然地表现,主要是对于管理项目特别是情报进行的透明化管理活动。它通过各种形式如标语、现况板、图表、电子屏等把文件上、脑子里或现场等隐藏的情报揭示出来,以便任何人都可以及时掌握管理现状和必要的情报,从而能够快速制订并实施应对措施。因此,管理看板是发现问题、解决问题的非常有效且直观的手段,是优秀的现场管理必不可少的工具之一。

(5)5S管理:指对生产要素的状态,持续地进行整理、整顿、清扫、清洁,进而达成提高员工素养的活动。

(6)其他的方法有:

1)实施"破冰"行动。当企业领导决策开展现场管理后,为了破除员工观念上的障碍,克服意识上的阻力,通过召开员工动员大会、座谈会、恳谈会等多种形式,进行层层发动,明确管理者责任,组织全体员工参与,使现场管理活动全面开展起来。

2)进行定点摄影。对现场中发现的问题,将其现状摄影备案,对其改善后,再对现状摄影并在企业内部公布展示,这样的前后对比,对员工的说服力强,影响力大。

3)组织"洗澡"活动。在企业整体范围内,对生产、办公、后勤服务、生活等功能区域进行大扫除,清除垃圾、修缮门窗、擦拭设备、平整道路、整理绿化,使现场状况初步得到改善,企业容貌焕然一新。

4)开展"红牌"作战。运用醒目的红色标牌,对现场存在的问题,进行提示(或警示),督促整改,尽快改善。

### 1.1.5 实施现场管理需要坚持的原则

#### 1.1.5.1 全员性原则

企业的生产人员、管理人员、后勤服务人员都在现场、职场工作，致使处处都有管理的"点"和"事"，这就需要对现场的人、事、物进行管理；这就需要发动全体员工人人参与、个个动手。在现场管理过程中，通过开展教育培训活动，组织员工学习现场管理知识，增强员工现场管理意识，提高员工现场管理技能和自我管理能力，提升员工的职业素养，促进员工在现场管理活动中释放积极性、主动性、创造性，只有这样，才能开创现场管理新局面。

#### 1.1.5.2 开放性原则

现场管理是一个开放的系统，在系统内部与外部环境之间需要进行物质和信息的交换和回馈，以保证生产经营有序有效地进行。为保证各类信息收集，传递和利用，做到信息的及时、准确、齐全，对规章制度、规则、规定、规程和危险源、污染源，以及产量、质量、消耗等需要管理的项目，以图表、看板、标识等形式公布于众，使现场人员看得到，便于他们了解和分析问题，利于操作与管理。

#### 1.1.5.3 动态性原则

现场中各种生产要素的组合，是在投入与产出的转换过程中实现的。现场管理的优化，是通过持续改善，由初级到高级不断发展的、不断提高的动态过程。从而，现场管理应根据企业内部、外部环境的变化情况，对生产要素进行及时调整和合理配置；企业的管理者必须确立"现场、现物、现实"的意识，提高自身应变能力，深入到现场，以走动式管理，应对现场的变化。

#### 1.1.5.4 整合性原则

对于企业管理，通常大型企业都在生产、质量、设备、安全、环保、物流、人力资源和后勤服务等方面设置相应的管理部门；小型企业虽然不设置这些管理部门，但也配备了相应的管理人员。通过加强领导，统一指挥，把以上的专业管理业务和职能整合起来，建立责任制，强化职能作用，协调配合，互动互促，发挥这些企业管理部门的集成作用。

#### 1.1.5.5 创新性原则

现场改善是现场管理的主要内容，它通过寻找和采用新的管理技能和方法，富有创意地、突破现状地对现场进行改进，不断对现场优化，进而提高现场管理水平。在开展现场管理过程中，结合企业实际，运用标准化、5S、定置、目视、看板等管理技术和方法，开展合理化建议，安全标准化等活动，都是改善现场的有效举措和具体行动，对于企业来说，既具有变革的思想又体现出管理创新的内涵。

### 1.1.5.6 持续性原则

现场管理是一项综合性管理，通过对多项专业管理的组合，发挥它们的集成作用，执行"持续改进、不断优化"的原则，实现现场管理目标。由于市场不断变化，生产经营处于动态状况，这就要求企业对现场持续进行改善。因此企业必须把现场工作纳入日常管理，对各个管理部门进行职责界定，强化现场管理责任，建立现场管理检查考核制度，完善现场管理长效机制，加强教育培训工作，提高员工现场管理技能，推动现场管理步入规范化、制度化、习惯化、常态化和绩效化轨道。

## 1.1.6 推行现场管理的意义

### 1.1.6.1 推行现场管理，是提高现代企业素质的主要内容

伴随市场经济的不断发展，一些企业由于产品、市场、管理等多种因素的影响，遭遇经营困难的境地，经受着优胜劣汰的洗礼；另外，一批新企业不断地诞生，进入市场竞争的行列。不论是老企业或新企业，如何应对激烈的市场竞争，提高企业素质已成为企业的迫切需要。

加强现场管理是提高现代企业的素质，促进企业管理不断优化的需要。现场管理作为企业管理大系统中的子系统，两者相辅相成，相互促进。企业管理以现场管理优化为基础，把管理重点放在现场，各职能部门团结合作，协同一致，为生产现场服务，充分发挥专业管理的职能，推动现场管理的优化，必然促进了企业素质的提升。

### 1.1.6.2 开展现场管理，是促进企业技术创新的迫切需要

在企业发展过程中，企业所实施的技术改造，设备更新，采用新技术、新工艺、新材料和新设备，以及引进技术的消化吸收和推广应用，新产品的开发与研制等工作，都要落实和体现在生产现场，如果没有先进的现场管理，先进的技术就很难充分发挥作用，技术创新的成果就不能很快变成现实的生产力。

### 1.1.6.3 实施现场管理，是企业开发管理效益的有效途径

生产现场是企业生产力的载体，是员工制造产品、服务用户，创造价值的场所。企业投入的各种生产要素，要在生产现场经过合理配置和优化组合，才能转换为产出，才能变为现实生产力，所有这些都是通过有效的现场管理才能实现的。现场管理水平的高低，直接关系产品产量、质量、消耗、成本、效益。可见，推行现场管理就是运用现代管理的技术、方法、手段等，开发企业的管理效益，增加企业的经济效益。

### 1.1.6.4 加强现场管理，是企业增强竞争优势的必然选择

在激烈的市场竞争中，企业的市场机遇都是对等的，那么，为什么有的企业产品销售不畅，经营困难，效益滑坡，难以为继；而有的企业则应对自如，产品

畅销不衰，经济效益很好。原因之一就是这些企业注重现场管理。在实施现场管理中，通过对现场的持续改善和不断优化，提高质量，降低成本，使产品以质取胜，以价取胜。企业的领导者一手抓市场，一手抓现场，使市场、现场互动起来，相互促进，以市场促现场，以现场保市场；"两场"互促，"两场"互动，不断提高企业的生存与发展能力。

### 1.1.6.5 强化现场管理，为贯彻国际管理体系标准认证，构建了平台

通过推行现场管理，企业在设备、物资、环境等管理方面得到了有效的改善，使现场的硬件达到了良好的工作状态；尤其，提高了员工素养，培育了团队精神，增强了凝聚力，这就促进了 ISO9000、ISO14000 等国际管理体系标准和安全标准化等工作，在现场中得到落实和提高，使其效果纷呈。

### 1.1.6.6 优化现场管理，是推进企业文化建设的务实之举

企业文化是企业价值理念，道德准则，行为规范，企业精神等的总和。在开展现场管理活动中，通过制订并执行相应的管理制度，行为规范等，在现场中强化"事事有人管，人人有专责、办事有标准，工作有检查"规则，组织广大员工积极参与，开展教育培训，进行宣传造势，设置各种管理看板，组织 5S 管理，让广大员工接受现场文化的感染与熏陶，进而焕发他们的激情，磨炼他们的意志和作风，营造"奋发、向上、有为、文明、和谐"的氛围，推进企业文化建设。

## 1.2 标准化管理

企业的日常事务，应依据某种已达成共识的程序来运作。把这些程序清楚地写下来，就成为"标准"。

成功的日常事务管理，可以浓缩为一个观念：维持及改进标准。这不仅意味着遵照现行技术上、管理上及作业上的标准，也要改进现行的流程，以提高至更高的水准。

标准化，首先制订标准，而后依标准付诸行动则称之为标准化。是指标准从制订——执行——修订的持续完善、不断提高的过程，它是企业制度化的最高形式，运用于企业生产经营、研发设计、企业管理等各个方面。

对于现场管理来说，标准化是一种有效的科学方法。企业里有各种各样的规范，如：规程、规定、规则、标准、要领等等，这些规范形成文字化的东西统称为标准（或称标准书），在现场管理中执行这些标准并持续改善创新、不断提高。

改善创新与标准化是企业提升管理水平的两大轮子。改善创新是使企业管理水平不断提升的驱动力，而标准化则是防止企业管理水平下滑的制动力。没有标准化，企业不可能维持在较高的管理水平。

编制或改定了标准即认为已完成标准化的观点是错误的，只有经过指导、训

练才是实施了标准化。

### 1.2.1　标准与标准化的术语释义

按照标准的级别和标准的性质，根据 GB/T 15496、GB/T 15497、GB/T 15498 的规定，对于标准与标准化的几个术语，分别定义为：

（1）标准：为在一定的范围内获得最佳程序，经协商一致制定并由公认机构批准，共同使用和重复使用的一种规范性文件（它以科学技术和经验的综合成果为基础，以促进最佳的共同效益为目的）。

（2）国际标准：由国际标准化组织或国际标准组织通过并公开发布的标准。

（3）国家标准：由国家标准机构通过并公开发布的标准。

（4）地方标准：在国家的某个地区通过并公开发布的标准。

（5）标准化：为在一定范围内获得最佳程序，对现实问题和潜在问题制订共同使用和重复使用的条款的活动（包括编制、发布和实施标准的过程）。

（6）企业标准化：为在企业的生产、经营、管理范围内获得最佳程序，对实际的或潜在的问题制订共同的和重复使用的规则的活动。

（7）技术标准：对标准化领域中需要协调统一的技术事项所制订的标准。

（8）管理标准：对企业标准化领域中，需要协调统一的管理事项（主要指在企业管理活动中，所涉及的经营管理、设计开发与创新管理、质量管理、设备与基础设施管理、人力资源管理、安全管理、职业健康管理、环境管理、信息管理等与技术标准相关联的重复性事物和概念）所制订的标准。

（9）工作标准：对企业标准化领域中，需要协调统一的工作事项（主要指在执行相应管理标准和技术标准时与工作岗位职责、岗位人员基础技能、工作内容、要求与方法、检查与考核等有关的重复性事物和概念）所制订的标准。

### 1.2.2　标准化的主要特征

（1）代表最好、最容易、最安全的工作方法。

（2）是企业保存专业技术和经验技巧的最佳方法。

（3）是企业实施现场改善的基础。

（4）是企业制订目标及开展学习、培训、演练的依据和目的。

（5）是企业衡量绩效的基准和依据。

（6）是企业防止问题发生及异变最小化的途径。

（7）随着科学技术发展和实践经验积累，标准具有一定的时效期，需要重新修订。

### 1.2.3　推行标准化的目的

（1）简化：将复杂的技术转化为易懂、易掌握、易操作的基本技能。

（2）统一化：将不同的方法和标准，统一为一种或几种方法和标准。

（3）通用化：减少独特性，扩大兼容性。

（4）系列化：将一种标准按照新产品的特性，演绎成相应的系列标准。

## 1.2.4　让员工按标准作业的措施

（1）强化遵守和执行标准的意识。

（2）组织全员培训，理解其意义。

（3）管理者现场指导，跟踪确认。

（4）宣传揭示。

（5）将作业标准公布于明显位置。

（6）接受别人质疑。

（7）对违反标准的员工进行处理。

（8）定期进行检查修订，不断完善。

## 1.2.5　推行标准化产生的效果

总体效果表现为：制造出低成本、高品质的产品，获得经济效益和社会效益。

对企业的内部管理活动所产生的效果表现为：

（1）通用效果，如确保品质，防止了混乱，管理实现了文件化、系统化等。

（2）技术效果，如技术知识得到普及，技术得到积累并取得进步。

（3）特别效果，如保护了环境，实现了安全生产。

## 1.2.6　推行标准化的误区

（1）标准抽象难于明白或不易具体量化。

（2）标准不切合实际，难以或不可能做到。

（3）与员工的切身利益不挂钩，做不做都一样，做好做差都一样，无关痛痒。

（4）标准不详细，仅有目的和结果，员工不好操作，不知道如何做。

（5）标准太多，执行者疲于奔命。

## 1.2.7　SDCA 循环与 PDCA 循环

标准化与每个人的工作密不可分。标准是保证工作质量和生产安全的最好方法，也是工作上最节省成本的方法。

现场管理首先要对各类工作和作业在程序上、行动上、步骤要求上、数据指标上等方面建立相应的标准，此过程为标准化（Standardize）；随后按照制订的标准组织员工去执行（Do）；在执行过程中不断对标准的执行情况进行查核（Check）；当现场有事情出差错时，管理人员应当找出问题的根源，采取行动予以补救，并且改变工作的程序以解决问题，使工作逐步实现标准化和稳定化，此过程为处置（Action）。这一系列工作称之为 SDCA 的循环。

S——Standardize 标准化　　D——Do　　执行

C——Check　　查核　　A——Action　处置

管理人员应当推行标准化—执行—查核—处置（SDCA）的循环工作程序，来强化和维持标准。

作业人员在每日的例行工作中，称为"维持"，不是做对了工作，没有异常发生，就是遭遇了异常状况。这会引发两种情况：一是检查现行标准；二是建立一个新的标准。

工作场所若已具备了标准，工人也依照这些标准行事，而且没有异常发生，此过程便是在掌控之中。下一步便是调整现状和提高标准至较高的水准，这就需要计划——执行——查核——处置，这一系列工作称为 PDCA 的循环工作程序。

P——Plan　　计划　　D——Do　　执行

C——Check　　查核　　A——Action　处置

以 PDCA 循环作为"改善"持续运作的工具，以达成"维持标准"和"改进标准"的目标。

"计划"是指建立改善的目标。"执行"是指依计划推行。"查核"是指确认是否按计划的进度在实行，以及是否达成预定的计划。"处置"是指新作业程序的实施及标准化，以防止原来的问题再次发生，或者是再设定新的改进目标。PDCA 不断地在旋转循环，一旦达成改善的目标，改善后的现状，便随即成为下一个改善的目标。PDCA 的意义就是永远不满足现状，因为员工通常较喜欢停留在现状，而不会主动去改善。所以管理人员必须持续不断地设定新的挑战目标，以带动 PDCA 的循环。

任何一个新的工作流程，在初期都是呈不稳定的状态。开始进行 PDCA 改善时，必须先将任何现有的流程稳定下来。此一稳定的过程就是 SDCA 循环。

在当前的流程里，每当发生异常时，便必须反问自己下列的问题：是否因为没有标准而发生的？是否因为没有遵守标准而发生的？或者因为标准不适当而发生的？唯有建立了标准，并且确实遵守，以将当前的流程稳定下来，才能再进行下一个 PDCA 的循环。

所以 SDCA 的目的，就是在标准化和稳定现有的流程，而 PDCA 的目的则是在提高流程的水准。SDCA 是表示"维持"，而 PDCA 就表示"改进"，此为管理层的两项主要职责。

## 1.3　目视管理

### 1.3.1　目视管理概述

#### 1.3.1.1　目视管理的含义

目视管理是通过视觉导致人的意识变化的一种管理方法。据统计，人的行动的 60% 是从"视觉"的感知开始的，因此在管理中，通过目视管理使各种管理状态和方法"一目了然"，使员工通过眼睛的观察就能把握现场运行状况，让员工能及时、准确地判断问题，达到"自主管理"的目的。因为没有信息就不可能发挥出主观能动性，要保证获取信息，最好的方法就是通过简单的直观管理技术——目视管理。

#### 1.3.1.2　目视管理的作用

（1）暴露异常及问题。

（2）使员工了解应管理控制的项目。

（3）创造高效率的工作环境。

#### 1.3.1.3　目视管理评价

（1）目视管理要符合以下要求：

1）无论谁都能判明异常和好坏。

2）能迅速判断，且判断的准确程度高。

3）判断结果不会因人而异。

（2）目视管理水平可分为 3 个级别：

1）初级水平，有表示，能明白现在的状况。

2）中级水平，谁都能判断当前的状态和问题。

3）高级水平，列明管理方法（如异常处置办法等）。

#### 1.3.1.4　目视管理对象

车间目视管理包括：作业管理、交期管理、品质管理、设备管理。

办公室目视管理主要是信息的共有化、业务的标准化和简单化，以迅速、正确地为生产现场提供信息，并有效解决问题。具体的内容是：文件管理、行动管理、业务管理、办公设备管理。

### 1.3.2　目视管理的实施步骤

目视管理的实施步骤如图 1 - 1 所示。

设定工作目标 → 建立执行组织 → 制订活动计划 → 设定目视管理项目 → 把握问题点与改善点 → 确定展开方法 → 目视管理展开 → 活动追踪

图 1 - 1　目视管理的实施步骤

### 1.3.3 目视管理的常用工具

目视管理的常用工具见表1-1。

**表1-1 目视管理的常用工具**

| 管理内容 | 常 用 工 具 |
|---|---|
| 宣传推广 | 刊物（黑板报、专刊）、海报、标语、横幅 |
| 实施活动 | 教材、看板系统、信息铭牌、区域线、警示灯、异常状态的实物标示、图表、作业指导书、检查表、考核表、改善前后的照片录影带、评审报告 |
| 生产控制和交货期管理 | 生产管理板、进度管理箱、电光标示板、流动数曲线负荷累积表、作业指示看板、交期管理板、催促箱、交货时间管理表 |
| 品质管理 | 不良品图表、控制图、不良品发生标示灯、不良品放置场所、质量检验台、不良品处理规则标示板、不良品样本 |
| 作业管理 | 作业标示板（灯）、作业指导书、人员配置板、出勤表、多功能化计划表、停机记录表、设备运转图表 |
| 物品管理 | 放置场所编号、品名标示看板、料架牌、库存标示板、库存限额标示图板、订货点及订购量标签、不要品红色标签、缺货库存标签、超储库存标签 |
| 设备工具管理 | 重要保全设备一览表、保全及点检处所标示、设备点检表、工夹模量具放置场所编号及品名标示、工具形态放置台、测定器具形态放置台、管理责任人名牌 |
| 改善目标管理 | 月度生产计划达成率图表、月度订单交期达成率图表、月度作业率（作业效率）图表、月度不良件数图表、月度库存趋势图表、月度制造成本降低图表、月度5S进度图表 |

### 1.3.4 目视管理的成功要素

鼓励全员参加：员工自主性管理及经营是企业的目标，因此企业全员参加相当重要，这是持续提高效率及不断进行改善的必要条件。

是否一目了然：为了进行管理，必须具有明确的目的，甚至在决定管理人员、时间、方法、道具、场所、位置等，都要有明确的管理界限；在对突发情况进行处理时，无需依赖管理者的感觉及经验，即可有效进行判断和处理，处理的人员能够发挥其才能，不断进行改善和维持良好状况。

充分利用五官：目视管理可提高管理者的感觉和经验敏锐度，并有助于尽快掌握感觉和运用经验，在使用眼睛看的同时，也用耳朵听，用手或皮肤接触，用鼻子闻以及用口尝。

描绘理想状态：对于实施目视管理的理想工作场所，规划者要搜集企业内外部的信息进行参考，描绘出自己理想中的公司的形象，而且朝此方向努力，维持形象和提高效率。

投入具体创意：目视管理不难做到，只要有能力、热情并不断累积知识，并且能掌握发展的成果，就能增加管理的广度和深度。无论在任何工作场所，任何人都应拥有管理的自主性和自律性，并将此视为个人有效管理的重要课题。

## 1.4 定置管理

### 1.4.1 概述

定置管理是企业在生产中研究人、物、场所三者之间关系的现场管理技术。定置管理的范围是对生产现场物品的定量过程中进行设计、组织、实施、调整，并使生产和工作的现场管理达到科学化、规范化、标准化的全过程。物品的定置与放置不同，两者比较如图 1 – 2 所示。

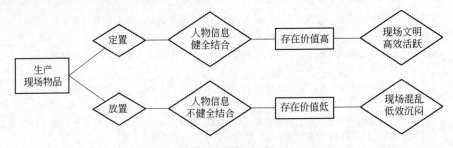

图 1 – 2   物品的定置与放置比较

定置管理将生产现场中人、物、场所三要素分别划分为 3 种状态，并将三要素的结合状态也划分为 3 种，见表 1 – 2。

表 1 – 2   定置管理生产现场三要素的结合状态

| 要素 | A 状态 | B 状态 | C 状态 |
|---|---|---|---|
| 场所 | 指良好的作业环境。如场所中工作面积、通道、加工方法、通风设施、安全设施、环境保护（包括温度、光照、噪声、粉尘、人的密度等）都应符合规定 | 指需不断改进的作业环境。如场所环境只能满足生产需要而不能满足人的生理需要，或相反。故应改进，以既满足生产需要，又满足人的生理需要 | 指应消除或彻底改进的环境。如场所环境既不能满足生产需要，又不能满足人的生理需要 |
| 人 | 指劳动者本身的心理、生理、情绪均处在高昂、充沛、旺盛的状态；技术水平熟练，能高质量地连续作业 | 指需要改进的状态。人的心理、生理、情绪、技术四要素，部分出现了波动和低潮状态 | 指不允许出现的状态。人的四要素均处于低潮，或某些要素如身体、技术居于极低潮等 |
| 物 | 指正在被使用的状态。如正在使用的设备、工具、加工工件，以及妥善、规范放置，处于随时和随手可取、可用状态的坯料、零件、工具等 | 指寻找状态。如现场混乱，库房不整，需用的东西要浪费时间逐一去找的零件与工具等物品的状态 | 指与生产和工作无关，但处于生产现场的物品状态。需要清理，即应放弃的状态 |
| 人、物、场所的结合 | 三要素均处于良好与和谐的、紧密结合的、有利于连续作业的状态，即良好状态 | 三要素在配置上、结合程度上还有待进一步改进，还未能充分发挥各要素的潜力，或者部分要素处于不良好状态等，也称为需改进状态 | 指要取消或彻底改造的状态。如凡严重影响作业，妨碍作业，不利于现场生产与管理的状态 |

定置管理就是把"物"放置在固定的、适当的位置。但对"物"的定置，不是把物拿来定一下位就行了，而是从安全、质量和物的自身特征进行综合分析，以确定物的存放场所、存放姿态、现货表示等定置三要素的实施过程，因此要对生产现场、仓库料场、办公现场定置的全过程进行诊断、设计、实施、调整、消除，使之管理达到科学化、规范化、标准化。定置管理的核心就是尽可能减少和不断清除 C 状态，改进 B 状态，保持 A 状态。同时还要逐步提高和完善 A 状态。

高质量的定置管理要求信息媒介物（即在人与物、物与场所合理结合过程中起着引导、控制和确认等作用的载体）达到五方面理想状态的要求：

（1）场所标志清晰。

（2）场所设有定置图。

（3）位置台账齐全。

（4）存放物的序号、编号齐备。

（5）信息标准化（物品流动时间标准、数量标准、摆放标准等）。

## 1.4.2 定置管理的实施步骤

定置管理的实施步骤如图 1–3 所示。

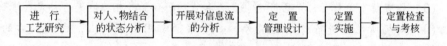

图 1–3 定置管理的实施步骤

## 1.4.3 仓库的定置管理事例

### 1.4.3.1 仓库定置管理的内容

（1）确定物品的保管方式和存货量。

（2）原材料、零部件、各种容器和工具的摆放不得超高，货架容器的数量或承重能力和安全系数的标记。

（3）运输工具有固定的停滞位置。

（4）箱重的物品，定置在尽可能低的地方。

（5）仓库的安全通道畅通，标记清楚，不准堆放任何物品。

（6）大量生产又经常用的物品，定置在发料口较近的地方。

（7）仓库设有物品受理、验收、检数、检查和临时停滞区域，以调整物品的不平衡状态。

（8）对有储存期要求的物品，实行特别定置，做到标记醒目：

1）即将超过储存期的物品，在指定区域存放。

2) 超过储存期的物品，有指定区域存放；有储存期要求的物品信息符号，要特别规定。

3) 易燃、易爆、有毒、污染环境的物品和消防器材，实行特别定置。

4) 账、卡、物和图、号、物相对应，各种信息要标准化。

5) 彻底清除仓库中的报废物品。

### 1.4.3.2　仓库定置规则

(1) 设计仓库定置总图

(2) 对有安全要求的物品，应符合工厂安全定置规定。

(3) 确定物品的搬运方法。

(4) 通道宽度要适合搬运的需要。

(5) 设计货架定置图。

(6) 充分考虑减少库存和在制品停滞，考虑合理利用仓库空间。

(7) 仓库的温度、湿度、通风、采光和照明，都要满足物品的需要和仓管人员的工作方便。

### 1.4.3.3　仓库定置步骤

(1) 决定定置的物品和场所，选定区域或货架。

(2) 清扫生产现场和现货的灰尘脏物。

(3) 检查货有无标示、是否齐全、是否和货物一致，并相应地进行补充和修改。

(4) 对场所位置进行标示和编号，如货架通常用由下到上，由左到右的编号方法。而货位用下面写法确定：

如：G-2—3—1

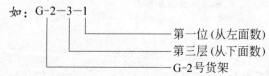

第一位(从左面数)
第三层(从下面数)
G-2号货架

(5) 进行定置调查（见表1-3）。

表1-3　X区C-2架定置调查表

| 序号 | 物品名 | 数量 | 原位号 | 不要 | 待定 | 物态 | 新位号 | 备注 |
|---|---|---|---|---|---|---|---|---|
|  |  |  |  |  |  |  |  |  |

定置调查是逐一地对货物进行鉴定，是否本仓库所需，货物的存放姿态是否合理，应在"不要"、"待定"、存放姿态不合理、保养、包装不善的货物，分表的相关栏内划"○"。完成定置调查后，再根据货物的重量、体积、形状和存放的频数，确定新的货位号：

1) 重的、大的物品一般放下层。

2) 存取频数多的物品，放在最容易取放的层位。

3）按表中新位置定置，将"不要"物放在"不要"物区或箱内。

4）将"待定"物请专业人员协助鉴定。

5）对物态有问题的进行改进。

（6）对物品进行定置。根据新位号定置区分表，逐位地将不该放在该位的物品取出，置于临时存放台、箱，再将要定入该位的物品从原号取出放入，这样逐一进行，直至所有的货位完成。

1）对"不要"的物品，应先取出，放到"不要"物区或箱内。

2）对"修正"物品的物态、包装等进行修正。

3）对"不急需"物品，通常放在不易拿取的最上层或最下层。

（7）制作位置台账。

## 1.5　看板管理

### 1.5.1　概述

看板最初是丰田汽车公司于20世纪50年代从超级市场的运行机制中得到启示，作为一种生产、运送指令的传递工具而被创造出来的。经过近50年的发展和完善，目前已经在很多方面都发挥着重要的作用。目前人们越来越重视JIT（准时制生产）库存管理制度，许多专家将这种管理制度称为看板管理。看板管理就是利用卡片作为传递作业指示的一种控制工具，使生产、存储的各个环节按照卡片作业的指示，相互协调一致地进行无缝配合，有效地组织输入、输出物流，从而使整个物流过程实现准时化和库存储备最小化，即所谓零库存。看板管理，简而言之，是对生产过程各工序生产活动进行控制的信息系统，通常，看板是一张在透明塑料袋里的卡片。经常被使用的看板有两种：取料看板和生产看板。取料看板标明了后道工序应领取的物料的数量信息，生产看板则显示前道工序应生产的物品的数量等信息，JIT（准时制生产）以逆向"拉动式"方式控制着整个生产过程即从生产终点的总装配线开始，依次由后道工序从前道工序"在必要的时刻领取必要数量的必要零部件"而前道工序则"在必要的时刻生产必要数量的零部件"，以补充被后道工序领取走的零部件。这样，看板就在生产过程中的各工序之间周转着，从而将与取料和生产的时间、数量、品种等有关信息从生产过程的下游传递到上游，并将相对独立的工序个体连接为一个有机的整体。

实施看板是有条件的，如生产的均衡化、作业的标准化、设备布置的合理化等，如果这些先决条件不具备，看板管理就不能发挥应有的作用，从而难以实现JIT（准时制生产）生产。

### 1.5.2　看板的种类

看板的本质是在需要的时间、按需要的量对所需零部件发出生产指令的一种信息媒介体，而实现这一功能的形式可以是多种多样的。

### 1.5.2.1　工序内看板

工序内看板是指某工序进行加工时所用的看板。这种看板用于装配线以及生产多种产品也不需要实质性的作业更换时间（作业更换时间接近于零）的工序，例如机加工工序等。

### 1.5.2.2　信号看板

信号看板是在不得不进行成批生产的工序之间所使用的看板。例如树脂成形工序、模锻工序等。信号看板挂在成批制作出的产品上，当该批产品的数量减少到基准数时摘下看板，送回到生产工序，然后生产工序按该看板的指示开始生产。另外，从零部件出库到生产工序，也可利用信号看板来进行指示配送。

### 1.5.2.3　工序间看板

工序间看板是指工厂内部后工序到前工序领取所需的零部件时所使用的看板。前工序为部件 1 号线，本工序总装 2 号线所需要的 1 号线某零部件，根据看板就可到前一道工序领取。

### 1.5.2.4　外协看板

外协看板是针对外部的协作厂家所使用的看板。对外订货看板上必须记载进货单位的名称和进货时间、每次进货的数量等信息。外协看板与工序间看板类似，只是"前工序"不是内部的工序而是供应商，通过外协看板的方式，从最后一道工序慢慢往前拉动，直至供应商。因此，有时候企业会要求供应商也推行 JIT（准时制生产）生产方式。

### 1.5.2.5　临时看板

临时看板是在进行设备保全、设备修理、临时任务或需要加班生产的时候所使用的看板。与其他种类的看板不同的是，临时看板主要是为了完成非计划内的生产或设备维护等任务，因而灵活性比较大。

## 1.5.3　看板的作用

### 1.5.3.1　生产及运送工作指令

生产及运送工作指令是看板最基本的机能。工厂的生产管理部门根据市场预测及订货而制订的生产指令只下达到总装配线，各道前工序的生产都根据看板来进行。看板中记载着生产和运送的数量、时间、目的地、放置场所、搬运工具等信息，从装配工序逐次向前工序追溯。

在装配线将所使用的零部件上所带的看板取下，以此再去前一道工序领取。前工序则只生产被这些看板所领走的量，"后工序领取"及"适时适量生产"就是通过这些看板来实现的。

### 1.5.3.2 防止过量生产和过量运送

看板必须按照既定的运用规则来使用。其中的规则之一是："没有看板不能生产，也不能运送。"根据这一规则，各工序如果没有看板，就既不进行生产，也不进行运送；看板数量减少，则生产量也相应减少。由于看板所标示的只是必要的量，因此运用看板能够做到自动防止过量生产、过量运送。

### 1.5.3.3 进行"目视管理"的工具

看板的另一条运用规则是"看板必须附在实物上存放"、"前工序按照看板取下的顺序进行生产"。根据这一规则，作业现场的管理人员对生产的优先顺序能够一目了然，很容易管理。只要通过看板所表示的信息，就可知道后工序的作业进展情况、本工序的生产能力利用情况、库存情况以及人员的配置情况等。

### 1.5.3.4 改善的工具

看板的改善功能主要通过减少看板的数量来实现。看板数量的减少意味着工序间在制品库存量的减少。如果在制品存量较高，即使设备出现故障、不良产品数目增加，也不会影响到后工序的生产，所以容易掩盖问题。在 JIT（准时制生产）生产方式中，通过不断减少数量来减少在制品库存，就使得上述问题不可能被忽视。这样通过改善活动不仅解决了问题，还使生产线的"体质"得到了加强。

### 1.5.3.5 看板操作的6个使用规则

看板是 JIT（准时制生产）生产方式中独具特色的管理工具，看板的操作必须严格符合规范，否则就会陷入形式主义的泥潭，起不到应有的效果。概括地讲，看板操作过程中应该注意6个使用原则：(1)没有看板不能生产也不能搬运；(2)看板只能来自后工序；(3)前工序只能生产取走的部分；(4)前工序按收到看板的顺序进行生产；(5)看板必须和实物一起；(6)不把不良品交给后工序。

## 1.5.4 看板的使用方法

看板有若干种类，因而看板的使用方法也不尽相同。如果不周密地制订看板的使用方法，生产就无法正常进行，我们从看板的使用方法上可以进一步领会 JIT（准时制生产）生产方式的独特性。在使用看板时，每一个传送看板只对应一种零部件，每种零部件总是存放在规定的、相应的容器内。因此，每个传送看板对应的容器也是一定的。

### 1.5.4.1 工序内看板的使用方法

工序内看板的使用方法中最重要的一点是看板必须随实物，即与产品一起移动。后工序来领取中间品时摘下挂在产品上的工序内看板，然后挂上领取用的工序间看板。该工序然后按照看板被摘下的顺序以及这些看板所表示的数量进行生产，如果摘下的看板数量变为零，则停止生产，这样既不会延误也不会产生过量的存储。

### 1.5.4.2　信号看板的使用方法

信号看板挂在成批制作出的产品上面。如果该批产品的数量减少到基准数时就摘下看板，送回到生产工序，然后生产工序按照该看板的指示开始生产。没有摘牌则说明数量足够，不需要再生产。

### 1.5.4.3　工序间看板的使用方法

工序间看板挂在从前工序领来的零部件的箱子上，当该零部件被使用后，取下看板，放到设置在作业场地的看板回收箱内。看板回收箱中的工序间看板所表示的意思是"该零件已被使用，请补充"。现场管理人员定时来回收看板，集中起来后再分送到各个相应的前工序，以便领取需要补充的零部件。

### 1.5.4.4　外协看板的使用方法

外协看板的摘下和回收与工序间看板基本相同。回收以后按各协作厂家分开，等各协作厂家来送货时由他们带回去，成为该厂下次生产的生产指示。在这种情况下，该批产品的进货至少将会延迟一回以上。因此，需要按照延迟的回数发行相应的看板数量，这样就能够做到按照 JIT（准时制生产）进行循环。

## 1.6　5S 管理

### 1.6.1　概述

5S 管理最早起源于日本，指的是在生产现场中对人员、机器、材料、方法等生产要素进行有效管理。5S 管理是日本企业独特的一种管理办法。

1955 年，日本推行 5S 的宣传口号为"安全始于整理整顿，终于整理整顿"，当时只推行了前 2S，其目的仅为了确保作业空间和安全，后因生产控制和质量控制的需要而逐步提出后续的 3S，即"清扫"、"清洁"、"修养"，从而使其应用空间及适用范围进一步拓展。

1986 年，首部 5S 著作问世，从而对整个现场管理模式起到了巨大的冲击作用，并由此掀起 5S 热潮。日式企业将 5S 运动作为工作管理的基础，推行各种质量管理手法。"二战"后产品质量得以迅猛提升，奠定了日本经济大国的地位。而在日本最有名的就是丰田汽车公司倡导推行的 5S 活动，由于 5S 对塑造企业形象、降低成本、准时交货、安全生产、高度标准化、创造令人心怡的工作场所等现场改善方面的巨大作用，逐渐被各国管理界所认同。随着世界经济的发展，5S 现已成为企业管理的一股新潮流。

近年来，随着人们对这一活动的不断深入认识，有人又添加了安全（Safety）、服务（Service）、习惯化（Shiukanka）、不懈（Shikoku）、效率（Speed）、简化程序（Simple）、软件设计及运用（Software）等项内容，分别衍生出 6S、7S

或 8S 活动。

### 1.6.1.1　5S 的定义

所谓 5S，是指对生产现场各生产要素（主要是物的要素）所处状态不断进行整理、整顿、清扫、清洁和提高素养的活动。由于整理（Seiri）、整顿（Seiton）、清扫（Seiso）、清洁（Seiketsu）和素养（Shitsuke）这 5 个词日语中罗马注音的第一个字母都是"S"，所以简称 5S。

**A　整理（Seiri）**

整理是彻底把需要与不需要的人、事、物分开，再将不需要的人、事、物加以处理。需对"留之无用，弃之可惜"的观念予以突破，必须挑战"好不容易才做出来的"、"丢了好浪费"、"可能以后还有机会用到"等传统观念。

整理是改善生产现场的第一步。其要点是对生产现场摆放和停滞的各种物品进行分类；其次，对于现场不需要的物品，诸如用剩的材料、多余的半成品、切下的料头、切屑、垃圾、废品、多余的工具、报废的设备、工人个人生活用品等，要坚决清理出现场。整理的目的是：改善和增加作业面积；现场无杂物，行道通畅，提高工作效率；消除管理上的混放、混料等差错事故；有利于减少库存，节约资金。

**B　整顿（Seiton）**

整顿是把需要的人、事、物加以定量和定位，对生产现场需要留下的物品进行科学合理的布置和摆放，以便在最快速的情况下取得所要之物，在最简洁有效的规章、制度、流程下完成事务。简言之，整顿就是人和物放置方法的标准化。整顿的关键是要做到定位、定品、定量。抓住了上述 3 个要点，就可以制作看板，做到目视管理，从而提炼出适合本企业的物品的放置方法，进而使该方法标准化。

生产现场物品的合理摆放使得工作场所一目了然，创造整齐的工作环境有利于提高工作效率，提高产品质量，保障生产安全。对这项工作有专门的研究，又被称为定置管理，或者被称为工作地合理布置。

**C　清扫（Seiso）**

清扫是把工作场所打扫干净，对出现异常的设备立刻进行修理，使之恢复正常。清扫过程是根据整理、整顿的结果，将不需要的部分清除掉，或者标示出来放在仓库之中。清扫活动的重点是必须按照企业具体情况决定清扫对象、清扫人员、清扫方法、准备清扫器具、实施清扫的步骤，才能真正起到作用。

现场在生产过程中会产生灰尘、油污、铁屑、垃圾等，从而使现场变得脏乱。脏乱会使设备精度丧失，故障多发，从而影响产品质量，使安全事故防不胜防；脏乱的现场更会影响人们的工作情绪。因此，必须通过清扫活动来清除那些杂物，创建一个明快、舒畅的工作环境，以保证安全、优质、高效率地工作。

清扫活动应遵循下列原则：

（1）自己使用的物品，如设备、工具等，要自己清扫，而不要依赖他人，不增加专门的清扫工。

（2）对设备的清扫要着眼于对设备的维护保养，清扫设备要同设备的点检和保养结合起来。

（3）清扫的目的是为了改善，当清扫过程中发现有油水泄漏等异常状况发生时，必须查明原因，并采取措施加以排除，不能听之任之。

D　清洁（Seiketsu）

清洁是在整理、整顿、清扫之后，认真维护、保持完善和最佳状态。在产品的生产过程中，永远会伴随着没用的物品的产生，这就需要不断加以区分，随时将它清除，这就是清洁的目的。

清洁并不是单纯从字面上进行理解，它是对前三项活动的坚持和深入，从而消除产生安全事故的根源，创造一个良好的工作环境，使员工能愉快地工作。这对企业提高生产效率，改善整体的绩效有很大帮助。清洁活动实施时，需要秉持3个观念：

（1）只有在"清洁的工作场所才能生产出高效率、高品质的产品"。

（2）清洁是一种用心的行动，千万不要只在表面上下工夫。

（3）清洁是一种随时随地的工作，而不是上下班前后的工作。

清洁活动的要点则是：坚持"3不要"的原则，即：不要放置不用的东西，不要弄乱，不要弄脏。不仅物品需要清洁，现场工人同样需要清洁。工人不仅要做到形体上的清洁，而且要做到精神上的清洁。

E　素养（Shitsuke）

素养是指养成良好的工作习惯，遵守纪律，努力提高人员的素质，养成严格遵守规章制度的习惯和作风，营造团队精神。这是5S活动的核心。没有人员素质的提高，各项活动就不能顺利开展，也不能持续下去。

因此，实施5S实务，要始终着眼于提高人的素质。5S活动始于素质，也终于素质。在开展5S活动中，要贯彻自我管理的原则。创造良好的工作环境，不能指望别人来代为办理，而应当充分依靠现场人员来改善。

**1.6.1.2　5S的效能**

企业在生产过程中实施5S是为了消除工厂中出现的各种不良现象，改善产品品质，提高生产力，降低成本，确保准时交货，确保安全生产以及保持员工的高昂士气。一般来说，实施5S可以为企业产生以下的效能：

（1）提升企业形象。实施5S活动，有助于企业形象的提升。整齐清洁的工作环境，不仅能使自己的工作人员的士气得到提升，还能增强顾客的满意度，有利于吸引更多的顾客与企业进行合作。因此，良好的现场管理是吸引顾客、增强客户信心的最佳广告。此外，良好的企业形象一经传播出去，就会使 5S 企业成为其他企业学习的对象。

（2）增加员工归属感和组织的活力。5S 活动的实施，还可以增加员工的归属感。在干净、整洁的环境中工作，员工的尊严和成就感可以得到一定的满足。由于 5S 要求进行不断地改善，因而可以带动员工进行改善的意愿，使员工更愿意为 5S 工作现场付出爱心和耐心，进而培养"工厂就是家"的感情。人人都变成了有修养的员工，有尊严感和成就感，自然会尽心尽力地完成工作，并且有利于推动意识的改善，实施合理化提案以及改善活动，就进一步增加了组织的活力。

（3）减少浪费。企业实施 5S 的最大目的实际是为了减少生产过程中的浪费。由于工厂中各种不良现象的存在，在人力、场所、时间、士气、效率等多方面造成了很大的浪费。5S 可以明显减少人员、时间和场所的浪费，降低了产品的生产成本，其直接结果就是为企业增加了利润。

（4）安全有保障。降低安全事故的发生，是很多企业特别是制造加工类企业一直努力的重要目标之一。5S 的实施，可以使工作场所宽广明亮，地面上不随意摆放物品，保持通道畅通，自然就使安全得到了保障。另外，由于 5S 活动的长久坚持，可以培养工作人员认真负责的工作态度，这样也减少了安全事故。

（5）效率提升。5S 活动还可以帮助企业提升整体的工作效率。优雅的工作环境、良好的工作气氛以及有素养的工作伙伴，都可以让员工心情舒畅，从而有利于发挥员工的工作潜力。另外，物品的有序摆放，减少了物料的搬运时间，工作效率自然得到了提升。

（6）品质有保障。产品品质保障的基础在于做任何事情都要认真严谨，杜绝马虎的工作态度。5S 实施的目的就是为了消除工厂中的不良现象，防止工作人员马虎处事，这样就可以使产品的品质得到可靠的保障。例如，在一些生产数码相机的厂家中，对工作环境的要求是非常苛刻的，空气中混入的灰尘都会造成数码相机品质不良，因此这些企业实施 5S 就尤为必要。

总之，企业推行 5S 活动以后，企业生产效率得以提高，员工的精神面貌得到改善，同时顾客的人数也增加了，企业获得了全面提升，负面影响变为零，使企业成为"七零工厂"，即：没有亏损，没有损耗，没有浪费，没有故障，没有事故，没有投诉，没有人缺勤。

### 1.6.1.3  5S 与其他活动的关系

A  营造整体氛围

一个企业，无论是导入全面的体制管理，还是推动 ISO 认证、TPM 管理，在导入这些办法的契机中，如果没有先行推行 5S 活动，就很难起到良好的促进作用。推动 5S 可以营造一种整体的氛围，使组织或企业的每一个人都养成习惯并积极地参与，就能很容易地获得员工的支持与配合，也有利于调动员工的积极性来形成强大的推动力。

B  体现效果，增强信心

众所周知，实施 ISO、TQM 或者 TPM 活动，产生的效果是隐蔽和长期性的，一时难以看到；而 5S 的推动效果是立竿见影的。如果在推行 ISO、TQM、TPM 的活动前先导入 5S 活动，可以在短期内获得显著效果，从而增强企业员工的信心。

C  为相关活动打下坚实的基础

5S 是现场管理的基础，5S 水平的高低代表着现场管理水平的高低，而现场管理的水平制约着 ISO、TQM、TPM 活动能否顺利地推动或推行。所以只有通过 5S 的推行，从现场管理着手改进企业的体制，才能够起到事半功倍的效果。

由此可见，在实施 ISO、TQM、TPM 的企业中推行 5S 的活动，是为相关活动提供了肥沃的土壤，提供了强而有力的保障。

### 1.6.2  5S 的推行准备

企业在推行 5S 之前都要有以下两点认识：

（1）5S 活动必须以潜移默化的方式去运作方能成功，才能长久，否则存在着"三分钟热度"就会半路夭折。

（2）5S 的推行与任何一个管理制度一样，必须符合"国情"，不能照搬他人的模式，必须根据企业的实际情况随时修正，找出最适合本企业的方法。

#### 1.6.2.1  消除推行 5S 的意识障碍

A  推行 5S 的主要障碍

目前国内已经有不少企业意识到实施 5S 的显著效能，并且开始在生产现场推行 5S 活动。但是，由于企业内部员工对 5S 认识不足或存在误解，在 5S 的推行过程中还存在很多现实的障碍。这些障碍主要包括：领导重视不够，5S 活动常常自生自灭；员工参与程度不高，认为活动与己无关，甚至认为是额外负担。

B  消除障碍的关键

企业进行不断改善是为了实现精益工厂的目标，追求 7 个"零"极限目标。但是企业领导和普通员工的意识障碍严重影响了 5S 的成功推行，因此，企业必须在内部广泛进行意识改革，从而更好地推行 5S。消除意识障碍应该主要从以下两个方面考虑：

（1）消除领导者的顾虑。企业的最高领导人是否确定要推行 5S 活动，是决定 5S 活动能否成功的关键因素之一。如果企业的领导者对 5S 的认识并不充分，仅仅凭一时兴起而推行 5S，那么 5S 活动很可能会陷入自生自灭的境地，很难长久地推行下去。因此，推行 5S 活动首先需要企业的领导者下定决心，充分做好长期推进的思想准备。

（2）强调全员参与。5S活动需要全员参与，热情参与的员工越多，对活动的推行越有利。员工对活动热情的长期维持在很大程度上取决于最高管理者的意志力，这就要求最高管理者在决定发起5S活动时消除犹豫。另外，企业还可以通过动员会、内部刊物文章发表、鼓励提出改善方案等措施使5S活动更加丰富多彩，吸引更多的员工积极参与。

### 1.6.2.2　成立推行委员会

为了有效地推进5S活动，需要建立一个符合企业条件的推进组织——5S推行委员会。推行委员会的责任人包括5S委员会、推进事务局、各部分负责人以及部门5S代表等，不同的责任人承担不同的职责。

### 1.6.2.3　宣传和培训

为了配合5S活动的推进，企业还应该进行一些有针对性的宣传和培训。企业可以鼓励员工提出5S的标语与口号，经典的5S标语，如："人人做整理，场地有条理；整顿做得好，效率节节高；时时做清扫，品质才会高；保持素养心，天天好心情。"

另外，企业还可以借助内部刊物和板报来进行5S推行技巧和推行要点的宣传，动员所有的员工参与到5S活动的建设中去，并可以经常刊登一些员工参与5S活动的文章，从而保证5S气氛的长久持续。

对员工进行专门的培训，是5S活动推行过程中不可缺少的重要环节。由于员工在认识等方面存在差异，企业在工厂内部推行5S的时候必须给所有的员工换脑，消除落后的意识障碍，保证5S的顺利推动。

骨干人员的培训，5S活动的实施需要有足够数量的员工进行推动，因此，企业在准备推行5S的时候，应该有意识地从各级主管和优秀员工中挑选出骨干员工，由这部分员工组织和推行5S的具体实施。通过对骨干员工的培训，使得他们对5S的基本知识和推行认识有较好的理解和认识。一般来说，骨干员工的培训可以通过外委培训、参观先进企业和购买培训教材等方式进行。

普通员工的5S培训，除了需要培养一批骨干人员外，企业还不应忽略对普通员工的培训，即内训。通常的做法是：由已接受培训的骨干人员将所学到的知识传授给普通员工，使普通员工了解5S的基本知识、活动意义以及活动的目标。在培训的过程中应该注意互动，鼓励员工进行充分的讨论和发言，这样才能加深员工对5S重要性的认识，从而让员工有更高的热情参与活动的推行。

### 1.6.2.4　示范区的5S活动

A　5S示范区的作用

在一些规模较大的企业，或者内部员工对5S认识比较薄弱的企业，我们可以通过5S示范区的方法来逐步推行5S。企业选取硬件差、问题多且有代表性的部门试验推行 5S，以此作为实施 5S 活动的样板区域。这样，就可以让其他部门的员工参观 5S 示范区，从而将 5S 活动推广到企业的各个部门。

对于规模较大、组织复杂的企业，5S 示范区的作用是非常明显和有效的。示范区的建立可以统一员工对 5S 活动的认识，更好地发挥领导的作用；可以鼓励先进，鞭策后进；另外，5S 示范区还可以改变员工迟疑和观望的态度，增强他们的信心，从而激发员工参与 5S 活动的热情。

B　建立 5S 示范区的主要程序

建立 5S 示范区的主要步骤包括：指定示范区、制订活动总计划、示范区人员培训与动员、记录并分类整理示范区问题点、决定 5S 活动的具体计划、集中对策、进行 5S 活动成果的总结与展示。每个步骤都有其特定的工作内容。

值得注意的是，5S 示范区的活动必须是快速而有效的。因此，应该在短期内突击进行整理，痛下决心对无用物品进行处理，进行快速的整顿和彻底的清扫。另外，5S 示范区的活动成果应该用报告、组织展览和参观的方式向全体人员进行展示，从而获得高层领导的肯定和关注，赢得全体员工的支持。

### 1.6.2.5　5S 推进的阶段

5S 的五项活动一般不要同时推进，除非是具有一定的规模或有一定基础的企业，否则都是从整理、整顿开始，之后再进行部分清扫。清扫到一定程度后，设备的检查、检点、保养和维修须具备了大工业生产的条件后，才可以导入清洁这一最高的形式。强调清洁就是让整理、整顿、清扫达到一种标准化或制度化，使企业内的每个员工都从上到下地严格遵守这种标准，形成良好风气，这样修养才能大功告成。一个风气良好并秩序井然的公司，才能形成优秀的企业文化。推行 5S 一般分为 3 个阶段：

（1）秩序化阶段。由公司统一制订标准，使员工养成遵守这个标准的习惯，逐步地使公司超越手工作坊水平。如：

1）实行上下班 5 min 的领班、清扫等值日制。

2）区域的规划：区域落实到具体部门以及该部门的每一个人。

3）寻找物品所用的时间减少。

4）环境的绿化、美化、无噪声。

5）标识的使用。

6）安全保护用具的使用，消防设备的完善。

（2）活力化阶段。通过推进各种改善活动，使每个员工都能主动地参与，使得公司上下都充满着生机、活力，形成一种改善的氛围。如：

1）清理废料、废品。

2）大扫除，全面地清扫地面，清扫灰尘污垢，打蜡。

3）所有的设备全都仔细地检查、保养、防尘。

4）清扫用具的管理（数量管理、摆放的方法规定、清扫用具的设计与改造）。

（3）透明化阶段。

在这一阶段可开展的活动包括：

1）合理化的建议或合理化的提案。

2）看板管理。

3）识别管理。

4）目视管理的全面导入。

5）建立改善的档案，甚至建立完善的博物馆。

6）数据库、网络的运用。各种管理手段和措施公开化，透明化，形成一种公平竞争的局面，使每位员工都能通过努力而获得自尊和成就感。

### 1.6.3　5S 的实施要点

正确和全面地理解 5S 的基本概念是企业顺利推行 5S 活动的基础，5S 实施的关键是领导和普通员工能够共同参与，并掌握相应的工作方法与技巧，建立配套的奖罚措施。总之，5S 的成功推行，就是要处理好整理、整顿、清扫、清洁以及素养等过程，掌握各个步骤的实施要点。

#### 1.6.3.1　整理的实施要点

整理就是彻底地将要与不要的物品区分清楚，并将不要的物品加以处理，它是改善生产现场的第一步。

A　区分物品要与不要的方法

整理是改善生产现场的第一步。整理的实施要点就是对生产现场摆放的物品进行分类，从而区分出物品的使用等级。一般可以将物品划分为"不用"、"很少用"、"少使用"、"经常用"这 4 个等级。

对于"不用"的物品，应该及时清理出工作场所，进行废弃处理；对于"很少用"、"少使用"的物品，也应该及时进行清理，改放在储存室中，当需要使用时再取出来；对于"经常用"的物品，就应该保留在工作场所的附近。

B　整理的重点对象

对工作场所的物品进行整理，诸如用剩的材料、多余的半成品、切下的料头、切屑、垃圾、废品、多余的工具、报废的设备、工人个人生活用品等，要坚决清理出现场，从而创造出一个良好的工作环境，保障安全，消除作业过程中的混乱。

企业中需要重点整理的物品包括：办公区及物料区的物品、办公桌及文件柜中的物品、过期的表单和文件资料、私人物品以及堆积严重的物品。

#### 1.6.3.2　整顿的实施要点

整顿的实施要点是将工作现场需要保留下的物品按照"三定原则"进行科

学合理的布置和摆放，并设置明确、有效的标识，以便在最短的时间内取得所要之物，在最简捷有效的规章制度和流程下完成事务。

生产现场物品的合理摆放，不但可以免除物品的找寻时间，提高工作效率，更可以提高产品质量，保障生产安全。对于这项工作的专门研究又被称为定置管理，或者被称为工作合理布置。

A　遵循"三定原则"

（1）定物。所谓定物，就是选择需要的物品保留下来，而将大部分不需要的物品转入储存室或者进行废弃处理，以保证工作场所中的物品都是工作过程中所必需的。

（2）定位。定位是根据物品的使用频率和使用便利性，决定物品所放置的场所。一般说来，使用频率越低的物品，应该放置在距离工作场地越远的地方。

（3）定量。定量就是确定保留在工作场所或其附近的物品的数量。物品数量的确定应该以不影响工作为前提，数量越少越好。

对物品进行定物、定位、定量之后，还需要对物品进行合理的标识。标识一般要解决两个问题：物品放在哪里？处于什么场所？通过采用不同的颜色进行标识，就能对工作场所的物品状态一目了然。

B　整顿的具体做法与效果

在对物品进行整顿时，应该尽量腾出作业空间，为必要的物品规划合适的放置位置和放置方法，并设置相应的醒目标识。这样，使用者就能够清楚地了解物品的位置，从而减少选择物品的时间。

### 1.6.3.3　清扫的实施要点

清扫的实施要点就是对工作场所进行彻底的清扫，杜绝污染源，及时维修异常的设备。清扫过程是根据整理、整顿的结果，将不需要的物品清除掉，或者标识出来放在仓库中。一般说来，清扫工作主要集中在以下 4 个方面：

（1）清扫从地面到天花板的所有物品。不仅要清扫人们能看到的地方，而且对于通常看不到的地方，如机器的后面等也需要进行认真彻底的清扫，从而使整个工作场所保持整洁。

（2）彻底修理机器和工具。各类机器和工具在使用过程中难免会受到不同程度的损伤，因此，在清扫的过程中还包括彻底修理有缺陷的机器和工具，尽可能地减少突发的故障。

（3）发现脏污问题。机器设备上经常会污迹斑斑，因此需要工作人员对机器设备定时地清洗、上油，拧紧螺丝，这样在一定程度上可以稳定品质，减少工业伤害。

（4）杜绝污染源。污染源是造成清扫无法彻底的主要原因。粉尘、刺激性气体、噪声、管道泄漏等污染都存在源头，只有解决了污染源，才能够彻底解决污染问题。

### 1.6.3.4 清洁的实施要点

清洁是在整理、整顿、清扫之后进行认真维护，保持完美和最佳的状态。清洁不是做表面性的工作，而是对前三项活动的坚持和深入，从而消除发生安全事故的根源，创造一个良好的工作环境，使员工能够愉快地工作；另外，清洁还是对整理、整顿和清扫的标准化。目前企业所采用的运作手法主要包括：红牌作战、目视管理以及查检表的应用。

### 1.6.3.5 素养的实施要点

5S活动的核心是加强人员的素养，提高人员的素质，使人们养成严格遵守规章制度的习惯和作风。如果人员缺乏遵守规则的习惯，或者缺乏自动自发的精神，推行5S活动只能流于形式，各项活动也无法顺利开展，而且很难长久持续下去。

5S活动始于素质，也终于素质。在开展5S活动中，要贯彻自我管理的原则，不能指望别人来代为办理，而应充分依靠现场人员来改善。

素养的提高主要通过平时的教育训练来实现，只有员工都认同企业、参与管理，才能收到良好的效果。素养的实践始自内心而行之于外，由外在的表现再去塑造内心。因此，在5S活动推进的过程中，时刻关注意识的改革并提高人员的素养是最重要的。

5S活动开展起来比较容易，可以搞得轰轰烈烈，并在短时间内取得明显的效果，但要坚持下去，持之以恒，不断优化就不太容易了。不少企业发生过"一紧、二松、三垮台、四重来"的现象。因此，开展5S活动，贵在坚持。要坚持PDCA循环，不断提高现场的5S水平，即要通过检查，不断发现问题，不断解决问题。

## 1.6.4 5S实施的误区

有很多刚开始实施5S的企业认为：5S无非就是整天扫地、整理物品以及将物品进行定位。在这种想法的作用下，他们认为5S就是为了在企业有客户进行参观，或者有重要的政府官员来视察的时候，给外界留下一个良好的形象，让别人觉得本企业已经脱离了家庭作坊式的生产。总的来说，当前很多企业对5S活动的认识还存在不少的误区，这些误区可归纳为以下几点：

（1）5S就是大扫除。很多企业的员工，包括领导都认为5S仅仅是一种大扫除，只是为了改善企业形象所开展的活动。实际上，5S活动不仅能够使工作现场保持清洁，更重要的是通过持续不断的改善活动，使工作现场的5S水平达到一定的高度，促使员工养成良好的工作习惯，提高员工的个人素养。因此，5S活动与大扫除的根本区别在于：5S是持续的活动，大扫除是临时性活动，二者过程不同，目标也不同。

（2）5S 只是生产现场员工的事情。很多不在生产一线的工作人员认为：5S 活动是生产现场员工的事情，不在生产现场的人员不需要开展 5S 活动。这种观点也是不正确的，单个部门的 5S 活动是很难在全范围内取得预期效果的。例如，如果业务部门所下达的订单没有及时出厂，致使产品堆积在车间，生产车间的人员将无法进行 5S 活动。因此，5S 活动强调的是全员参加，领导者尤其要带头参与。

（3）搞好 5S 企业就不会有任何问题。很多企业在推行 5S 活动的时候总希望 5S 活动能够"包治百病"，解决企业内部所有的问题。但是实际上，5S 只是企业修炼的一个基本功，它产生的效果范围仅包括生产现场的整洁以及员工素养的提高。一个企业要想获得盈利，除了开展 5S 活动之外，还需要注意在战略管理、营销策略等方面下工夫。因此，期待 5S 是包治百病的灵丹妙药是不切实际的。

（4）5S 活动只花钱不赚钱。企业存在的根本目的就是为了最大限度地追求效益。很多企业的领导者没有远见，认为开展 5S 活动需要较多的投入，因此他们认为 5S 活动的推广是赔本生意，因而不愿意实施。一般来说，5S 活动的开展初期需要投入较多的资金，并且很难在短期内形成收益。但是，只要企业能够持续开展这项活动，5S 将为企业带来长远的发展效益。因此，企业的领导者应该把目光放远一些，要坚持实施 5S 活动。

（5）由于太忙而没有时间推行 5S。企业生产现场的状况一般都是比较复杂的，经常会出现很多预想不到的问题。工作人员除了要从事正常的生产工作之外，还需要花费相当多的精力用于解决工作现场中出现的各种问题。因此，很多员工认为目前的工作已经非常繁重，实施 5S 活动增加了员工的工作负担。实际上，5S 的实施正是为了提前发现问题、解决问题，防止突发事件的发生。实施 5S 之后，工作人员的工作反而会变得轻松。

（6）5S 活动是形式主义。有人认为整理、整顿、清扫、清洁和素养等 5S 活动过于注重形式，缺少实质性的内容，因而对 5S 活动的实施效果始终持怀疑的态度。一般说来，5S 活动的实施确实需要一些形式，例如标准、宣传、培训等，但是 5S 活动的目的是为了使员工通过不断地重复，养成良好的工作习惯。因此，认为 5S 活动是形式主义的观点是不正确的。

（7）开展 5S 活动主要靠员工自发行为。很多企业将 5S 活动推行失败的原因归结为员工不愿意参与。准确地说，5S 活动的实施，并不是靠员工的自发行为，而是靠带有强制性的执行标准，员工在 5S 活动的实施过程中必须按照 5S 的要求来行事。因此，5S 活动的实施虽然强调员工的全体参与，但依然应该由企业的高层由上而下地加以推动和监督。

## 1.7 现场改善

### 1.7.1 现场改善的定义

指在开展现场管理过程中，寻找和采用更好的方法，富有创意的突破现状地开展改进，以提高现场管理水平的活动。它致力于增强满足现场要求（如有效性、效率、可追溯性等）的能力。它是现场管理的重要组成部分，现场改善的原动力是增进顾客满意度。

### 1.7.2 现场改善的内涵

现场改善意指持续不断地改进，即每一位管理人员和生产工作人员，以相对较小的费用来改进工作，提高工作效率。改善虽是一点一滴的、循序渐进的，但却意味着企业的不断进取和变革，不断冲破固有的管理模式。改善的步伐虽是一小步、一小步的阶梯式的，但随时间的演进，将会给企业带来重大成果和经济效益。

现场改善是包罗万象的，它犹如一把涵盖任何先进管理方式的大伞，如企业开展的 ISO9000、ISO14000、OHS18000、TPM、TnPM、TQM、ZD、JIT、合理化建议、安全标准化等，均可看作"改善"。

### 1.7.3 确立现场改善的"三种意识"

#### 1.7.3.1 "现场、现物、现实"意识

"现场、现物、现实"意识，是现场管理的灵魂。"现场"意识就是把现场看作问题发生的根源，提高管理水平的基石。"现物"意识，就是认为现场问题有形有据，哪里发生了问题，对什么造成影响，都应加以明确。"现实"意识，就是摒弃凭借经验和感觉，在工作中注重事实和数据，在现场中提出解决问题的方法。

#### 1.7.3.2 "及时、及早、及至"意识

"及时、及早、及至"意识是一种时间意识。强调及时应对，及早预防，即刻处理（及至）。"及时应对"的意识，就是明确改善的时间，并及时对进展反馈。"及早预防"的意识就是防患于未然，事先建立预防差别和事故的防线。"及至"（即刻处理）的意识就是快速采取措施，及时进行改进，遇到突发和异常，不会手忙脚乱，进而提高工作效率。

#### 1.7.3.3 "问题、方法、协调"意识

现场是动态的，经常会出现问题，如果看不出问题，也就谈不上改善，这就是"问题意识"。光有改善的意识，没有改善的技能，也只能"有心无力"，这

就是"方法意识"。有方法、有能力，还要有改善的气氛；现场管理需要宣传造势，协调资源，需要部门之间、人与人之间的积极配合，和团队协作力量，这就是"协调意识"。问题意识、方法意识、协调意识，三位一体，缺一不可。培养积极的问题意识，掌握有效的改善方法，营造团队合作的氛围，才能充分调动和发挥广大员工的积极作用，不断提升现场管理水平和企业管理素质，管理业绩。

### 1.7.4　实施现场改善的基本原则

实施现场改善的基本原则是：（1）抛弃传统和粗放的管理观念；（2）不找借口，首先对现行做法提出质疑；（3）想着如何做，而非如何不能做；（4）不等待条件具备，立即动手；（5）不花钱、少花钱做改善；（6）不断问为什么，找出原因；（7）遇到困难不气馁，开动脑筋，迸发智慧火花；（8）集大家智慧，发挥团队合作精神；（9）有错误，立即改正；（10）改善无止境。

### 1.7.5　实施现场改善的步骤

（1）选定现场改善的主题。应从现场中最薄弱的环节开始，按照"木桶效应"，要想提高木桶的装水水平，必须找出"短板"，从最短那块板的提升开始。对现场存在的问题，从重要度、紧迫度、经济度等不同角度，综合认定需要优先改善对象，这就是我们应选定的首先要解决的主题。

（2）了解现场状况。深入现场，搜集有关资料，并把现场观察记录作为选定主题的依据。对了解现状可设定为5个要素，即人、机、料、法、环。

（3）分析现场搜集来的资料。对收集掌握的资料进行分析，找出症结与原因，运用各种统计分析工具，从人、机、料、法、环等5个方面寻找原因，列出表格，确定问题点，思考解决问题的方案。

（4）设定现场改善目标。依据掌握情况，设定改善目标。在目标设定过程中，要综合考虑问题的解决难度、自身的资源条件、解决的可行性。对设定的目标除包括所要解决的问题，达到的效果，还应包括一个时间表。

（5）制订现场改善对策。一旦目标设定，即开始制订改善对策。对于对策制订，可采取发动员工提合理化建议、外出参观学习取经、请专家指导等方法。

（6）实施现场改善。企业要根据改善方案及对策，从人力、物力、财力等资源给予大力支持。尤其是管理者要激励改善执行人员的热情，营造热情支持改善活动的企业文化氛围。

（7）进行对策评估和修订"规范"。1）企业要安排专人、专时，分析评估改善所产生的无形的影响与可计算的效益，为激励改善人员提供依据。2）把成功的改善举措作为"规范"确定下来，进行推广并执行。3）对上述过程检视、评价并加以记录，以此作为新起点，再开展下一步骤的改善。

### 1.7.6 发挥 PDCA 循环与 SDCA 循环的作用

在现场改善中，首先建立计划（P）—执行（D）—检查（C）—处理（A）4 个环节构成的 PDCA 循环。计划（P）是建立改善目标，执行（D）指依计划推行，检查（C）是否按计划进度和目标推进，处理（A）对实施的流程和行为进行修正和标准化与规范化，或再设定新的改进目标。PDCA 的意义是永远不满足现状。

任何一个新的工作流程，实施初期都会呈现不稳定状态。开始进行 PDCA 改善时，必须先将流程稳定下来，把此稳定流程的过程称之为标准化（S）—执行（D）—检查（C）—处理（A），即 SDCA 循环。

一旦现场工作形成了标准，而且员工能执行标准，下一个步骤便是调整标准和提高标准化水准，这就需要新的 PDCA 程序。SDCA 的"处理（A）"是用标准来稳定流程，PDCA 的"处理（A）"是为了建立更高水平的"标准"，两个过程交替进行。

## 1.8 现场文明

### 1.8.1 现场文明的含义

现场文明是指在生产工作现场中，按照现代工业生产和现代工业文明的客观要求，使生产工作现场保持良好的作业环境和生产秩序，强化安全生产和环境保护，提高员工"讲文明、懂礼貌、守纪律"素质的活动。

### 1.8.2 现场文明的内容

现场文明，一般来说，其内容包括 3 个基本方面：一是文明的人，即文明的生产者和管理者；二是文明的管理；三是文明的环境（包括文明的现场、安全生产和保护环境等）。这 3 个方面互相联系，不可分割。因为，只有文明的人，实行文明的管理，创造文明的环境，才能实现现场文明。

#### 1.8.2.1 文明的生产者和管理者

文明的生产者和管理者是具有职业道德、职业精神、职业素养的生产和管理人员，他们具有强烈事业心和高度责任感，积极进取，执著追求，人际关系和谐，密切协作；并具有专业技术知识和管理知识，具有完成本岗位的工作技能，具有创新的意识和能力，能够尽职尽责，具有良好的作风，严细实快，积极负责；自觉遵章守纪，身着工装上岗，言行举止文明，注重礼仪，精神饱满，士气旺盛。

#### 1.8.2.2 文明的管理

它有两方面的要求，一是管理科学化，即在科学管理的理论指导下，运用科学方法和手段来进行管理，以务实的精神，取得管理的绩效，促进效率和效益的提升。二是管理民主化，坚持以人为本，实施民主管理，充分发挥广大员工民主管理和自我管理的积极性、主动性和创造性。

### 1.8.2.3 文明的环境

文明的现场环境主要内容有：企业容貌亮丽，环境净化、绿化和美化，道路平坦、生产有序、物流畅通；现场中设置相关标识、标志、标记，做到一目了然；车间岗位，办公等场所环境整齐明快，做到窗明壁净；设备卫生清洁、各种物品定置摆放等。

## 1.9 阅读材料：现场管理案例及 5S 活动样表

### 1.9.1 现场管理案例

#### 1.9.1.1 白云铁矿 5S 管理整理阶段特色工作

9 月的草原，秋高气爽。一个喜讯的传来让白云铁矿干部职工备感振奋。白云铁矿不仅通过了公司 5S 管理整理阶段的验收，更获得了 10 万元的最高奖励。荣誉无价，这其中凝结着白云铁矿干部职工的辛勤劳动和攻坚克难的精神。

地处草原深处，建矿时间长，作业条件、作业环境相对比较恶劣，同包钢厂区的单位相比，白云铁矿实施 5S 管理更为艰难。困难不是理由，白云铁矿在健全组织机构、完善制度、选树典型等基础上，根据自身实际情况，开展了别具特色的工作，让草原深处的老矿山展现出了新风貌。

A 培训

职工是 5S 管理的主体，通过培训来提高职工的认识和能力是 5S 管理取得成功的有效手段。但白云铁矿作业面广，职工比较分散，将全体职工集中起来培训显然不现实。

在这种情况下，为了让每一名职工都能学习、了解 5S 管理知识，白云铁矿摒弃了传统的集中培训方式，构建了三级培训体系。为了方便广大职工学习，白云铁矿还在内部网站开设了 5S 管理专栏，并在各车间工作现场以板报等形式及时宣传 5S 管理知识。在三级培训体系的推动下，白云铁矿 5S 管理的培训率达到了 96%，有力促进了 5S 管理在职工中的推广。

B 现场

以前，对于白云铁矿电修车间的职工来说，维修交流电机是一项艰苦的工作，从领料、吊装到维修、试验等一系列工序下来，职工要在拥挤、凌乱的厂房里往返行走超过 1 km。在 5S 管理整理工作中，电修车间按工序流程科学合理地划分区域，尤其是专门设置了交流电机专修作业区，与绕线机、试验台等配套设施密切结合，使职工的总行进距离不超过 90 m，提高了工作效率，减少了时间、能源的浪费，厂房空间也得到了释放。

5S管理的重点在现场。在实施5S管理的过程中，白云铁矿领导和督导员走遍了矿山的每一个角落，帮助各车间建立内部样板区域，深入一线查找、解决问题，并组织突击队对整理难度、工作量较大的区域集中整理。在全方位、深层次的整理之下，像电修车间这样管理上存在的问题先后显现出来。白云铁矿结合现场工作，将5S管理与生产管理、设备管理、安全管理、环境管理、成本管理等专业管理相融合，促进管理方式的科学化、精细化，为实施精益生产奠定基础。

C 改善

一走进白云铁矿运输车间，只见开阔的场地上车辆停放整齐，地面平整，并铺上了细沙防止尘土飞扬，让人感到豁然开朗。然而，在几个月前，这里还是一片破旧、废弃的房屋，不仅影响环境美观，更使得运输车间办公楼前非常拥挤。"是5S管理让这片区域变了模样。"白云铁矿矿长有感而发。下一步，白云铁矿将在这里建一个矿山公园，为职工营造更好的环境。

在整理阶段工作中，白云铁矿对开采现场、公路、铁路、办公环境、职工休息室、库房、工具库、更衣箱等全方位整理，尤其是白云铁矿领导率队对废旧建筑物仔细排查，现场勘察了废弃建筑物的情况，并召开废旧工业建筑物拆除工作协调会，制订了初步拆除方案。在整理过程中，白云铁矿共拆除23座废旧工业建筑物，面积达2738 $m^2$，清理垃圾2120 t、废钢铁169 t。白云铁矿矿长表示，拆除的成本虽然巨大，但对职工的投入不能减少。今后仍将增加费用，下大力气改善职工工作、生活环境，使职工工作顺心、生活方便。

### 1.9.1.2 某矿山井下作业现场管理

长期以来开展井下作业现场管理一直是采矿坑口安全工作的重点和难点。要搞好井下现场管理，实现安全生产，首先要认识井下作业的特殊性，然后运用各种方法了解和掌握这些特殊性，用科学的方法去解决在生产中出现的问题，实现安全生产。

A 井下作业的特殊性

（1）井下生产和作业场地随生产的进展和客观条件的变化而变化，无固定的作业空间。

（2）工作环境差。空间狭窄、空气潮湿、通风不良，粉尘、炮烟、废气、噪声等有毒有害物质较多。

（3）危险源、危险点多。除作业场地顶板及边帮外，还有溜矿井、通风井、废石天井、管路天井等，存在着坠井危险。此外，在作业中还存在着爆破、运输、电气设备等危险因素。

（4）岩层地质结构变化复杂，加之在采掘爆破作业中，使长期稳固的岩层结构受到破坏，改变了岩层应力结构，增加了地压活动，致使在采掘作业生产过程中的不安全因素增多。

B 制订井下作业现场管理标准

针对井下作业的特殊性，经过不断实践和完善，逐步形成了井下作业现场管理 4 项标准：

（1）采场作业现场标准。

1）有顶板管理分级标志牌；有良好照明；有长短松石撬棍；有溜井格筛（或防护网）；有定置管理。

2）顶板与边帮松石应处理干净，无其他事故隐患，如一时无法处理的隐患应有安全标示和防护措施。

3）采场有良好的洒水措施，粉尘浓度符合安全要求；通风系统完善，风质、风速符合要求。

4）采场坑洼高低不超过 20 cm，稀泥积水深不超过 15 cm，铲运机通道无大矿块或其他杂物。

5）风水绳、风钻、钢钎等工具摆放整齐，无漏风漏水现象。

（2）掘进作业面现场标准。

1）有良好照明；有松石撬棍；有定置管理。

2）作业面顶板边帮无松石或其他事故隐患，如一时无法处理的隐患应有安全防范措施。

3）作业面应洒水良好，通风设施完善。凿岩或铲碴作业时应开动风机，粉尘浓度和风速必须符合安全要求。

4）风水管路、电器线路应架设整齐，动力线无裸露现象，开关、设备符合安全要求。

5）风水管、风钻、钢钎等工具摆放整齐，无漏风、漏水、漏电现象。

（3）井下运输巷道现场标准。

1）巷道应保持清洁干净，做到无堆碴、无大块、无杂物、无稀泥。

2）主巷底板平枕木，生产川脉底板平轨面以下 3 cm；分段平巷及铲运机通道坑洼高低不超过 20 cm；稀泥积水深不超过 15 cm。

3）动力线、照明线安装标准化；铁轨岔道标准化；风水管路安装标准化；电机车架空线安装标准化。

4）主巷畅通无阻，水沟畅通无阻。

5）红灯系统完好，各巷道分岔口、川脉口应标有路标及所在地点和川脉名称，岔道口应标有指明通往地面出口的路标。

6）不漏水、不漏风、不漏电、不漏油。

（4）溜井现场管理标准。

1）有安全防护栏；有良好照明；有安全警示牌。

2）采场溜井、分段平巷溜井停止出矿或停止出碴时应及时拦护好。主溜井倒矿完毕后，应关闭反风门。

3）主溜井、废石溜井应备有安全绳（以便井口清碴用），并符合安全要求。

4）主溜井、废石溜井周围应保持干净，做到无大块、无杂物、无堆碴、无稀泥积水、无积尘。

C　认真实施，严格考核

为进一步加强和巩固井下现场管理，采矿坑口划分了各工区队井下现场管理管辖区域，并根据各项现场管理标准，相应制订了现场管理考核标准，每季度由安全部门牵头，工会、环保、机动、劳资等有关职能部门参加，按现场管理标准对各工区队管辖区域进行检查考核。通过检查、考核，找出不足之处和存在的问题，促进各工区队认真落实整改。同时每季度公布一次检查考核结果，表彰奖励现场管理搞得较好的单位，促进较差的单位。

### 1.9.1.3　某矿山采场设备管理

加强设备管理，向管理要效益，这既是设备管理内在规律的客观体现，更是在市场经济条件下企业生存和发展的迫切要求，企业应通过设备管理达到设备资源的优化配置和有效利用，不断增收节支，大力降低成本，提高企业的整体经济效益。

A　对采场设备现场进行专人、专项管理

针对采场设备（铲机、钻机、推机）重、设备老化，层面复杂等状况，首先，成立设备管理小组，负责对采场设备管理的各个环节进行总的协调。对操作人员明确设备操作维护和检查，交接责任；对维修人员明确巡检定检、重点（关键）检修责任。其次，成立采场设备包机小组，对重点设备、关键设备实行特殊管理，让包机组成员承包起来。包机组成员包括：操作工、电工、焊工、维修工等。每个成员工作内容明确，责任明确。包机人员要求对本机台状态、开机以及各润滑、维修等部位熟悉，对包机目标实行定量考核（包括设备的完好率，故障停机率，开机产量及成本），如采场铲机包机前每台人数为 4 人，实行包机后每台铲机人数减少为 3 人，而年采剥总量却不变。

第三，采场设备现场管理要求专业人员"四到现场"，即设备管理到现场，设备检查到现场，设备工作协调到现场，设备问题处理到现场。使现场专业服务及时、有效地得到解决，节省时间，提高效率。

B　对采场设备现场进行规范化管理

通过建立健全各项设备管理制度，对设备管理进行系统、全面的规范化管理，使之有章可循，有据可查，有理可依。对各机台制订《设备管理制度》、《设备维护手册》，要求操作人员对本设备做到懂原理，懂结构性能，会操作，会维护保养，会排除故障。对采场现场设备的维护要求定期检查，定期保养并做好记录，扬长避短。同时开源节能，减少因设备磨损带来的隐患，防患于未然，做到环境好，设备润滑好，工作设备整齐、完备。例如：铲机操作工年轻人较多，经验不足，因层面复杂，操作工操作水平低，时有铲机下沉、断轴等事故发生。通过对采场设备实行规范化管理，使年轻操作工熟悉了铲机设备部位，操作工技术提高很快，杜绝了因操作不当导致事故发生。设备综合完好率达到94%以上，主要设备故障率控制在8‰以内。

C　对采场设备现场进行动态管理

针对设备多，设备老化，作业环境差等特点，为确保生产的正常运行，成本节约。对采场运行设备的维护和保养做到动态管理和预防性检修。即通过对日常设备状态进行监测和对故障进行诊断等手段，有效减少了设备故障，保证了采场设备持续运行和正常生产。例如 WK－4 电铲 V－0.6/8－C 型空压机，由于使用年限长，振动大，配件损耗快，故障频率高，技术人员与维修人员经常深入设备现场，积极采取设备状态信号，对空压机状况进行认真分析，及时采取措施，将空压机固定座由刚性连接改为在固定座中间增加一块约 50 mm 橡胶垫，使空压机运行平稳，延长了设备使用周期。

D　对采场设备现场进行升级赛活动

明确设备现场完好标准。要求采场所有设备完好，各项运行参数在允许范围内。主体完整，附件齐全，要求认真执行设备管理专项制及设备维护保养等规章制度。对各机台的润滑、紧固、卫生等方面进行考核。每周检查组（由设备组成员，维修系统各班长组成）对各设备进行大检查，详细检查各部位润滑，紧固、卫生等情况。设备检查结果及时公布，对竞赛设备各项指标优胜者予以物质和精神奖励，对设备检查不达标者实行经济扣罚。

通过对采场设备进行以上几项综合管理，使生产成本下降14%，设备故障明显减少，为降低生产成本，完成生产任务打下良好基础。

### 1.9.1.4　矿难事故中暴露的现场管理问题

A　2002 年山西繁峙"6·22"爆炸事故

这次事故死亡38人。事故的直接原因是：井下作业人员违章用照明白炽灯泡集中取暖，时间长达 18 h，使易燃的编织袋等物品局部升温过热，造成灯泡炸裂引起着火，引燃井下大量使用的编织袋及聚乙烯风管、水管，火势迅速蔓延，引起其他巷道存放的炸药和井下炸药库燃烧，导致炸药爆炸。

B　2003 年重庆开县"12·23"井喷事故

这次事故死亡243人。事故的直接原因是：（1）作业人员在起钻过程中违章操作，钻井液灌注不符合规定，引起井喷；（2）钻具组合中去掉了回压阀，致使起钻发生井喷时钻杆内无法控制，导致井喷失控；（3）未能及时决定并采取放喷管线点火措施，以致大量含有高浓度硫化氢的天然气喷出扩散，造成事故扩大，导致重大损失。

C　2004 年河北沙河 "11·20" 火灾事故

这次事故死亡 70 人。事故的直接原因是: 矿山维修工在盲井井筒内违章使用电焊, 焊割下的高温金属残块渣掉落在井壁充填护帮的荆笆上, 造成长时间阴燃, 最后引燃井筒周围的荆笆及木支护等可燃物, 引发井下火灾。

### 1.9.1.5　K 公司的 5S 活动实录

K 公司是一家印刷企业, 主要做包装用瓦楞纸箱、丝网印刷和传统的胶印业务。两年前, 公司上马了一套 "印刷管理信息系统", 在竞争非常激烈的印刷市场上, 确实发挥了很大的作用。此时的公司总经理侯先生, 开始把目光瞄准了全数字印刷领域。

A　接受 5S 挑战

K 公司与香港某公司洽谈中的合资项目, 是在 K 公司引进新的数字印刷设备和工艺, 同时改造公司的印刷信息系统。然而, 与港商的合资谈判进行得并不顺利。对方对 K 公司的工厂管理, 提出了很多在侯总看来太过 "挑剔" 的意见, 比如仓库和车间里的纸张、油墨、工具的摆放不够整齐; 地面不够清洁、印刷机上油污多得 "无法忍受"; 工人的工作服也 "令人不满"……后来, 在合资条款里, 投资者执意将 "引入现代生产企业现场管理的 5S 方法", 作为一个必要的条件, 写进了合同文本。刚开始的时候, 侯总和公司管理层觉得港方有点 "小题大做"。不就是做做卫生, 把环境搞得优美一些, 侯总觉得这些事情太 "小儿科", 与现代管理、信息化管理简直不沾边。不过, 为了合资能顺利进行, 侯总还是满口答应下来。

几个月的时间过去了, 侯总回想起来这些 "鸡毛蒜皮的小事", "有一种脱胎换骨的感觉"。

B　"鸡毛蒜皮" 的震撼

推广 20 世纪 50 年代就风靡日本制造企业的 5S 管理方法, 需要做大量的准备和培训工作。从字面上说, 5S 是指 5 个以日语单词的罗马注音 "S" 为开头的词汇, 分别是: 清理 (Seiri)、整顿 (Seiton)、清扫 (Seiso)、整洁 (Seiketsu)、素养 (Shitsuke)。这 5 个词以及所表达的意思听上去非常简单。刚开始的时候, 大家很不以为然。几天后, 港方派来指导 5S 实施的 Mak 先生, 通过实地调查, 用大量现场照片和调查材料, 让 K 公司的领导和员工受到了一次强烈的震撼。

Mak 先生发现, 印制车间的地面上, 总是堆放着不同类型的纸张, 里面有现在用的, 也有 "不知道谁搬过来的"; 废弃的油墨和拆下来的辊筒、丝网, 躺在车间的一个角落里, 沾满了油腻; 工人使用的工具都没有醒目的标记, 要找一件合适的工具得费很大的周折。

仓库里的情况也好不到哪里。堆放纸张、油墨和配件的货架与成品的货架之间只有一个窄窄的、没有隔离的通道, 货号和货品不相符合的情况司空见惯。有时候，车间返回来的剩余纸张与成令的新纸张混在一起，谁也说不清到底领用了多少。

　　Mak 先生还检查了侯总引以为荣的 MIS 系统，查看了摆放在计划科、销售科、采购科的几台电脑，发现硬盘上的文件同样混乱不堪。到处是随意建立的子目录，随意建立的文件。有些子目录和文件，除非打开看，否则不知道里面到底是什么。而且，Mak 先生发现，文件的版本种类繁多，过时的文件、临时文件、错误的文件或者一个文件多个副本的现象，数不胜数。

　　在 K 公司里，长久以来大家对这样一些现象习以为常：想要的东西，总是找不着；不要的东西又没有及时丢掉，好像随时都在"碍手碍脚"；车间里、办公桌上、文件柜里和计算机里，到处都是这样一些"不知道"——不知道这个是谁的；不知道是什么时候放在这里的；不知道还有没有用；不知道该不该清除掉；不知道这到底有多少……

　　在这种情况下，Mak 先生直率地问侯总，"你如何确保产品的质量？如何确信电脑里的数据是真实的？如何鼓舞士气？增强员工的荣誉感和使命感？"最后一个问题，Mak 先生指的是墙上贴的一个落着灰尘的标语："视用户为上帝，视质量为生命"。

　　C　清理、整顿、清扫

　　Mak 先生把推进 5S 的工作分为两大步骤，首先是推进前 3 个"S"，即清理、整顿、清洁。

　　清理，就是要明确每个人、每个生产现场（如工位、机器、场所、墙面、储物架等）、每张办公桌、每台电脑，哪些东西是有用的，哪些是没用的、很少用的，或已经损坏的。

　　清理就是把混在好材料、好工具、好配件、好文件中间的残次品、非必需品挑选出来，该处理的就地处理，该舍弃的舍弃。对于电子垃圾文件，Mak 先生告诫管理人员："可以让你的工作效率大打折扣；经常进行文件查找、确认和比较，会浪费大量的工作时间。"

　　整顿，就是要对清理出来的"有用"的物品、工具、材料、电子文件，有序地进行标识和区分，按照工作空间的合理布局，以及工作的实际需要，摆放在伸手可及、醒目的地方，以保证随用随取。

　　听上去"整顿"很简单，从 Mak 先生的经验来看，其实是很仔细的工作。比如电脑上的文件目录，就是最好的例子。一般来说，时间、版本、工作性质、文件所有者，都可以成为文件分类的关键因素，Mak 先生结合自己的体会，向大家详细介绍了什么是电子化的办公。对一个逐步使用电脑、网络进行生产过程管理和日常事务处理的公司而言，如何处理好纸质文件和电子文件的关系，是养成良好的"电子化办公"习惯的重要内容。

"电子化的过程中，如果把手工作业环境里的'脏、乱、差'的恶习带进来，危害是巨大的"，Mak先生这样说。

清扫，简单说就是做彻底的大扫除。发现问题，就及时纠正。但是，"清扫"与过去大家习惯说的"大扫除"还有一些不同。"大扫除"只是就事论事地解决环境卫生的问题，而"清扫"的落脚点在于发现产生垃圾的源头。用Mak先生的话说，就是"在进行清洁工作的同时进行检查、检点、检视"。

D 爽朗心情

随着3S（清理、整顿、清洁）的逐步深入，车间和办公室的窗户擦干净了，卫生死角也清理出来了，库房、文件柜、电脑硬盘上的文件目录、各种表单台账等重点整治对象，也有了全新的面貌。但是，包括侯总在内的所有人，都没有觉得Mak先生引进的"灵丹妙药"有什么特别之处。不过，侯总承认，大家的精神面貌还是有了一些微妙的变化：人们的心情似乎比过去好多了，一些人的散漫习惯，多少也有了些改变；报送上来的统计数据，不再是过去那种经不住问的"糊涂账"，工作台面和办公环境的确清爽多了。

这当然不是5S管理的全部。Mak先生结合前一阶段整治的成果，向侯总进言："5S管理的要点，或者说难点，并非仅仅是纠正某处错误，或者打扫某处垃圾；5S管理的核心是要通过持续有效的改善活动，塑造一丝不苟的敬业精神，培养勤奋、节俭、务实、守纪的职业素养。"

按Mak先生的建议，公司开始了推进5S管理的第二步：推行后两个"S"，一个是整洁（Seiketsu），另一个是素养（Shitsuke）。

整洁的基本含义是"如何保持清洁状态"，也就是如何坚持下去，使清洁、有序的工作现场成为日常行为规范的标准；素养的基本含义是"陶冶情操，提高修养"，也就是说，自觉自愿地在日常工作中贯彻这些非常基本的准则和规范，约束自己的行为，并形成一种风尚。

Mak先生进一步说明道，后两个"S"其实是公司文化的集中体现。很难想象，客户会对一个到处是垃圾、灰尘的公司产生信任感；也很难想象，员工会在一个纪律松弛、环境不佳、浪费随处可见的工作环境中，产生巨大的责任心，并确保生产质量和劳动效率；此外，更不用说在一个"脏、乱、差"的企业中，信息系统竟然会发挥巨大的作用。

E "零"报告

若干个月后，又是一个春光明媚的日子。

当侯总带领新的客户参观自己的数字印刷车间的时候，在他心底里涌动着一种强烈的自豪感。车间布局整齐有序，货物码放井井有条，印刷设备光亮可鉴，各类标识完整、醒目。

公司的电脑网络和MIS系统，在没有增加新的投资的情况下，也好像"焕发了青春"，带给侯总的是一系列"零"报告：发货差错率为零，设备故障率为零，事故率为零，客户投诉率为零，员工缺勤率为零，浪费为零……

在参观者啧啧有声的称赞中，侯总感到，引进一套先进设备的背后，原来是如此浅显又深奥的修养"工夫"，真应了那句老话："工夫在'诗'外"。

## 1.9.2　5S活动样表

### 1.9.2.1　红牌作战之红色贴纸

| 红色贴纸编号： | | |
|---|---|---|
| 物品名称： | | 数量： |
| 分类 | □ 原材料<br>□ 半制成品<br>□ 制成品<br>□ 机器/仪器 | □ 零件<br>□ 工具<br>□ 文件<br>□ 其他 |
| 不要原因 | □ 永远不需用<br>□ 现时不需用<br>□ 次货<br>□ 剩余物资 | □ 贮存过量<br>□ 过时货品<br>□ 不清楚有什么用<br>□ 其他 |
| 处理不需要物品的方法 | □ 丢弃<br>□ 卖掉<br>□ 退回 | □ 放回仓库<br>□ 留在工作场所附近地方<br>□ 其他 |
| 张贴日期： | 执行日期： | 执行员 |

### 1.9.2.2　5S审核清单

部门名称：＿＿＿＿＿＿＿＿＿＿＿＿＿＿＿＿＿

工作地点：＿＿＿＿＿＿＿＿＿＿＿＿＿＿＿＿＿

日期：＿＿＿＿＿时间：＿＿＿＿＿审核员签名：＿＿＿＿＿＿＿

以下5S审核清单可作为部门、单位进行自我检查时的样本，各部门单位可根据独有情况而将审核项目和内容作出适当更改后才使用。

整理：

| 审核项目 | 审核内容 | 妥善 | 须改善 | 须实时改善 | 不适用 | 跟进工作 |
|---|---|---|---|---|---|---|
| 1. 工作场所 | (1) 是否定出每日工作上所需的物料数量？ | □ | □ | □ | □ | |
| | (2) 工场、通道及出入口地方有否避免充斥着不需使用的物料和制成品？ | □ | □ | □ | □ | |
| | (3) 是否有指定的收集地方放置损坏品及低使用率的东西？ | □ | □ | □ | □ | |

续表

| 审核项目 | 审 核 内 容 | 妥善 | 须改善 | 须实时改善 | 不适用 | 跟进工作 |
|---|---|---|---|---|---|---|
| 2. 机械设备 | (1) 是否将故障和损坏的机械设备清楚地分辨出来？ | □ | □ | □ | □ | |
| | (2) 是否有指定的收集地方放置不能用的机械设备以方便丢弃？ | □ | □ | □ | □ | |
| | (3) 工场是否避免充斥着不需使用的机械设备？ | □ | □ | □ | □ | |
| 3. 电力装置及设备 | (1) 配电房是否避免存放杂物及遗留无用物料？ | □ | □ | □ | □ | |
| | (2) 是否将故障和损坏的电气设备、插头及电线清楚地分辨出来？ | □ | □ | □ | □ | |
| | (3) 是否有指定的收集地方放置不能用的电器设备、插头及电线以方便丢弃？ | □ | □ | □ | □ | |
| 4. 手工具 | (1) 是否定出每日工作上所需的手工具数量？ | □ | □ | □ | □ | |
| | (2) 是否将损坏的手工具分辨出来安排修理？ | □ | □ | □ | □ | |
| | (3) 是否有指定的收集地方放置损坏及低使用率的手工具？ | □ | □ | □ | □ | |
| 5. 化学品、爆炸品 | (1) 是否将工作间化学品的存放量尽量减少只供当日使用？ | □ | □ | □ | □ | |
| | (2) 是否采取适当措施处理标签损坏或破损的容器？ | □ | □ | □ | □ | |
| | (3) 超过法定容量或并不需要实时使用的危险品是否储存于合格的容器内？ | □ | □ | □ | □ | |
| 6. 高空工作 | (1) 是否将损坏的棚架或梯具清楚地分辨出来以安排维修或弃置？ | □ | □ | □ | □ | |
| | (2) 工作台是否避免充斥着不需使用的工具或物料？ | □ | □ | □ | □ | |
| | (3) 是否把碎铁杂物及夹杂易燃液体的废布分别放在指定的收集地方，以方便丢弃？ | □ | □ | □ | □ | |
| 7. 吊重装置 | (1) 工场、通道及出入口地方是否避免充斥着不需使用的吊索、链索及钩环？ | □ | □ | □ | □ | |
| | (2) 是否将故障或损坏的吊重装置及吊具清楚地分辨出来？ | □ | □ | □ | □ | |
| | (3) 是否有指定收集地方放置损坏的吊重装置及吊具以便日后维修或丢弃？ | □ | □ | □ | □ | |
| 8. 体力处理操作 | (1) 是否避免员工在地面湿滑、凹凸不平或有其他障碍物的工作地方搬运货物？ | | □ | □ | □ | |
| | (2) 是否将有尖锐或锋利边缘、过热、过冷或过于粗糙表面的货品分辨出来？ | □ | □ | □ | □ | |
| | (3) 搬运场地是否避免充斥着不需使用的杂物及遗留无用的物料？ | □ | □ | □ | □ | |
| 9. 个人防护设备及工作服 | (1) 工作间是否避免充斥着不需使用的个人防护设备及工作服？ | □ | □ | □ | □ | |
| | (2) 是否将损坏、变形或已过期的个人防护设备清楚地分辨出来？ | □ | □ | □ | □ | |
| | (3) 是否有指定的收集地方放置损坏及低使用率的个人防护设备？ | □ | □ | □ | □ | |

整顿：

| 审核项目 | 审 核 内 容 | 妥善 | 须改善 | 须实时改善 | 不适用 | 跟进工作 |
|---|---|---|---|---|---|---|
| 1. 工作场所 | (1) 是否把信道划线以区分信道及工作区的范围？ | ☐ | ☐ | ☐ | ☐ | |
| | (2) 货品是否整齐叠起及远离通道和出口？ | ☐ | ☐ | ☐ | ☐ | |
| | (3) 是否避免把材料或工具靠放在墙边或柱旁？ | ☐ | ☐ | ☐ | ☐ | |
| 2. 机械设备 | (1) 是否在信道划线，以区分信道及机械设备摆放的位置？ | ☐ | ☐ | ☐ | ☐ | |
| | (2) 机械设备是否整齐排列及避免阻塞通道和出口？ | ☐ | ☐ | ☐ | ☐ | |
| | (3) 是否采用识别系统标示机械设备的名称及编号？ | ☐ | ☐ | ☐ | ☐ | |
| 3. 电力装置及设备 | (1) 配电房的所有导电体是否清楚地标明？ | ☐ | ☐ | ☐ | ☐ | |
| | (2) 是否采取措施避免将电线横置于通道上？ | ☐ | ☐ | ☐ | ☐ | |
| | (3) 是否采用识别系统标示电力设备的编号及摆放位置？ | ☐ | ☐ | ☐ | ☐ | |
| 4. 手工具 | (1) 手工具是否有贴上名称或编号？ | ☐ | ☐ | ☐ | ☐ | |
| | (2) 手工具是否有秩序的摆放在工具架或工具箱内以方便取用？ | ☐ | ☐ | ☐ | ☐ | |
| | (3) 工作台上的工具是否有秩序的摆放？ | ☐ | ☐ | ☐ | ☐ | |
| 5. 化学品、爆炸品 | (1) 在订购任何化学品、爆炸品时，有否将化学品、爆炸品的名称、危险分类及其他有关资料作出登记以便员工翻查？ | ☐ | ☐ | ☐ | ☐ | |
| | (2) 不同危害分类的化学品、爆炸品是否有明确的标签及颜色区分以便分开存放？ | ☐ | ☐ | ☐ | ☐ | |
| | (3) 容器内储存的化学品、爆炸品有否清楚标明其输入口、出口和连接的位置？ | ☐ | ☐ | ☐ | ☐ | |
| 6. 高空工作 | (1) 工作台上需用的物料是否平均分布于棚架上及没有负荷过重？ | ☐ | ☐ | ☐ | ☐ | |
| | (2) 需要的物料或工具是否避免放置在坑槽或地洞的边缘，以免坠下危害周围工作的人？ | ☐ | ☐ | ☐ | ☐ | |
| | (3) 梯具是否妥善储存，避免接近化学品或被阳光直接照射而减少梯身受损？ | ☐ | ☐ | ☐ | ☐ | |
| 7. 吊重装置 | (1) 是否采用识别系统标示吊重装置包括电绞辘和吊索的编号及摆放位置？ | ☐ | ☐ | ☐ | ☐ | |
| | (2) 吊重装置和吊具是否有秩序地摆放在仓库的储存架上以方便取用？ | ☐ | ☐ | ☐ | ☐ | |
| | (3) 使用后的吊具包括吊索、链索及钩环是否立即放回仓库以便妥为保存？ | ☐ | ☐ | ☐ | ☐ | |

续表

| 审核项目 | 审核内容 | 妥善 | 须改善 | 须实时改善 | 不适用 | 跟进工作 |
|---|---|---|---|---|---|---|
| 8. 体力处理操作 | (1) 是否将负荷物的数据，如对象的重量和对象较重一边的位置清楚地标明出来，以方便搬运？ | □ | □ | □ | □ | |
| | (2) 整理货架时，是否将较重或常处理的货品放置在较易拿取的位置，如接近手肘的位置？ | □ | □ | □ | □ | |
| | (3) 搬运时，是否采取措施确保货品整齐叠起及避免堆栈过高，以免阻碍视线增加碰撞及绊倒的危险？ | □ | □ | □ | □ | |
| 9. 个人防护设备及工作服 | (1) 在订购任何个人防护设备时，是否将该设备的类别、标准及其他有关数据作出登记以便员工翻查？ | □ | □ | □ | □ | |
| | (2) 个人防护设备和工作服是否有秩序地摆放在储存架上以方便取用？ | □ | □ | □ | □ | |
| | (3) 是否采用识别系统标示个人防护设备和工作服的摆放位置？ | □ | □ | □ | □ | |

清扫：

| 审核项目 | 审核内容 | 妥善 | 须改善 | 须实时改善 | 不适用 | 跟进工作 |
|---|---|---|---|---|---|---|
| 1. 工作场所 | (1) 是否确保地面上没有油污、废料及杂物的存在？ | □ | □ | □ | □ | |
| | (2) 所有垃圾是否存放在废物箱内并定期清理？ | □ | □ | □ | □ | |
| | (3) 是否清扫较少注意的隐蔽地方，例如墙角、柱位、台底等地方？ | □ | □ | □ | □ | |
| 2. 机械设备 | (1) 是否有清除机械设备上及周遭飞散着的灰尘、碎屑及油污？ | □ | □ | □ | □ | |
| | (2) 是否有清除附着于气压管、电线、油量显示或压力表等玻璃上的污物？ | □ | □ | □ | □ | |
| | (3) 在清扫机械设备时是否有同时检查该设备是否保持在良好使用状况？ | □ | □ | □ | □ | |
| 3. 电力装置及设备 | (1) 是否有清除配电房或配电箱内所积聚的灰尘及污垢？ | □ | □ | □ | □ | |
| | (2) 是否有清除附着于电气设备及电线上的灰尘和污垢？ | □ | □ | □ | □ | |
| | (3) 在清理电力装置及设备时，是否有同时检查该设备保持在良好使用状况？ | □ | □ | □ | □ | |
| 4. 手工具 | (1) 是否有清除附着于手工具上的灰尘、污垢及油污？ | □ | □ | □ | □ | |
| | (2) 是否有清除工具架或工具箱内的灰尘、碎屑及污垢？ | □ | □ | □ | □ | |
| | (3) 在清理手工具时，是否有同时检查该工具保持在良好使用状况？ | □ | □ | □ | □ | |

续表

| 审核项目 | 审 核 内 容 | 妥善 | 须改善 | 须实时改善 | 不适用 | 跟进工作 |
|---|---|---|---|---|---|---|
| 5. 化学品、爆炸品 | (1) 储存及使用区域是否保持清洁？ | □ | □ | □ | □ | |
| | (2) 是否采取有效措施清理任何化学品、爆炸品的溅漏？ | □ | □ | □ | □ | |
| | (3) 在清理化学品、爆炸品时是否有同时检查所贮存状况，如标签有否损毁、容器有否溅漏或破损的迹象？ | □ | □ | □ | □ | |
| 6. 高空工作 | (1) 是否确保工作台上没有油污、废料及杂物的存在？ | □ | □ | □ | □ | |
| | (2) 是否清除附着于梯具的灰尘、碎屑及油污？ | □ | □ | □ | □ | |
| | (3) 在清理工作台及梯具时，是否有同时检查该设备保持在良好使用状况？ | □ | □ | □ | □ | |
| 7. 吊重装置 | (1) 是否有清除附着于吊重装置和吊具的灰尘、污垢及油污？ | □ | □ | □ | □ | |
| | (2) 是否有清除仓库储存架内的灰尘、碎屑及污垢？ | □ | □ | □ | □ | |
| | (3) 在清理吊重装置和吊具时，是否有同时检查该设备保持在良好使用状况？ | □ | □ | □ | □ | |
| 8. 体力处理操作 | (1) 是否有清除机械辅助设备、货架或储存架内的灰尘、碎屑及污垢？ | □ | □ | □ | □ | |
| | (2) 通道上的障碍物、积水或油污是否清除？ | □ | □ | □ | □ | |
| | (3) 在清理手推车、货架或储存架时，是否同时检查该设备保持在良好使用状况？ | □ | □ | □ | □ | |
| 9. 个人防护设备及工作服 | (1) 可重复使用的个人防护设备及工作服是否有保持清洁？ | □ | □ | □ | □ | |
| | (2) 是否有清除储存架内的灰尘、碎屑及污垢？ | □ | □ | □ | □ | |
| | (3) 在清理个人防护设备及工作服时，是否有同时检查该设备保持在良好使用状况？ | □ | □ | □ | □ | |

清洁：

| 审核项目 | 审 核 内 容 | 妥善 | 须改善 | 须实时改善 | 不适用 | 跟进工作 |
|---|---|---|---|---|---|---|
| 1. 工作场所 | (1) 是否有提供足够通风以确保有清新空气提供？ | □ | □ | □ | □ | |
| | (2) 是否妥善保养工作场所设施，避免排风气孔滴水、外墙渗水以及排水渠淤塞等影响员工健康？ | □ | □ | □ | □ | |
| | (3) 行人和搬运车共享的通道是否有足够的安全阔度和视野？ | □ | □ | □ | □ | |
| 2. 机械设备 | (1) 是否确保机械的危险部分加上有效护罩？ | □ | □ | □ | □ | |
| | (2) 机械操作指示及安全须知是否张贴于操作区域的显眼处？ | □ | □ | □ | □ | |
| | (3) 是否采取适当措施以降低机械设备所产生的高噪声量？ | □ | □ | □ | □ | |

续表

| 审核项目 | 审 核 内 容 | 妥善 | 须改善 | 须实时改善 | 不适用 | 跟进工作 |
|---|---|---|---|---|---|---|
| 3. 电力装置及设备 | （1）是否采取有效措施将配电板上外露的导电体加以围栅或隔离？ | □ | □ | □ | □ | |
| | （2）是否有使用透明盖子增加电力装置的透明度，以方便检查工作？ | □ | □ | □ | □ | |
| | （3）使用电器设备时，是否有保持身体及周围环境干爽以降低触电机会？ | □ | □ | □ | □ | |
| 4. 手工具 | （1）手工具的设计是否依据人体工效学的原理以配合使用者的抓握方法？ | □ | □ | □ | □ | |
| | （2）使用手工具的安全须知是否张贴于使用区域的醒目处？ | □ | □ | □ | □ | |
| | （3）存放或携带工具时，是否在锋口加上防护物？ | □ | □ | □ | □ | |
| 5. 化学品、爆炸品 | （1）贮存及使用区域是否有良好的通风系统以减少易燃及有害化学蒸气的积聚？ | □ | □ | □ | □ | |
| | （2）是否定期对化学品、爆炸品调配或使用时所释放出的气体、蒸气、灰尘或微粒等空气污染物作出测试，以避免其污染程度已超越职业卫生标准？ | □ | □ | □ | □ | |
| | （3）使用及处理化学品、爆炸品泄漏的安全守则是否张贴于使用区域的醒目处？ | □ | □ | □ | □ | |
| 6. 高空工作 | （1）所有工作台、平台、坑槽及楼面缺口是否每边均有适当的护栏和踢脚板？ | □ | □ | □ | □ | |
| | （2）工作台上的安全负荷是否清晰地标明，并确保使用时的负荷不得超逾所检验的安全负荷？ | □ | □ | □ | □ | |
| | （3）使用工作台及梯具的区域是否保持有充足照明？ | □ | □ | □ | □ | |
| 7. 吊重装置 | （1）是否有采取适当措施确保在安全情况下及无人走进搬运范围时才开始吊运操作？ | □ | □ | □ | □ | |
| | （2）使用吊重装置和吊具的安全须知是否张贴于使用区域的醒目处？ | □ | □ | □ | □ | |
| | （3）使用吊重装置和吊具的区域是否保持有充足照明？ | □ | □ | □ | □ | |
| 8. 体力处理操作 | （1）搬运区域是否有提供足够照明，以减少碰撞或绊倒的危险情况发生？ | □ | □ | □ | □ | |
| | （2）是否提供足够的工作空间，避免员工在狭窄的空间下处理货物？ | □ | □ | □ | □ | |
| | （3）是否采用机械辅助设备，如手推车、运输带及升降台等来帮助搬运货物？ | □ | □ | □ | □ | |
| 9. 个人防护设备及工作服 | （1）工作时需使用的个人防护设备，如眼罩、耳塞、手套、呼吸器等，是否有正确选择和使用？ | □ | □ | □ | □ | |
| | （2）操作机器时，是否小心戒指、项链或松开衣物等被机器的转动部分缠绕而引致意外？ | □ | □ | □ | □ | |
| | （3）是否采取措施确保员工在使用个人防护设备时，不可擅自更改所派发的防护器具？ | □ | □ | □ | □ | |

### 1.9.2.3  5S 训练计划表

**_____公司 5S 训练计划表**

| 培训项目 | 受训人员 | 培训日期 | 培训时间 | 培训地点 | 讲　者 |
|---|---|---|---|---|---|
| 5S 基本培训课程 | | | | | |
| | | | | | |
| | | | | | |
| 5S 深造培训课程 | | | | | |
| | | | | | |
| | | | | | |
| 5S 审核员培训课程 | | | | | |
| | | | | | |
| | | | | | |

填报人：_____　　批核人：_____
填报日期：_____　　批核日期：_____

### 1.9.2.4  5S 训练签到记录表

**_____公司 5S 训练签到记录表**

单位名称：_____　　表格编号：_____
培训日期：_____　　培训时间：_____
培训地点：_____　　培训内容：_____
培训课程：_____　　讲者姓名：_____

| 序号 | 受训人姓名 | 工作证号码 | 签　名 | 备　注 |
|---|---|---|---|---|
| 01 | | | | |
| 02 | | | | |
| 03 | | | | |
| 04 | | | | |
| 05 | | | | |
| 06 | | | | |
| 07 | | | | |
| 08 | | | | |
| 09 | | | | |

### 1.9.2.5 识别工作区域系统表

**_____公司识别工作区域系统表**

| 识别系统 | 划分区域 | 颜　色 |
|---|---|---|
| □ 地板颜色 | □ 工作地方<br>□ 通道<br>□ 休息地方<br>□ 仓库<br>□ 其他 | |
| □ 指示牌 | □ 办公室<br>□ 生产现场<br>□ 仓库<br>□ 其他 | |
| □ 划线 | □ 通道<br>□ 出入口<br>□ 门<br>□ 摆放物品及机器位置<br>□ 行走及运输途径的方向<br>□ 须注意的地方<br>□ 其他 | |

### 1.9.2.6 识别物品系统表

**_____公司识别物品系统表**

| 识别系统 | 标示种类 | 标示要点 |
|---|---|---|
| □ 识别物品存放的位置 | □ 区域标示<br>□ 编号标示<br>□ 颜色标示 | |
| □ 识别存放的物品名称 | □ 名称标示<br>□ 编号标示 | |
| □ 识别存放物品的数量 | □ 颜色标示 | |

### 1.9.2.7　识别工作区域的划线系统表

_____公司识别工作区域的划线系统表

| 识别系统 | 划分区域线 | 线的类型 | 颜色 | 划线要点 |
|---|---|---|---|---|
| 划线 | □ 通道线 | 实线 | 黄色 | □ 画直线<br>□ 线要清楚<br>□ 减少角落<br>□ 转角要避免直角 |
| | □ 出入口线 | 虚线 | 黄色 | □ 区划出员工能够出入的部分 |
| | □ 门开关线 | 虚线 | 黄色 | □ 以开门有没有撞到经过者来考虑 |
| | □ 摆放原料、半制成品、制成品、机器及运输车的位置线 | 实线 | 白色 | □ 可用不同颜色区分摆放制成品和不良品的位置 |
| | □ 行走及运输途径的方向线 | 箭头 | 黄色 | □ 要决定靠右或是靠左通行 |
| | □ 区分须注意地方例如梯级、门槛线 | 斜纹或斑马线 | 黄黑色 | □ 线要清楚看到<br>□ 可包括经常引致意外的危险地方 |

# 2 矿山井下安全现场管理

## 2.1 矿山现场安全管理概述

矿山安全管理是为实现矿山安全生产而组织和使用人力、物力和财力等各种资源的过程。它利用计划、组织、指挥、协调、控制等管理机能，控制来自自然界的、机械的、物质的和人的不安全因素，避免发生矿山事故，保障人的生命安全和健康，保证矿山生产的顺利进行。

### 2.1.1 矿山安全管理的特征

矿山安全管理是矿山企业管理的一个重要组成部分。安全性是矿山生产系统的主要特性之一，安全寓于生产之中。企业的安全管理与其他各项管理工作密切关联、互相渗透。因此，一般来说，矿山企业的安全状况是整个企业综合管理水平的反映。并且，在其他各项管理工作中行之有效的理论、原则、方法也基本上适用于安全管理。

矿山安全管理又有许多与矿山企业其他方面管理的不同之处。与矿山企业生产经营管理中涉及的产量、成本、质量等相比较，安全管理涉及的事故是一种人们不希望发生的意外事件、小概率事件，其发生与否，何时、何地、发生何种事故，以及事故后果如何，具有明显的不确定性。于是，安全管理具有许多与其他方面管理不同的地方。

#### 2.1.1.1 保护人的生命健康是矿山安全的首要任务

矿山安全的基本任务是防止事故，避免或减少事故造成的人员伤亡、财产损失和环境污染。财产损失了可以重新得到，生命健康丧失了不能再生。人的生命是最宝贵的，自古以来"人命关天"。人的生命健康涉及群众的根本利益，必须受到尊重、受到保护。在发展经济的过程中，我们必须坚持"安全第一，预防为主，综合治理"的安全生产方针，坚持以人为本，树立把人的生命健康放在第一位的观念，实现经济、社会、人的全面发展，构建社会主义和谐社会。

#### 2.1.1.2 提高人们的安全意识是安全工作永恒的主题

由于事故发生和后果的不确定性，人们往往忽略了事故发生的危险性而放松了安全工作。并且，安全工作带来的效益主要是社会效益，安全工作的经济效益往往表现为减少事故经济损失的隐性效益，不像生产经营效益那样直接、明显。因此，安全管理的一项重要的、长期的任务是提高人们的安全意识，唤起企业全体人员对安全工作的重视和关心。

### 2.1.1.3 安全管理决策必须慎之又慎

由于事故发生和后果的不确定性，安全管理的效果不容易立即被观察到，可能要经过很长时间才能显现出来。由于安全管理的这种特性，使得一项错误的管理决策往往不能在短时间内被证明是错误的；当人们发现其错误时可能已经经历了很长时间，并且已经造成了巨大损失。因此，我们在做出安全管理决策时，要充分考虑这种效果显现的滞后性，必须谨慎从事。

### 2.1.1.4 事故致因理论是指导安全管理的基本理论

安全管理的诸机能中最核心的是控制机能，即通过对事故致因因素的控制防止事故发生。然而，什么是事故致因因素？这涉及一系列关于事故发生原因的认识论问题。事故致因理论是安全科学的基本理论，也是指导安全生产工作的基本理论，不同的事故致因理论带来不同的安全工作理念。例如，建立在海因里希的事故因果连锁论基础上的传统安全管理理论，主张企业安全工作的中心是消除人的不安全行为和物的不安全状态，即根除"隐患"、杜绝"三违"，而以系统安全理论为基础的现代安全管理理论则强调以危险源辨识、控制与评价为核心的安全管理。

## 2.1.2 矿山安全管理的基本内容

新中国成立以来，我国在矿山安全管理方面积累了丰富的经验，其中许多成功的安全管理方法被国家以制度的形式固定下来了，形成了一整套安全管理制度。另外，随着安全科学的发展，以及系统安全在我国的推广应用，一些新的理论、原则和方法与矿山安全管理实践相结合，产生了一些现代安全管理的理论、原则和方法，使我国的矿山安全管理有了新的发展。

矿山安全管理要在"安全第一、预防为主、综合治理"的安全生产方针指导下，认真贯彻执行国家、部门和地方的有关安全生产的政策、法规和标准，建立健全安全工作组织机构，制订并执行安全生产规章制度，充分调动各级管理者和广大职工的安全生产积极性，推动企业安全工作不断前进。

### 2.1.2.1 矿山安全管理的常态工作

矿山安全管理的常态工作包括对物的管理和对人的管理两个方面。

（1）对物的安全管理：

1）矿山开拓、开采工艺，提升运输系统、供电系统、排水压气系统、通风系统等的设计、施工，生产设备的设计、制造、采购、安装，都应该符合有关技术规范和安全规程的要求，其必要的安全设施、装置应该齐全、可靠。

2）经常进行检查和维修保养设备，使之处于完好状态，防止由于磨损、老化、腐蚀、疲劳等原因降低设备的安全性。

3）消除生产作业场所中的不安全因素，创造安全的作业条件。

（2）对人的安全管理：

1）制订操作规程、作业标准，规范人的行为，让人员安全而高效地进行操作。

2）为了使人员自觉地按照规定的操作规程、标准作业，必须经常不断地对人员进行教育和训练。

### 2.1.2.2　建立和健全安全工作组织

事故预防是有计划、有组织的行为。为了实现矿山安全生产，必须制订安全工作计划，确定安全工作目标，并组织企业员工为实现确定的安全工作目标努力。

为了有计划、有组织地开展安全工作，改善矿山安全状况，必须建立健全安全工作组织机构。不同矿山企业的安全工作组织的形式不尽相同，为了充分发挥安全工作组织的机能，需要注意以下几个问题：

（1）合理的组织结构。为了形成"横向到边、纵向到底"的安全工作体系，需要合理地设置横向安全管理部门，合理地划分纵向安全管理层次。

（2）明确责任和权利。安全工作组织内各部门、各层次乃至各工作岗位都要明确安全工作责任，并由上级授予相应的权利。这样有利于组织内部各部门、各层次为实现安全生产目标而协同工作。

（3）人员选择与配备。根据安全工作组织内不同部门、不同层次的不同岗位的责任情况，选择和配备人员，特别是专业安全技术人员和专业安全管理人员，应该具备相应的专业知识和能力。

（4）制订和落实规章制度。制订和落实各种规章制度可以保证安全工作组织有效地运转。

（5）信息沟通。组织内部要建立有效的信息沟通模式，使信息沟通渠道畅通，保证安全信息及时、正确地传达。

（6）与外界协调。矿山企业存在于大的社会环境中，企业安全工作要接受政府的指导和监督，涉及与其他企业之间的协作、配合等问题，安全工作组织与外界的协调非常重要。

《安全生产法》和《金属非金属矿山安全规程》都明确规定，矿山企业应该设置安全生产管理机构或配备专职安全生产管理人员。

### 2.1.2.3　制订和落实安全生产管理制度

安全生产管理制度，是为了保护劳动者在生产过程中的安全健康，根据安全生产的客观规律和实践经验总结而制订的各种规章制度。它们是安全生产法律、法规的延伸，也是矿山安全管理工作的基本准则，矿山企业每一个员工都必须严格遵守。

国务院 1963 年发布、1978 年重申的《关于加强企业生产中安全工作的几项规定》中，规定了企业必须贯彻执行的安全管理制度。它们是安全生产责任制、编制安全技术措施计划、安全生产教育制度、安全生产检查以及伤亡事故报告和统计制度，简称"五项制度"。在此"五项制度"的基础上，矿山企业还要根据企业的具体情况制订和落实必要的安全生产管理制度。

国家安全生产监督管理总局 2007 年发布的《关于加强金属非金属矿山安全基础管理的指导意见》中，要求矿山企业应该重点健全和完善 14 项安全管理制度：

（1）安全生产责任制度。

（2）安全目标管理制度。

（3）安全例会制度。

（4）安全检查制度。

（5）安全教育培训制度。

（6）设备管理制度。

（7）危险源管理制度。

（8）事故隐患排查与整改制度。

（9）安全技术措施审批制度。

（10）劳动防护用品管理制度。

（11）事故管理制度。

（12）应急管理制度。

（13）安全奖惩制度。

（14）安全生产档案管理制度等。

在制订、落实安全生产管理制度的同时，矿山企业还必须建立、健全各项安全生产技术规程和安全操作规程。

## 2.2  矿山安全术语

（1）安全生产：是指在生产过程中消除或控制危险及有害因素，保障人身安全健康，保证设备完好无损及生产顺利进行。

（2）安全管理：以安全为目的，即以控制事故、消除隐患、减少损失为目的，进行有关决策、计划、组织和控制方面的活动。

（3）生产安全事故：是指企业在生产经营活动中或者在与生产经营活动有关的活动中发生的人身伤亡、财产损失的事故。

（4）危险源：是指经过触发因素作用，而使其能量逸散失控导致事故的具有能量的物质和行为。

（5）安全生产负责人：是指生产经营单位的党政主要负责人、党政副职、总工程师、总会计师、总经济师、工会主席。

（6）三违：是指违章指挥、违章作业、违反劳动纪律。

（7）安全生产工作"五同时"：是指安全工作与生产工作同时计划、布置、检查、总结、评比。

（8）建设项目安全设施"三同时"：是指建设项目安全设施必须与主体工程同时设计、同时施工、同时投入生产和使用。

## 2.3 矿山井下危险源控制

### 2.3.1 矿山危险源

矿山生产过程中存在着许多可能导致矿山伤亡事故的潜在的不安全因素，即矿山危险源。矿山危险源的主要特征是，具有较高的能量，一旦导致事故，往往造成严重伤害，并且在同一作业场所有多种危险源存在，而对这些危险源的识别和控制都比较困难。

首先我们考察一下矿山伤亡事故发生的情况。表2-1列出了我国20世纪80年代中期矿山伤亡事故按类别的分布。由表2-1可以看出，在各类矿山事故中冒顶片帮及车辆伤害所占比重最大，其次是中毒和窒息、机械伤害、高处坠落及触电等。进一步的统计表明，冒顶片帮是地下矿山的主要伤害事故类型；车辆伤害是露天矿山的主要伤害事故类型。在金属非金属矿山中，除了一般不存在瓦斯爆炸危险之外，其他类别事故危险都不同程度的存在。

造成金属、非金属矿山发生伤亡事故的主要矿山危险源（第一类危险源）有以下几种：

（1）危险岩体和构筑物。可能发生岩体（或矿体）局部冒落、大面积岩体移动或边坡垮落等现象发生的岩体统称为危险岩体。危险岩体的存在主要取决于岩石的物理力学性质、地质赋存条件及采掘技术条件等。一旦发生坍塌、损毁可能带来严重后果的构筑物称为危险构筑物。矿山危险岩体和构筑物有以下几种情况：

1）危险顶板。矿井巷道或采矿场的顶板及侧帮，受采掘影响而岩体应力重新分布后，个别地段可能冒顶片帮；1987～1999年间，冒顶片帮和坍塌事故死亡人数占金属非金属矿山事故死亡人数的44%。

2）大面积空区。采矿后空场不做处理的矿山或空场处理不好的矿山，当空区面积过大时可能引起大规模岩体移动，破坏矿井运输、通风系统，造成地表陷落，并可能造成人员伤亡。例如，山东莱州马塘金矿因开采导致地表严重塌陷，致使莱州至招远的国家级公路遭受严重的塌陷破坏而中断交通，民房被毁；2002年5月22日，兰坪县金顶镇南场铅锌矿发生地裂及地面塌陷，导致10人被困井下，5人获救，5人失踪。

3）危险边坡。露天矿边坡角不当、岩石松散、涌水量大及开拓开采工艺不合理等，可能导致边坡塌落、滑倒和倾倒，掩埋人员和设备。

4）危险构筑物。矿区内一些构筑物，如尾矿库等，一旦塌垮将直接威胁人员生命安全。例如，2008 年 9 月 8 日山西襄汾新塔矿业有限公司尾矿库溃坝，造成 268 人死亡和失踪。

各类矿山事故伤亡人数比例情况见表 2 - 1。

表 2 - 1　各类矿山事故伤亡人数比例

| 事 故 类 别 | 死亡/% | 重伤/% |
| --- | --- | --- |
| 物体打击 | 2.6 | 5.7 |
| 车辆伤害 | 16.7 | 27.6 |
| 机械伤害 | 5.0 | 11.2 |
| 触电 | 3.1 | 1.6 |
| 火灾 | 0.8 | 0.1 |
| 高处坠落 | 3.5 | 2.1 |
| 坍塌 | 1.7 | 0.9 |
| 冒顶片帮 | 39.0 | 30.5 |
| 透水 | 2.9 | 0.3 |
| 放炮 | 3.1 | 3.2 |
| 瓦斯煤层爆炸 | 9.0 | 1.4 |
| 火药爆炸 | 0.4 | 0.5 |
| 锅炉爆炸 | 0.05 | 0.1 |
| 中毒和窒息 | 5.5 | 0.4 |
| 其他 | 6.6 | 14.4 |

（2）爆破材料。矿山生产中广泛利用炸药爆炸释放出的能量破碎矿岩。炸药是一种危险物质，在使用、储存、运输及制造过程中稍有不慎，就很容易发生意外爆炸事故。矿用炸药还是一种可燃性物质，遇火源燃烧时产生大量有毒有害气体，使人员中毒。矿山生产中可能引起炸药意外爆炸、燃烧的能量有以下几种：

1）机械能。冲击、摩擦或挤压等机械能，如凿岩时打残眼使残留的雷管、炸药爆炸，运输雷管、炸药过程中的冲击、振动或摩擦等，可能引起意外爆炸。

2）热能。明火、吸烟或过热物体等热源可能引爆雷管、炸药或引燃炸药。

3）电能。电能会引爆电雷管。金属矿山井下存在的杂散电流、输送炸药过程中产生的静电，以及雷电是可能引起意外爆炸的电能的主要形式。

4）爆炸能。雷管、炸药爆炸的爆轰波可能引爆一定距离范围内的雷管、炸药。

为保证爆破安全，必须采取措施消除或控制上述能量。

（3）矿井水与地表水。矿井水与地表水可能导致矿井透水、淹井事故；地表水可能淹没露天矿坑；一些泥石流发达的山区，泥石流可能毁坏矿区设施，伤害人员及影响生产。

（4）可燃物集中的场所。可燃物是矿山火灾发生的必要因素之一。可燃物集中的场所，往往存在着发生矿山火灾的危险性。

（5）高差较大的场所。矿井中的竖直井巷或倾斜井巷，露天矿中的台阶等高差较大的场所，人员或物体都具有较大的势能。当人员具有的势能释放时，可能发生坠落或跌落事故；当物体具有的势能转变为动能时，可能击中人体发生物体打击事故。

（6）机械与车辆。矿山生产中利用各种机械和车辆。机械的运动部分、运行的车辆都具有较大的动能，人员不慎与之接触可能受到伤害。竖井和斜井提升系统可能失控发生蹾罐、跑车等严重事故。

（7）压力容器。作为矿山主要动力源之一的空气压缩机的附属设备等压力容器，由于某种原因可能在内部介质压力下破裂，发生物理爆炸而造成人员伤亡及财产损失。

（8）电气系统及电气设施。由于矿山生产作业环境较差、工作面经常移动、设备频繁启动等原因，容易发生供电系统和电气设备绝缘破坏、接地不良等故障，使人员触电受到伤害。

控制矿山危险源，消除和减少生产过程中的不安全因素，主要通过各种矿山安全技术措施来实现。

## 2.3.2 矿山安全管理原则

矿山安全技术主要通过改进生产工艺、设备，设置安全防护装置等技术手段来控制危险源。它包括预防事故发生的安全技术和避免或减少事故造成的人员伤亡、物质损失的安全技术。显然，在考虑危险源控制时，应该着眼于前者，做到防患于未然。同时也应考虑到，万一发生了事故，能够防止事故扩大或避免引起其他事故，把事故伤害和损失限制在尽可能小的范围内。

### 2.3.2.1 预防事故发生的安全技术

预防事故发生的安全技术的基本出发点是采取措施约束、限制能量或危险物质，防止其意外释放。预防事故的安全技术包括消除或限制危险因素、隔离、故障-安全设计、减少故障或失误、操作程序和规程及校正措施等。其中，应该优先考虑消除和限制矿山生产中的不安全因素，创造安全的生产条件。

A 消除和控制危险因素

通过选择恰当的设计方案、工艺过程，合适的原材料或能源，可以消除危险因素。有时不能彻底消除某种危险因素，应该限制它们，使它们不会发展为事故。例如，用深孔落矿代替浅孔落矿工艺，可以避免或减少人员在危险顶板下的暴露；采用锚喷支护等可以有效地防止矿岩冒落等。金属矿山推广非电导爆起爆技术后，爆破伤亡事故大幅度减少。

为了采取措施消除或限制危险源，首先必须识别危险源，评价其危险性，这可以借助前面讲过的系统安全分析与评价方法来进行。应该注意的是，有时采取措施可以消除或限制一种危险因素，却又可能带来新的危险因素。例如，用压缩空气作动力可以防止触电事故，但是压气供应系统却可能发生物理爆炸。

### B　隔离

隔离是最广泛被利用的矿山安全技术措施。一般情况下，一旦判明有危险因素存在，就应该设法把它隔离起来。

预防事故发生的隔离措施包括分离和屏蔽两种。前者是指空间上的分离；后者是指应用物理的屏蔽措施进行的隔离，它比空间上的分离更可靠，因而最为常见。利用隔离措施可以防止不能共存的物质接触。例如，把燃烧所必需的可燃物、助燃物和引火源隔离，防止发生矿山火灾。也可以利用隔离措施把人员与危险的物质、设备、空间隔开，防止人体与能量接触。例如，应用防护栅、防护罩防止人体或人体的一部分进入危险区域。

为了确保隔离措施发挥作用，有时采用连锁措施。但是，连锁本身并非隔离措施。连锁主要被用于以下两种情况：

(1) 安全防护装置与设备之间的连锁。如果不利用安全防护装置，则设备不能运转而处于最低能量状态，防止事故发生。例如，竖井安全门、摇台与卷扬机启动电路连锁，可以防止误启动卷扬机。

(2) 防止由于操作错误或设备故障造成不安全状态。例如，利用限位开关防止设备运转超出安全范围；利用光电连锁装置防止人体或人体的一部分进入危险区域等。连锁措施还可用于防止因操作顺序错误而引起事故。

在某些特殊情况下，要求连锁措施暂时不起作用，以便于人员进行一些必要的操作。这种可以暂时不起作用的连锁称作可绕过式连锁。当连锁被暂时绕过之后，必须能保证恢复其机能。如果绕过连锁可能发生事故时，应该设置警告信号，提醒人们注意连锁没起作用，需要采取其他安全措施。安装于竖井井架上部的过卷开关就是一种可绕过式连锁。

### C　故障－安全设计

在系统、设备的一部分发生故障或破坏的情况下，在一定时间内也能保证安全的安全技术措施称为故障－安全设计。一般来说，精心的技术设计，可使得系统、设备发生故障时处于低能量状态，防止能量意外释放。例如，电气系统中的熔断器就是典型的故障－安全设计，当系统过负荷时熔断器熔断，把电路断开而保证安全。

尽管故障－安全设计是一种有效的安全技术措施，考虑到故障－安全设计本身可能故障而不起作用，选择安全技术措施时不应该优先采用。

D 减少故障及失误

机械设备、装置等物的故障及人失误在事故致因中占有重要位置，因此，应该努力减少故障及失误的发生。一般来说，可以通过安全监控系统、增加安全系数或安全余裕或增加可靠性来减少物的故障。

在矿山生产过程中，广泛利用安全监控系统对某些参数进行监测，控制这些参数不达到危险水平而避免事故发生。典型的安全监控系统由检知部分、判断部分和驱动部分组成，如图2－1所示。有些安全监控系统的驱动部分不是机械，而是由人员进行必要的操作。

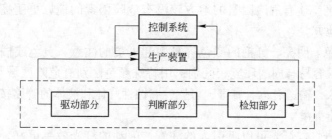

图2－1 安全监控系统

检知部分主要由传感元件构成，用以感知特定物理量的变化。一般地，检知部分的灵敏度较人的感官灵敏度高得多，所以能够发现人员难以直接觉察的潜在变化。为了在危险情况出现之前有充分的时间采取措施，检知部分应该有足够的灵敏度，另外，也应有一定的抗干扰能力。

判断部分把检知部分得到的参数值与预先规定的参数值相比较，判断被监控对象是否正常。当驱动部分的功能由人员来完成时，往往把预定的参数值定得低些，以保证人员有充足的时间做出恰当的决策和行动。

一驱动部分的功能在于判断部分判明存在异常、有可能出现危险时，实施恰当的措施。所谓恰当的措施，可能是停止设备、装置的动转，启动安全装置，或是向人员发出警告，让人员采取措施处理或回避危险。在若不立即采取措施就可能发生严重事故的场合，则应该采用自动装置以迅速地消除危险。

采用安全系数是在工程设计中最早用来减少故障的方法。由于结构、部件的强度超出所承受的最大应力的若干倍，所以能减少因设计计算错误、未知因素、制造缺陷及老化等造成的故障。

如前所述，人失误的产生原因非常复杂，防止与减少人失误是一件非常困难的事情。除了加强对职工的教育、训练外，在一旦发生失误会产生严重后果的场合，可以采取一人操作、一人监护的办法；从工程技术的角度改善人机匹配，设置警告，或采用耐失误设计等，可以有效地减少人失误。

### 2.3.2.2　警告

在矿山生产操作过程中，人员要经常注意到危险因素的存在，以及一些必须注意的问题，以免发生失误。警告是提醒人们注意的主要技术措施。提醒人们注意的各种信息都是经过人的感官传达到大脑的。于是，可以通过人的各种感官来实现警告。根据所利用的感官之不同，警告分为视觉警告、听觉警告、气味警告、触觉警告及味觉警告。一般来说，矿山安全中不用味觉警告。

A　视觉警告

视觉是人们感知外界的主要感官，视觉警告是应用最广泛的警告方式。它的种类很多，常用的有以下几种：

（1）亮度。让有危险因素的地方较没有危险因素的地方更明亮，使人员注意有危险的地方。

（2）颜色。明亮、鲜艳的颜色容易引起人员的注意。黄色或橘黄色的矿山车辆、设备很容易与周围环境相区别；用特殊颜色区别有危险区域与其他区域，防止人员误入，输送有毒、有害、可燃、腐蚀性气体和液体的管路按规定涂上特殊颜色，防止混淆。

（3）信号灯。灯光可以吸引人的注意，闪动的灯光效果更好。不同颜色的信号灯可以表达不同的意义，如红灯表示危险，绿灯表示安全等。

（4）旗。矿山爆破时挂上红旗，防止人员误入危险区；在电气开关上挂上小旗，表示由于某种原因不能合上开关。

（5）标记和标志。在设备上或有危险的地方用标记提醒危险因素存在，或需要佩戴防护用品等。有时使用规定了含义的符号标志，使得警告更加简单、醒目。

在一些情况下，视觉警告可能不足以引起人员的注意。例如，人员可能在看不见视觉警告的地方工作，或者在工作任务繁忙时，即使视觉警告很近也顾不上看等。这时，设计在听觉范围内的听觉警告更容易唤起人们的注意。

B　听觉警告

听觉警告主要适用于下述情况：

（1）在要求立即做出反应的场合，传达简短、暂时的信息；

（2）视觉警告受到限制的场合；

（3）唤起对某些视觉信息的注意。

喇叭、电铃、蜂鸣器等是常用的听觉警告器。

C　气味警告

气味警告是利用某些带有特殊气味的气体做的警告。例如，矿内火灾时往压缩空气管路中加入芳香气体，把一种烂洋葱气味送到井下工作面，通知井下工人采取措施。气味警告的优点在于气味可以在空气中迅速传播，特别是有风的时候可以顺风传播很远。它的缺点是人对气味会迅速地产生退敏作用，因而气味警告有时间方面的限制。

D　触觉警告

触觉警告主要利用振动和温度来实现。

### 2.3.2.3　避免或减少事故损失的安全技术

事故发生后如果不能迅速控制局面，则事故规模可能进一步扩大，甚至引起二次事故，释放出大量的能量。因此，在事故发生前就应考虑到采取避免或减少事故损失的技术措施。避免或减少事故损失的安全技术的基本出发点是防止意外释放的能量或危险物质达及人或物，或者减轻对人或物的作用，包括隔离、个体防护、接受微小损失、避难与救护等技术措施。

A　隔离

隔离除了作为一种预防事故发生的技术措施被广泛应用外，也是一种在能量剧烈释放时减少损失的有效措施。这里的隔离措施分为远离、封闭和缓冲3种。

（1）远离。把可能发生事故，释放出大量能量或危险物质的工艺、设备或设施布置在远离人群或被保护物的地方。例如，把爆破材料的加工制造、储存安排在远离居民区和建筑物的地方；爆破材料之间保持一定距离；重要建筑物布置在地表移动带之外等。

（2）封闭。利用封闭措施可以控制事故造成的危险局面，限制事故的影响。例如，防火密闭可以防止矿内火灾时火烟的蔓延；防水闸门可以阻断井下涌水而防止淹井。封闭还可以为人员提供保护，如矿内的避难硐室为人员提供一个安全的空间，保护人员不受事故伤害。

（3）缓冲。缓冲可以吸收能量，减轻能量的破坏作用。例如，矿工戴的安全帽可以吸收冲击能量，防止人员头部受伤。

B　个体防护

人员配备的个体防护也是一种隔离措施，它把人体与危险环境隔离。个体防护主要用于下述3种情况：

（1）有危险的作业。在不能彻底消除危险因素，一旦发生事故就会危及人体的情况下，必须使用个体防护。但是，应该避免用个体防护措施代替根除或限制危险因素的技术措施。

（2）为了调查或消除危险状态而进入危险区域。

（3）应急情况。在矿山事故或矿山灾害发生的应急情况下，个体防护用于矿工自救和互救。

C　接受微小损失

接受微小损失，又称薄弱环节措施，是利用事先设计的薄弱部分的破坏来泄放能量，以小的损失避免大的损失。例如，驱动设备上的安全连接棒在设备过载时破坏，从而断开负载而防止设备损坏。

D　避难与救护

矿山事故发生后，人员应该努力采取措施控制事态的发展。但是，当判明事态已经发展到不可控制的地步时，则应该迅速避难，撤离危险区域。在矿山设计中，要充分考虑一旦发生灾害性事故时的避难和救护问题。其原则是：使人员尽可能迅速地撤离危险区；用隔离措施保护人员；人员不能撤离时能够被救护队搭救。

### 2.3.2.4　实现矿山安全的技术体系

实现矿山安全的技术体系包括本质安全设计、安全防护以及安全操作程序和规程3个工程技术方面。

A　本质安全设计

本质安全设计作为危险源控制的基本方法，通过选择安全的生产工艺、机械设备、装置、材料等，在源头上消除或限制危险源，而不是依赖"附加的"安全防护措施或管理措施去控制它们。

进行本质安全设计首先要通过系统安全分析辨识系统中可能出现的危险源，然后针对辨识出来的危险源选择消除、限制危险源效果最好的技术方案，并在工程设计中体现出来。

例如，针对危险岩体，为了防止地压危害，进行采矿设计时尽量采用充填式采矿法或崩落式采矿法，不采用空场式采矿法；选择适当的矿房、矿柱尺寸等，消除或减少矿岩暴露面积；为了防止冒顶片帮时人员受到伤害，采用深孔或中深孔落矿方式，人员不进入采矿场，在暴露面积较小的凿岩巷道或硐室里进行凿岩作业等。

B　安全防护

经过本质安全设计之后，有些危险源被消除了，有些危险源被限制而危险性降低了，但是仍然有危险源，仍然需要采取措施对"残余危险"采取防护措施，即安全防护。各种隔离措施是典型的安全防护。根据发挥防护功能的情况，把安全防护分为被动安全防护和主动安全防护两类。

被动安全防护主要是一些没有传感元件和动作部件而被动地限制、减缓能量或危险物质意外释放的物理屏蔽，如机械的防护栅、防护罩，溜矿井井口的格筛、围栏等。主动安全防护是一些检测异常状态并使系统处于安全状态的安全监控系统，如报警、连锁、减缓装置，或使系统处于低能量状态的紧急停车系统等。

C　安全操作程序和规程

采取了安全防护之后危险源的危险性进一步降低，仍然有"残余危险"，需要人们按照安全操作程序和规程谨慎地操作。

根据系统安全的原则，实现矿山安全的努力应该贯穿于从立项、可行性研究、设计、建设、运行、维护、直到报废为止的整个系统寿命期间。特别是在早期的设计、建设阶段消除、控制危险源，使残余危险性尽可能小，对实现矿山安全尤其重要，如图2－2所示。

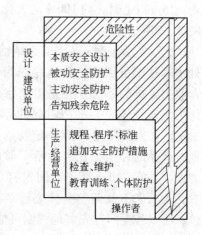

设计者肩负着重大安全责任，应该把本质安全的理念体现在他们的设计中，应用系统安全工程的原则和方法，系统地辨识所设计项目中的危险源，预见其危险性；通过本质安全设计和采用恰当的安全防护措施消除、控制危险源，把危险性降低到尽可能小，至少要低到可

图2－2　实现矿山安全

接受危险的水平，并把残余危险的情况告知生产经营单位。

生产经营单位根据从设计单位、建设单位那里得到的残余危险的信息，制订安全操作规程、程序和作业标准，教育训练操作者，加强安全文化建设提高操作者的安全素质。

生产经营单位的安全管理不仅仅是对人的管理，也包括对物的管理——本质安全管理。根据生产过程中发现的实际问题采取"追加的"安全防护措施，加强对工艺过程、机械设备和装置等的检查和维护，保持本质安全的生产作业条件。

### 2.3.3　坠落事故预防

坠落事故是一种在矿山生产过程中发生较多的事故，并且一旦发生往往造成严重伤害。因此，防止矿山坠落事故具有十分重要的意义。

#### 2.3.3.1　坠落伤害

坠落事故的物理本质是人体具有的势能的意外释放。坠落事故是否造成伤害及伤害的严重程度如何，主要取决于人体着地时的速度、减速度，以及着地部位等。坠落着地时的速度取决于落下距离。当坠落高度小于20m时，可以把人体的坠落看作自由落体；当落下距离超过20m时，空气阻力的影响不可忽略，随落下时间的增加，落下加速度逐渐减小，而落下速度趋近于定值。人体接触地面后的减速度与地面硬度有关，地面越硬则减速度越大。当人员头部触地时后果较严重。

根据事故统计，自1m高处跌落的场合，约有50%的人受伤；从4m高处坠落的场合，100%的人受伤，甚至死亡；当坠落高度为12m时，约50%的人死

亡；15m 以上时，约100%的人死亡，如
图 2 - 3 所示。

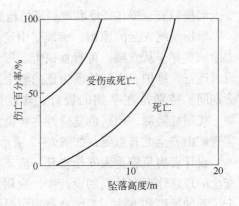

图 2 - 3　坠落高度与伤亡比率

事故经验表明，人员自距地面2m高
处坠落时则可能死亡。这是因为，生产
作业中人员的坠落往往是由于意外的动
作失误或身体失去平衡引起的。在这种
情况下，人员坠落时有一定初速度，着
地时承受的冲击力比自由落下时的冲击
力大。另外，由于落下时间仅有 0.2s 左
右，人员来不及调整身体姿势及着地部
位，所以若头部首先着地，则可能死亡。
如果人员在坠落过程中能够调整姿势，则从较高的地方坠落仍能幸免于难的情况
也是有的。

国标 GB 3608—1983 规定，凡在坠落高度基准面 2m 以上（含 2m），有可能
坠落的高处进行作业，均称为高处作业，需要采取防坠落措施。按高度把高处作
业分为四级：高度 2 ~ 5m 为一级，5 ~ 15m 为二级，15 ~ 30m 为三级，30m 以上
为特级。

### 2.3.3.2　矿山坠落事故

矿山生产过程中，人员在有 2m 以上高差处作业的情况很多。例如，露天矿
的台阶间，矿井内的竖井都有较大的高差；矿山工业建筑物、构筑物的修建、利
用和维修过程中，人员在较高处作业；一些大型矿山设备的安装、调整和维修，
也需要人员在有较大高差的场所作业。矿山坠落事故分为矿井外坠落事故及矿井
内坠落事故。前者以地面为基准，有自高处坠落到地面和由地面坠落到坑（沟）
里两种情况；后者主要发生在矿井竖直（或急倾斜巷道）内，常见事故类型为
坠入溜井、竖井，以及竖直井巷施工时的坠落等。

溜井、漏斗或矿仓等在没有被矿石充满时，人员一旦坠入，往往造成严重伤
害。漏斗、矿仓内的悬空的矿石垮落时，在其上面作业的人员将随之坠落，并可
能被矿石掩埋。金属非金属矿山溜井、漏斗或矿仓等数量多且分散，构成矿内坠
落事故的主要危险源。

竖井是人员出入矿井的必由之路，也是容易发生坠落事故的场所。竖井坠落
事故的发生主要有以下几种情况：

（1）人员误进入井口而坠落。在罐笼没有停在井口的情况下，人员不注意
而误走向井口，或误向井口推车而同矿车一起坠井。

（2）沿罐笼与井壁之间的间隙坠落。当罐笼与井口边缘之间的间隙过大，
稳罐装置故障时，上、下罐笼的人员不注意而坠井。

（3）从罐笼上坠落。乘罐人员相互拥挤、打闹而从罐笼上坠落。

（4）梯子间或人行井里发生坠落。由于梯子间设计不合理、梯子或梯子平台损坏、人员不注意等原因，在梯子间或人行井中通行的人员可能发生坠落。

综上所述，关于竖直井巷施工中的坠落原因，可以从支撑物破坏及人的动作失误两个主要方面考虑。

### 2.3.3.3 矿山坠落事故的预防

根据矿山安全技术原则，防止坠落伤害事故可以从3个方面来努力：创造人员不会坠落的工作环境；对将要发生的坠落采取阻止坠落的措施；在一旦发生坠落的情况下采取防止、减轻伤害的措施。

A 创造人员不会坠落的工作环境

为了创造人员不会坠落的生产作业环境，可以采取以下技术措施：

（1）消除或减少高差。使溜井、漏斗经常充满矿石，把溜井加格筛，坑洞加盖。缩小罐笼与井口边缘的间隙，设置可靠的稳罐装置等。

（2）在高差超过 2m 的地方设置围栏、扶手等，如图 2-4 所示。例如，在溜井周围设置围栏，在竖井口设置安全门，罐笼安装罐笼门等。

固定的围栏、扶手等防止坠落设施的高度应该在人体重心之上，人体重心约在身高的 56% 处。国标 GB 4053.3—83 规定，固定式工业防护栏的高度不

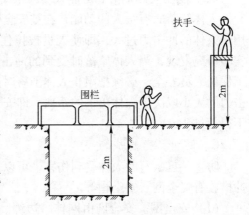

图 2-4 防止坠落措施

得低于 1.05m。临时的围栏、扶手高度可稍低些，但是不得低于 0.75m。为保证围栏、扶手有足够的强度，可按每米长度受力 2940N 计算。

《金属非金属矿山安全规程》规定，天井、溜井、地井和漏斗口，应设有标志、照明、护栏或格筛、盖板；报废的竖井、斜井和平巷，地面人口周围还应设有高度不低于 1.5m 的栅栏，并标明原来井巷的名称。

（3）安设符合安全要求的梯子间，以保证人员通过竖井或人行井时的安全。《金属非金属矿山安全规程》规定，梯子间中的梯子倾角不大于 80°；相邻两个梯子平台的距离不大于 8m；相邻平台的梯子孔要错开，梯子孔的长和宽分别不小于 0.7m 和 0.6m；梯子上端高出平台 1m，下端距井壁不小于 0.6m；梯子宽度不小于 0.4m，梯子磴间距离不大于 0.3m；竖井梯子间与提升间全部隔开。

B 阻止坠落

在坠落即将发生的场合，利用安全带可以阻止人员坠落。安全带由带、绳和

金属配件组成，如图 2 - 5 所示。按其结构形式，安全带分为单腰带式、单腰带加单背带式和单腰带、双背带加双腿式 3 种。无论哪种形式的安全带，都要符合以下条件：

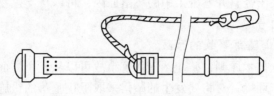

图 2 - 5　安全带

（1）必须有足够的强度承受人体落下时的冲击力。

（2）能在人体坠落到可能致伤的距离前拉住人体。

人体坠落时有很大的动能，在被安全带拉住时要承受很大的冲击力。如果作用于人体的冲击力过大，即使人员被拉住了，却可能因其内脏受到损伤而死亡。实验研究发现，当人体坠落时受到的冲击力达到 17777N 时一定会受到伤害。为了保证人员安全，必须把阻止人体下落时产生的冲击力限制在 8889N 之内。该冲击力的大小取决于人体落下的距离，即安全带绳的长度。一般地，安全带绳长度不得超过 2m。

C　防止坠落造成伤害

防止一旦坠落时人体受到伤害，可以采取缓冲措施吸收冲击能量。常用的缓冲措施有安全网、安全帽等。

（1）安全网。安全网由网体、边绳、系绳和试验绳组成，一般用锦纶或维纶纵横交叉编结而成，其规格为 3m × 6m。按使用目的不同，安装形式不同，安全网分为立网和平网。立网用于防止人员坠落；平网用于防止人员坠落时受到伤害及防止掉落的物体打击人体。

高度 4m 以上的建筑施工作业都须安装安全网。安设安全网时，把网四周的系绳牢固地系在固定物上，并使网的外侧高于网内侧 60 ~ 80cm。安全网下要有足够的缓冲空间，3m 网以下留 3m，6m 网以下留 5m 以上的高度作为缓冲空间。当作业高度较大时，往往每隔一定高度安设一层安全网，以确保安全。

安全网的冲击试验是让质量 100kg、表面积 2800cm$^2$ 的沙袋假人从 10m 高处落下，检验网绳、边绳和系绳是否断裂。

（2）安全帽。安全帽是避免或减轻冲击伤害人员头部的个体防护用品，也是矿工必须佩戴的防护用品，它可以在发生坠落、碰撞或物体打击的情况下保护人员头部。

安全帽由帽壳和帽衬两部分组成。帽壳应该有一定的耐穿透性能，多用玻璃钢、塑料或橡胶加布等材料制成。帽衬多用棉织带制作，与帽壳之间有 20 ~

50mm 的间隙，以缓冲冲击。

正确地佩戴安全帽才能充分发挥其防护功能。佩戴时通过调节帽衬的松紧，使人的头顶与帽壳之间至少有 32mm 以上的间隙，供帽壳受冲击时变形。另外，该间隙也有利于头部通风，有益于健康。为了防止安全帽受冲击时脱离人员头部而失去保护作用，佩戴时要把帽带系牢。

安全帽的性能试验包括冲击吸收试验和耐穿透性试验。前者用 5kg 钢锤自 1m 高处落下，打击置于木质头模之上的安全帽，头模所受冲击力不许超过 4900N。后者用 3kg 钢锥自 1m 高处落下，以钢锥不接触头模为合格。

### 2.3.4 矿山机械、车辆伤害事故预防

现代化的矿山生产广泛利用各种矿山机械、车辆，以提高劳动生产率，降低人员劳动强度。矿山机械、车辆运转时具有巨大的机械能，人员意外地遭受机械能的作用往往受到伤害。

#### 2.3.4.1 机械伤害事故及其预防

机械伤害主要是由于人体或人体一部分接触机械的危险部分，或进入机械运转的危险区域造成的，其伤害类型包括碰伤、压伤、轧伤和卷缠勒伤等。

矿山机械的危险部分和危险区域主要有以下几种：

（1）旋转部分。机械的旋转部件，如转轴、轮等可能使人员的服饰、头发缠绕其上而造成伤害。旋转部件上的突出物可能击伤人体，或挂住人员的服饰、头发而造成伤害。

（2）啮合点。机械的两个相互紧密接触且相对运动的部分形成啮合点，如图 2-6 所示。当人员的手、肢体或服饰接触机械运动部件时，可能被卷入啮合点而发生挤压伤害。

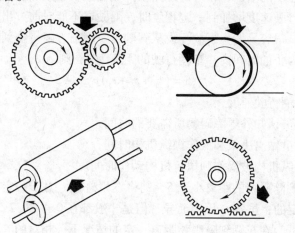

图 2-6 机械啮合点

（3）飞出物。机械运转时抛射出固体颗粒或碎屑，伤害人员眼睛或皮肤；工件或机械碎片意外抛出可能击伤人体；装载机械卸载时矿岩被高速抛出，人员进入卸载范围则可能受到伤害。

（4）往复运动部分。往复运动的设备或机械的往复运动部件的往复运动区域是危险区域，一旦人员或人体的一部分进入则可能受到伤害。

防止人员与机械的危险部分接触或进入危险区间，主要采取隔离措施：把容易被人员触及的可动零部件尽可能地封闭起来；给人员需要接近的危险部分或危险区域设置必要的安全防护装置；在人员或人体的一部分可能进入危险区域的场合，应该设置紧急停止装置或安全监控系统，一旦人员或人体的一部分意外进入，则切断动力供应，使机械处于低能量状态。

在调整、检查或维修机械设备时，可能需要人员或人体一部分进入危险区域。此时，必须采取措施防止机械设备误启动。

### 2.3.4.2　矿井车辆伤害事故预防

车辆运输是金属非金属矿山井下运输的主要方式。井下运输巷道断面狭小，时而在地压作用下变形，巷道曲折、分支多，明视距离受限制等不利因素，给矿井车辆安全行驶带来许多困难，稍有不慎则可能发生车辆伤害事故。

A　平巷运输安全

矿山运输车辆及其驾驶人员组成一个运动人机系统。该运动人机系统在不断变化的巷道环境中运动时，驾驶员需要不断地认知外界条件，做出判断决策，操纵车辆运行。除了矿山车辆本身的性能之外，行驶速度、巷道宽度及运行信号等是影响平巷运输安全的重要因素。

（1）行驶速度。行驶速度是影响平巷运输车辆伤害事故发生的主要因素。随着车辆行驶速度的增加，相对的外界条件变化速度也增加。受人员的生理机能限制，当车辆行驶速度增加到一定程度时，驾驶员不能对前方出现的情况迅速地做出正确反应，很容易发生事故。设从驾驶员发现前方障碍物到经过操纵使车辆改变运行状态为止的时间内，车辆行驶的距离为 $S$，则

$$S = (t_1 + t_2 + t_3)v$$

式中　$v$——车辆行驶速度；

　　　　$t_1$——人员认知外界障碍物所需要的时间；

　　　　$t_2$——人员做出决策和操作操纵机构时间；

　　　　$t_3$——操纵机构被操作到执行机构动作时间。

如果车辆到障碍物的距离小于 $S$，则将发生碰撞。对于一定类型的矿山车辆来说，$t_3$ 是一定的；虽然 $t_2$ 因人而异，但是一般都在 $0.4 \sim 0.7s$ 之间。所以，车辆行驶速度越低，在车辆到障碍物距离一定的情况下，相对的 $t_1$ 越长，即人员越有充裕的时间认识外界条件。

《金属非金属矿山安全规程》规定，运送人员车辆的行驶速度不得超过3m/s。这种情况下列车制动距离可以不超过20m。

（2）巷道宽度。巷道断面的大小除了要满足通风、运输、敷设管线及电缆的要求外，还要满足行人安全的需要。如果运输巷道断面尺寸不够，或断面利用不合理，很容易发生挤、压碰人事故。《金属非金属矿山安全规程》规定，水平运输巷道人行道的有效宽度，人力运输时不小于0.7m，机车运输时不小于0.8m，无轨运输时不小于1.2m。

（3）信号。电机车或列车运行时应该有良好的照明，信号灯和警铃要完好；在接近风门、巷道口、弯道、道岔和坡度较大区段，以及前方有车辆、行人或视线有障碍时，应该减速和发出声、光信号。

B 斜井运输安全

利用绞车通过钢丝绳牵引车辆运行是目前金属非金属矿山斜井运输的主要方式。斜井跑车是斜井运输中最严重的事故。斜井跑车事故一旦发生，失去控制的车辆在重力作用下沿轨道高速下滑，损毁巷道支架及斜井内的设备、设施，伤害斜井内的人员。车辆连接不牢或牵引钢丝绳断裂，是发生跑车事故的主要原因。

斜井提升系统必须有防止跑车事故的安全装置和设施，行车时井巷中严禁行人。

防止斜井跑车事故可以从三方面采取措施：防止跑车发生；一旦跑车后，尽早阻止车辆继续下滑；防止失控车辆伤害人员。

（1）经常检查斜井车辆、连接装置及钢丝绳等，发现问题及时更换、修理。运输作业中要保证车辆连接可靠。

（2）在斜井上部车场接近变坡点处和中部车场设置阻车器和挡车栏，防止矿车意外进入斜井。阻车器和挡车栏应该经常关闭，只有车辆通过时打开。图2-7为上部车场挡车栏。在斜井下部车场的安全地点设置躲避硐，一旦发生跑车时人员可进入躲避。

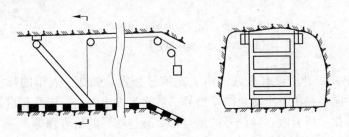

图2-7 斜井上部挡车栏

（3）在斜井串车的前后端拴上保险绳，即用一根较细的钢丝绳，一端固定在提升钢丝绳的终端，另一端固定在尾车的车尾，这样即使矿车脱钩也不致发生跑车，如图 2 - 8 所示。

（4）在矿车下端挂上阻车叉，在矿车上端挂上抓车钩，一旦矿车脱钩或断绳，阻车叉插入枕木下面，抓车钩迅速抓住枕木，阻止矿车下滑。图 2 - 9 所示为抓车钩。

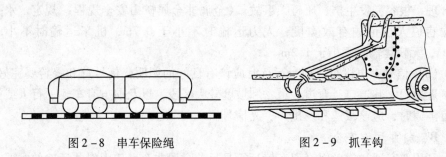

图 2 - 8　串车保险绳　　　　　　　　图 2 - 9　抓车钩

（5）运送人员使用的斜井人车应有顶棚，并有可靠的断绳保险器。断绳保险器既可以自动也可以手动，断绳或脱钩时执行机构插入枕木下或钩住枕木，或夹住钢轨阻止人车下滑。各辆人车的断绳保险器要互相联结，并能在断绳瞬间同时起作用。

（6）斜井内设置捞车器，一旦发生跑车时捞车器挡住失控车辆，阻止矿车继续下滑。斜井捞车器有刚性捞车器和柔性捞车器两种，后者可以缓冲矿车冲击，捞车效果较好。近年来，常闭式单网和双网斜井捞车器在一些矿山得到了推广应用。图 2 - 10 为双网斜井捞车器。

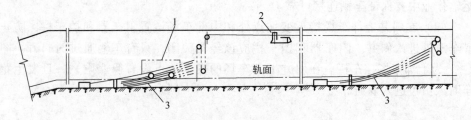

图 2 - 10　双网斜井捞车器
1—矿车；2—绳网提升系统；3—绳网

（7）斜井提升应该有良好的声、光信号装置。例如，人车的每节车厢都能在行车途中向卷扬机发出紧急停车信号，各水平发出的信号要互相区别以便于卷扬机司机辨认；所有收、发信号的地点都要悬挂明显的信号牌等。

### 2.3.4.3　竖井提升伤害事故预防

竖井提升过程中可能发生人员坠落、物体打击、罐笼挤压或蹾罐等导致人员严重伤害的事故。其中，蹾罐事故的后果最为严重。高速运动的罐笼撞击井底或托台，强烈的冲击往往造成罐内人员全部遇难的严重后果，并且毁坏罐笼和井筒装备，带来巨大的经济损失。

引起蹾罐的原因包括卷扬机司机操作失误、提升设备故障造成的"过放"，以及提升钢绳、罐笼主吊杆等连接装置断裂造成的"坠罐"两方面的问题。根据事故经验，在提升钢丝绳断裂坠罐的情况下，罐笼呈自由落体状态直冲井底，导致蹾罐的危险性最高。

防止坠罐引起的蹾罐事故，可以从防止提升钢丝绳断裂和一旦罐笼失控后阻止其坠落两方面来努力。

A　提升钢丝绳断裂的防止

提升钢丝绳断裂是由于钢丝绳强度降低，或过负荷引起的。造成提升过负荷的负荷有如下两种情况：其一，冲击负荷。由于操作错误使钢丝绳产生松绳搭叠情况后罐笼突然下落，或者钢丝绳从天轮上脱槽、天轮损坏而产生冲击负荷。其二，静负荷。罐笼被卡在井筒内，或过卷时罐笼不能移动的情况下继续提升，将钢丝绳拉断。于是，防止钢丝绳断裂应该从保证钢丝绳有足够强度和避免过负荷两个方面采取措施。

B　防坠器

防坠器是用于一旦罐笼失控后阻止其坠落的装置。防坠器安装在罐笼上，当提升钢丝绳或主吊杆断裂、罐笼降落速度过快时，它的驱动机构动作，抓捕器抓住罐道，阻止罐笼继续下落。图2－11为用于木罐道的防坠器。

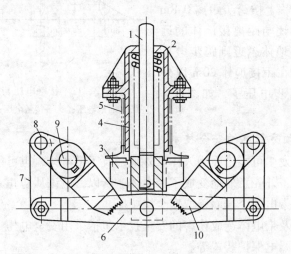

图2－11　防坠器

1—主吊杆；2—弹簧；3—支承翼板；4—弹簧套筒；5—罐笼丰梁；
6—横杆；7—连杆；8—杠杆；9—轴；10—齿爪

《金属非金属矿山安全规程》规定，提升人员或物料的罐笼必须装设安全可靠的防坠器，并应该经常检查。新安装或大修后的防坠器，必须进行脱钩试验。

使用中的防坠器，每半年进行一次清洗和不脱钩试验，每年进行一次脱钩试验。

### 2.3.5 矿山电气伤害事故预防

电气伤害是电能作用于人体造成的伤害，有触电伤害、电磁场伤害及间接伤害 3 种类型。矿山电气伤害事故以触电伤害最为常见；间接伤害不是电能作用的直接结果，而是由于触电导致人员跌倒或坠落等二次事故所造成的伤害。触电伤害有电击和电伤两种形式。前者是指电流通过人体内部组织器官，破坏人体功能及引起组织损害；后者是电流的热效应等对人体外部造成的伤害。矿山事故经验表明，绝大部分触电伤害都属于电击伤害。

根据人员接触带电体的情况，触电分为单相触电、两相触电及跨步电压触电 3 种形式。站在大地上的人员接触到三相交流电中的一相时，称为单相触电；人体触及两相带电体时，称为两相触电。人体同时接触具有不同电压的两点时人体承受的电压称作接触电压。与接触电压不同，在高压故障接地处或有大电流流过的接地装置附近，人员两脚间承受的电位差称作跨步电压。如果人员处在跨步电压较高的区域内，则可能因跨步电压而触电。跨步电压与跨步大小有关，工程上按跨步距离 0.8m 考虑。跨步电压还与距离接地体的远近有关。距离接地体越近则跨步电压越高，当人员站在距接地体 20m 以外就可以不考虑跨步电压了，如图 2 - 12 所示。

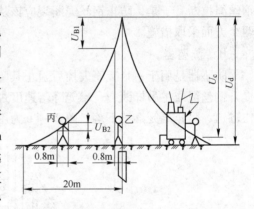

图 2 - 12   接触电压与跨步电压

$U_d$—对地电压；$U_c$—接触电压；$U_B$—跨步电压

#### 2.3.5.1 预防触电的安全技术

触电事故的发生可能是因为人体意外地触及了带电体，也可能是由于正常情况下不带电的设备外壳意外地变成了带电体。所以，应该从防止人员触及带电体和防止设备外壳带电两个方面采取安全措施。

防止人员触及带电体造成伤害的安全技术包括采用安全电压、绝缘、安全屏护、安全间距及漏电保护装置等。

A 安全电压

安全电压是在一般情况下不会伤害人体的电压。我国规定工频有效值 42V、36V、24V、12V 和 6V 为安全电压的额定值。《金属非金属矿山安全规程》规定，地下矿采掘工作面、出矿巷道、天井和天井至回采工作面之间应该不超过 36V，行灯电压也应该不超过 36V；露天矿行灯或移动式电灯的电压应该不高于 36V，在金属容器和潮湿地点作业，安全电压应该不超过 12V。

B　绝缘

绝缘是用由电阻率极大的绝缘材料制成的绝缘物把带电体封闭起来，它既是防止人员触电的重要技术措施，也是保证电气系统的电气设备正常运行的必要条件。

绝缘物在强电场的作用下可能被击穿，潮湿、腐蚀、机械性损伤或绝缘物老化等都可能使绝缘性能降低或丧失，增加向设备外壳漏电及人员触电的机会。因此，必须经常保持电气系统及电气设备的绝缘电阻在规定的范围内。通常，应用兆欧表定期测量电气系统和电气设备的绝缘电阻，可以判断其绝缘性能。

C　安全屏护

为了防止触电、弧光短路及电弧伤人，用遮栏、护罩、箱柜等把带电体同外界隔离起来，防止被人员触及，这样的屏蔽措施在电气安全中称作安全屏护。安全屏护装置不能与带电体直接接触，而且与带电体之间要留有安全间距。金属材料制成的屏护装置要有可靠的接地或接零保护。

D　安全间距

人体、物体等接近带电体而不发生危险的安全距离称作电气安全间距。安全间距的大小取决于带电体电压的高低、设备种类、安装方式及操作方式等因素。我国对不同的电气安全间距，如线路间距、设备间距及检修间距等，在相应的电气规程中都做了明确规定。

E　漏电保护

漏电保护装置可以防止人员单相触电，故又称触电保安器。此外，它还被用于防止因漏电引起的触电事故、火灾事故，以及监测接地状况等。

### 2.3.5.2　静电危害及预防

矿山生产过程中可能产生静电，静电可能引起火灾、爆炸、电击等事故。例如，在有爆炸和火灾危险的场所，静电放电产生的火花可能引燃可燃物，造成火灾或爆炸；爆破作业装药过程中产生的静电可能引起炸药早爆。此外，静电放电时产生的瞬间冲击电流通过人体时，会使人遭受电击而受伤；人员受到电击可能遭受间接伤害，或造成人员心理紧张而发生失误。

为了防止静电危害，首先应该考虑避免或减少静电的产生；在静电不可避免会产生的情况下，采取泄放措施防止静电蓄积；在静电难以被泄放的情况下，利用静电消除器消除静电，利用屏蔽消除静电对周围的影响。

A　避免或减少静电的产生

矿山生产中物料的摩擦、粉体的输送或物料的粉碎等是产生静电的主要原因。针对静电产生的具体原因，我们可以寻求合理的工艺过程、设备或原材料，减少物体间的摩擦、降低气流输送粉体物料的速度等，防止产生静电。

B　泄放静电

常用的泄放静电的方法有接地、湿度调节及添加抗静电剂等。

接地是消除静电措施中最基本的措施。它使物体与大地之间构成回路，把静电泄放到大地。即使在已经采取了其他的防静电措施的情况下，接地也往往是不可缺少的。凡是有可能产生和带有静电的金属导体，如加工、储存和输送各种液体、气体和粉体的设备、管道及附属设备等，都应该接地以泄放静电。由于需要泄放的静电电量较小，接地阻抗只要小于 $1000\Omega$ 即可。实际上，静电接地往往与设备的保护接地共用接地装置。接地不能消除高电阻率物质携带的静电。

湿度调节法是增加产生静电场所的环境湿度，使物体表面形成水膜而使表面电阻降低，加速静电沿其表面的泄放。

抗静电剂是使树脂、可燃性液体、纸和纤维等绝缘物的电导率增大的化合物，往往添加少量抗静电剂就会取得显著效果。

为了消除人体静电，应该穿导电性工作服和工作靴，避免穿丝绸或合成纤维衣料的服装。

C　静电消除器

静电消除器是根据静电中和的原理，将气体电离产生离子，用与带电物体上静电荷极性相反的离子中和带电物体上的电荷，从而达到消除静电的目的。静电消除器种类很多，按其工作原理及结构分为感应式、放射式、外接电源防爆型及外接电源送风型等，分别适用于不同对象及场所。

D　静电屏蔽

用接地的金属网、金属板包围带电体，形成静电屏蔽，可以限制带电体对周围的电气作用及防止静电放电。

## 2.4　矿山防火与防爆

### 2.4.1　矿山井下火灾与爆炸事故

#### 2.4.1.1　矿山火灾及其危害

火灾是一种失去控制并造成财物损失或人员伤害的燃烧现象。

发生在矿山企业内的火灾统称矿山火灾。发生在厂房、仓库、办公室或其他地面建筑物设施里的火灾称作地面火灾；发生在矿井的各种巷道、硐室、采矿场或采空区中的火灾称作矿内火灾；在矿井井口附近发生的地面火灾，如果所产生的高温和烟气随风流进入矿井，威胁井下人员安全时，也被称作矿内火灾。

矿山火灾按其发生的原因，有内因火灾与外因火灾之分。前者是由于矿岩氧化自燃而引起的；后者是由于矿岩自燃以外的原因，如吸烟、明火或电气设备故障等引起的火灾。据统计，我国冶金、有色金属、黄金等金属非金属矿山中，外因火灾占矿山火灾事故的80%~90%，是矿山火灾的主要形式。非煤矿山的内因火灾，主要发生在开采有自燃倾向的硫化矿物的矿山。

矿山火灾一旦发生，可能烧毁大量器材、设备、建筑物和矿产资源，甚至烧毁整个矿井，造成巨大的财产损失和生产停顿。矿山火灾产生的高温和有毒有害气体会造成人员的严重伤亡。

矿山外因火灾往往突然发生，迅速发展，来势凶猛。如果不能及时发现、及时扑灭，则可能造成恶性伤亡事故和财产损失事故。国内外矿山外因火灾造成人员重大伤亡的事故屡见不鲜。表2-2中列举了国内外一些矿山外因火灾事故的情况。

表2-2 国内外一些矿山的外因火灾

| 年份 | 国家 | 矿别 | 火灾原因 | 死亡人数/人 |
|------|------|------|----------|------------|
| 1922 | 美国 | 金属矿 | 短路电弧引燃矿井支架 | 47 |
| 1927 | 美国 | 金属矿 | 电石灯火焰引燃电缆绝缘 | 163 |
| 1950 | 英国 | 煤矿 | 皮带运输机安装不良 | 80 |
| 1952 | 比利时 | 煤矿 | 提升油压系统故障，电火花引火 | 261 |
| 1956 | 日本 | 煤矿 | 炸药引燃 | 10 |
| 1957 | 中国 | 金属矿 | 电炉引燃木支架 | 38 |
| 1982 | 中国 | 金属矿 | 焊接作业引燃木支架 | 16 |
| 1984 | 日本 | 煤矿 | 皮带运输机引起 | 83 |
| 2000 | 中国 | 金属矿 | 运矿卡车油管接口漏油被点燃 | 17 |

矿山内因火灾是由于矿岩缓慢氧化而自燃引起的。尽管内因火灾的发生有个相对漫长的发展过程，并会出现一些可能被人们早期发现的预兆，但是，由于引起燃烧的火源往往存在于人员难以接近或根本无法接近的采空区、矿柱里，很难被扑灭，使得燃烧可能持续数月、数年或数十年。矿山内因火灾产生的大量热和有毒有害气体恶化矿内作业环境，威胁人员健康和安全，甚至造成大量矿产资源损失。

因此，预防矿山火灾的发生具有十分重要的意义。

### 2.4.1.2 矿山爆炸事故及其危害

矿山爆炸按其发生机理，可分为化学爆炸和物理爆炸两大类。前者是由于物质的迅猛化学反应引起的爆炸；后者是由于物质的物理变化引起的爆炸。炸药爆炸、气体爆炸、粉尘爆炸属于化学爆炸；压力容器爆炸属于物理爆炸。

炸药爆炸是矿山最常见的化学爆炸。炸药是一种不稳定的化学物质，在受到冲击后便迅速分解，产生高温高压并释放出巨大的能量。受到控制的炸药爆炸可以造福于人类，在矿山生产过程中人们就是利用炸药爆炸释放出的能量采掘矿岩的。失去控制的炸药爆炸，即炸药意外爆炸称为爆破事故。一旦发生爆破事故，炸药爆炸释放的能量可能摧毁矿山设施、建筑物，伤害人员。因此，在加工制造、运输保管及使用炸药过程中，必须采取恰当的安全措施，避免发生炸药意外爆炸。

在矿山生产过程中有时要利用或产生可燃性气体，可燃性气体与适量的空气混合后，形成可燃性混合气体，遇到火源则可能发生猛烈的氧化反应，发生气体爆炸。例如，使用乙炔气体切割、焊接金属作业不慎，或电石受潮放出乙炔气体与空气混合后，通到明火火源则会发生乙炔气体爆炸。又如，空气压缩机中的润滑油雾化形成可燃性混合物，在高温高压下可能发生爆炸，毁坏空气压缩机及附属设施，伤害人员。此外，生产过程中某些可燃性粉尘弥散在空气中，遇到火源会发生粉尘爆炸。

压力容器爆炸是典型的物理爆炸。矿山生产中使用的各种高压气体储罐、气瓶，空气压缩机的储气罐等压力容器，在其内部介质压力作用下发生破裂而爆炸。

## 2.4.2　矿井外因火灾及其预防

### 2.4.2.1　矿内火灾特点

与地面设施相比较，矿井内部只有少数出口与外界相通，近似于一种封闭空间。因此，矿内火灾有许多不同于地面火灾的特点。

A　矿内火灾时的燃烧特征

矿山火灾发展过程与地面建筑物室内火灾发展过程类似。在火灾初起期里，由于燃烧规模较小，与室内火灾的情况没有什么区别。在火灾成长期里，火势迅速发展，但是，当火势发展到一定程度时，由于矿内供给燃烧的空气量不足，不完全燃烧现象十分明显，产生大量含有有毒有害气体的黑烟。一般来说，发生在矿内井巷中的火灾很少出现爆燃现象。

矿内一旦发生火灾，火灾产生的高温和烟气随风流迅速在井下传播，对矿内人员生命安全构成严重威胁。根据理论计算，巷道里的一架木支架燃烧所产生的有毒有害气体足以使 2km 以上巷道里的人员全部中毒死亡。

矿内火灾时高温空气的热对流产生类似矿井自然风压的火风压，破坏原有的矿井通风制度，引起矿内风流紊乱，增加控制烟气传播的困难性。

B　矿内火灾时消防与疏散的困难性

金属非金属矿山井下作业面多且分散，使得早期发现矿内火灾比较困难，往往在火势已经发展到了成长期以后才被发现，错过了初期灭火的时机。矿内火灾形成以后，受矿井条件限制，矿内火灾的消防工作比较困难。

（1）地面人员很难获得矿内火灾的详细信息，很难掌握火灾动态，因而消防指挥者很难对火灾状况做出正确的判断和采取恰当的消防措施。

（2）火灾时矿内巷道充满浓烟和热气，增加消防活动的困难性。有的时候，火灾产生的浓烟和热气从矿井主要出入口涌出，阻碍消防人员进入矿井。

（3）受井巷尺寸、提升设备和运输设备以及矿内供水系统等方面的限制，有时无法把消防设备、器材运到火灾现场，或消防能力不足，不能迅速扑灭火灾或控制火势。

另一方面，矿内火灾时烟气迅速随风流蔓延，对人员的安全疏散极为不利。一般来说，从工作面到矿井安全出口的距离都比较远，往往要经过一些竖直或倾斜井巷才能抵达地表，并且，远离火灾现场的人员缺乏对火灾情况的确切了解，成功地撤离到地面是相当不容易的。因此，在人员疏散方面必须采取一些专门措施。

### 2.4.2.2　矿内外因火灾原因及预防

#### A　矿内外因火灾原因分析

金属非金属矿山井下存在的可燃物种类较少，主要是木材、油类、橡胶或塑料、炸药及可燃性气体等。其中，木材主要用于各种巷道、硐室的支架；油类包括各种采掘设备和辅助设备的润滑油、液压设备用油及变压器油等，橡胶、塑料主要用于电线、电缆包皮及电气设备绝缘等。矿山生产中广泛使用的硝铵类炸药，除了可以被引爆之外，受到明火引燃还能够发火燃烧。矿内外因火灾的引火源主要有明火、电弧和电火花、过热物体三类。

图 2 - 13 为金属非金属矿山外因火灾原因分析的故障树。

（1）明火。金属非金属矿山井下常见的明火有电石灯火焰、点燃的香烟、乙炔焰等。矿工照明用的电石灯，其火焰温度很高，很容易引燃碎木头、油棉纱等可燃物。香烟头的热量看起来微不足道，实际上因乱扔烟头引起火灾的例子却屡见不鲜。据实验测定，香烟燃烧时其中心温度约为 650～750℃，表面温度也有 350～450℃，在干燥、通风良好的情况下，随意扔在可燃物上的烟头可能引起火灾。矿山井下用于切割、焊接金属的乙炔焰，以及北方矿山井口取暖用的火炉（安全规程明令禁止用火炉或明火直接加热井下空气，或用明火烘烤井口冻结的管道）等，都可能引起矿山火灾。

（2）电弧和电火花。井下电气线路、设备短路、绝缘击穿、电气开关熄弧不良等，会产生强烈的电弧或电火花，瞬间温度可达 1500～2000℃，足以引燃可燃性物质。由于各种原因产生的静电放电也会产生电火花，引燃可燃性气体。

（3）过热物体。过热物体的高温表面是常见的矿山火灾引火源。井下各种机械设备的转动部分在润滑不良、散热不好或其他故障状态下，会因摩擦发热而温度升高到足以引燃可燃物的程度。随着矿山机械化、自动化程度的提高，井下电气设备越来越多。如果使用、维护不当，电气线路和设备可能过负荷而发热。

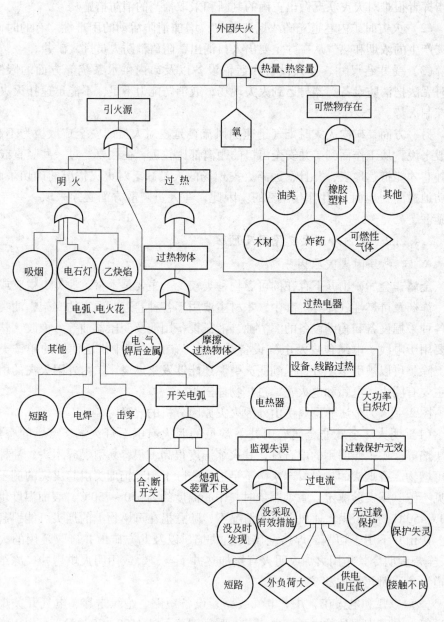

图 2 - 13    矿内外因火灾故障树

另外，井下使用的电热设备、白炽灯也是不可忽视的引火源。例如，60～500W
的白炽灯点亮时，其表面温度约为 80～110℃，内部炽热的钨丝温度可达
2500℃。在散热不良而热量蓄积的情况下，可以引燃附近的可燃物。《金属非金
属矿山安全规程》规定，井下不得使用电炉和灯泡防潮、烘烤和采暖。

此外，爆破时产生的高温有可能引燃硫化矿尘、可燃性气体或木材。

B 矿内外因火灾的预防

由于矿内空气的存在是不可避免的，所以防止矿山外因火灾应该从消除、控制可燃物和外界引火源入手，并且避免它们相遇。一般地，可以采取以下具体措施：

（1）采用非燃烧材料代替木材。矿井井架及井口建筑物必须采用非燃烧材料建造，以免一旦失火殃及井下。入风井筒、入风巷道的支护要采用非燃烧材料，已经使用木支护的应该逐渐替换下来。井下主要硐室，如井下变电所、变压器硐室、油库等，都必须用非燃烧材料建筑或支护。

（2）加强对井下可燃物的管理。对井下经常使用的可燃物，如油类、木材、炸药等要严格管理。生产中使用的各种油类应该存放在专门硐室中，并且硐室中应该有良好的通风。油桶要加盖密封。使用过的废油、废棉纱等应该放入带盖的铁桶内，及时运到地面处理。

（3）严格控制明火。禁止在井口或井下用明火取暖；携带、使用电石灯要远离可燃物；教育工人不要随意乱扔烟头。

（4）焊接作业时要采取防火措施。在井口建筑物内或井下进行金属切割或焊接作业时应该采取适当的防火措施。在井筒内进行切割或焊接作业时，要有专人监护，作业结束后要认真检查、清理现场。一般地，这类作业应该尽量在没有可燃物的地方进行。如果必须在木支护的井筒内进行金属切割、焊接作业时，应该在作业点周围挡上铁板，在下部设置接收火星、熔渣的设施，并指定专人喷水淋湿及扑灭火星。

（5）防止电线及电气设备过热。应该正确选择、安装和使用电线、电缆及电气设备，正确选用熔断器或过电流保护装置，电缆或设备电源线接头要牢固可靠。挂牢电线、电缆，防止受到意外的机械性损伤而发生短路、漏电。

## 2.4.3 矿山内因火灾及其预防

矿山内因火灾是由于矿物氧化自燃引起的，金属非金属矿山的内因火灾主要发生在开采有自燃倾向硫化矿床的矿山。据粗略统计，我国已开采的硫化铁矿山的20%～30%，有色金属或多金属硫化矿的5%～10%具有发生内因火灾的危险性。矿山内因火灾是在空气供给不足的情况下缓慢发生的，通常无显著的火焰，却产生大量有毒有害气体，并且发火地点多在采空区或矿柱里，给早期发现和扑灭带来许多困难。

### 2.4.3.1 硫化矿石自燃

硫化矿石在空气中氧化发热，是硫化矿石自燃的主要原因。硫化矿石的氧化发热过程可以划分为两个阶段。首先，硫化矿石以物理作用吸附空气中的氧分子，释放出少量的热，然后，转入化学吸收氧阶段，氧原子侵入硫化物的晶格，形成氧化过程的最初产物硫酸盐矿物，同时释放出大量的热，在通风不良的情况下，热量聚积而温度升高，加速矿石氧化过程。当温度超过 200℃ 时，硫化矿石氧化生成大量二氧化碳气体，放出更多的热量，逐渐由自热发展为自燃。

根据实验研究和矿内观察，导致自燃发生的基本要素包括矿石的氧化性或自燃倾向，空气供给条件，以及矿岩与周围环境间的散热条件。在实际矿山条件下，影响硫化矿石自然发火的因素可归结为以下 3 个方面：

（1）硫化矿石的物理化学性质。硫化矿石中硫的含量是决定其自燃倾向的主要因素。当矿石的含硫量达到 12% 以上时，则有可能发生自燃；当含硫量增加到 40% ~50% 以上时，其火灾危险性大大增加。当硫化矿石中含有石英等造岩矿物时，或含有其他惰性杂质时，其自燃性减弱。

松脆和破碎的矿石因其表面积大，自然发火的可能性大；潮湿的矿石较干燥的矿石容易自燃。

（2）矿床地质条件。矿体厚度、倾角及围岩的物理力学性质等影响硫化矿石的自燃。例如，矿体厚度越大，倾角越陡，自然发火的危险性越高。根据实际资料，厚度小于 8m 的硫化矿床很少发生自燃。

（3）采矿技术条件。影响硫化矿石自燃的采矿技术条件包括开采方式、采矿方法以及通风制度等。它们决定残留在采空区里的矿石、木材的数量和分布，以及向采空区漏风的情况。

### 2.4.3.2　矿山内因火灾的早期识别

早期识别内因火灾，对防止火灾发生及迅速扑灭火灾具有重要意义。可以通过观测内因火灾的外部预兆、化学分析和物理测定等方法识别内因火灾。

#### A　矿山内因火灾的外部预兆

硫化矿石的自热与自燃过程中，往往在井巷内出现一些外部预兆。根据这些预兆，人们可以判断内因火灾已经发生，或判断自热自燃已经发展到什么程度。

（1）硫化矿石自热阶段温度上升，同时产生大量水分，使附近的空气呈过饱和状态，在巷道壁和支架上凝结成水珠，俗称"巷道出汗"。在冬季，可以看到从地表的裂缝、钻孔口冒出蒸汽，或者出现局部地段冰雪融化的现象。

（2）在硫化矿石的自燃阶段产生 $SO_2$，人们会嗅到它的刺激性臭味。

（3）火区附近的大气条件使人感觉不适。例如，头疼、闷热，裸露的皮肤有微痛，精神过于兴奋或疲劳等。

这些预兆出现在矿石氧化自热已经发展到相当程度以后，甚至已经开始发火燃烧。况且，有时仅凭人的感觉和经验也不太可靠。所以，为了更早地、准确地识别矿山内因火灾，还要依赖于更科学的方法。

B 化学分析法

分析可疑地区的空气成分和地下水成分，可以早期发现硫化矿石自燃。

（1）分析可疑地区的空气成分。在有自然发火危险的地区定期地采集空气试样进行分析，观测矿井空气成分的变化，可以确定矿石自热的有无及发展情况。当有木材参与自热过程时，基本上可以利用空气中的 $CO_2$、CO 和 $O_2$ 含量的变化来判断。由于 $SO_2$ 能溶解于水，所以在火灾初期的气体分析中很难测出。当空气中的 CO 和 $SO_2$ 含量稳定或者逐渐增加时，可以认为自热过程已经开始了。

（2）分析可疑地区的地下水。硫化矿石氧化时产生硫酸盐及硫酸，并且析出的 SO 也容易溶解于水，使得矿井水的酸性增加，矿物质含量增加，甚至木材水解产物也增加。为了便于分析比较，必须预先查明正常条件下该地区地下水的成分，然后系统地观测地下水成分的变化，判断内因火灾的危险程度。

C 物理测定法

通过测定可疑地区的空气温度、湿度和岩石温度，可以最直接、最准确地鉴别内因火灾的发生、发展情况。

系统地测定和记录可疑地区的空气温度和湿度，综合各种测定方法获得的资料，就可以做出正确的判断。当被观测地区的气温和水温稳定地上升，超过25℃以上时，可以认为是内因火灾的初期预兆。

为测定岩石温度，可以在预先钻好的 4~5m 深的钻孔底部放入温度计（水银留点温度计、热电偶或温度传感器），孔内灌满水，孔口封闭。当岩石温度稳定地上升30℃上时，认为自热过程已经开始了。

我国一些煤矿已经利用束管法连续监测井下自然发火。束管由许多塑料细管外裹套管组成，其形状如同芯电缆。束管把井下各取样点处的空气送到地表的气体分析仪，经计算机处理后做出火灾预报。图 2-14 为束管监测系统的示意图。

### 2.4.3.3 预防矿山内因火灾的专门措施

防止硫化矿石自热自燃的基本原则是：减少、限制矿石与空气的接触以限制氧化过程，以及防止自热过程中产生的热量蓄积。

A 合理选择开拓方式和采矿方法

合理地选择开拓方式和采矿方法，可以最大限度地回采矿石，在时间上和空间上减少矿石与空气的接触。主要技术措施有以下几种：

（1）在围岩中布置开拓和采准巷道，减少矿体暴露，减少矿柱，并易于隔离采空区。

（2）合理设计采场参数，加速回采，使开采时间少于矿石的自然发火期，并在采完后立即封闭。

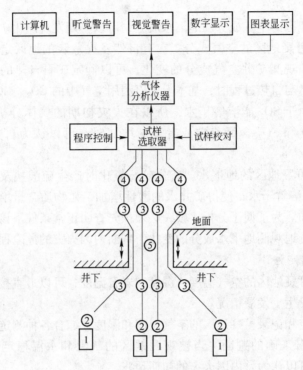

图 2-14　束管监测系统示意图

1—取样点；2—粉尘过滤器；3—水分捕集器；4—抽气泵；5—束管

（3）采场回采应遵循自上而下、自远而近的开采顺序安排生产。

（4）选择合理的采矿方法，降低开采损失，减少采空区中残留的矿石和木材量，并避免它们过于集中。选用的采矿方法应该有较高的回采强度和便于严密封闭采空区。

**B　建立合理的通风制度**

建立合理的通风制度可以有效地减少向采空区的漏风。

（1）采用机械通风，保证矿井风流稳定，风压适中。主扇应该有反风装置并定期检查，保证能够在 10min 内使矿井风流反向。

（2）选择合理的通风系统，降低总风压，减少漏风量。混合式通风方式最适合于有自然发火危险的矿井。采用并联方式向各作业区独立供风，既可以降低总风压，又便于调节和控制风流。

（3）加强对通风构筑物和通风状况的检查和管理，降低有漏风处的巷道风阻，提高密闭、风门的质量，防止向采空区漏风。

（4）正确选择通风构筑物的位置。在通风构筑物，如风门、风窗或辅扇处会产生很大的风压差。应该把它们布置在岩石巷道中或地压较小的地方，防止出现裂隙向采空区漏风。另外，还要注意这些设施能否使通风状况变得对防火不利。

C 封闭采空区或局部充填隔离

利用封闭或局部充填措施把可能发生自燃的地段与外界空气隔绝，可以防止硫化矿石氧化。用泥浆堵塞矿柱裂隙可以将其封闭。为了封闭采空区，除了堵塞裂隙外，还要在通往采空区的巷道口上建立防火墙。防火墙有临时防火墙和永久防火墙两类。

（1）临时防火墙。临时防火墙用于暂时遮断风流，阻止自燃以便准备灭火工作，或者用以保护工人在安全的条件下建造永久防火墙。临时防火墙应该结构简单、建造迅速。金属非金属矿山常用木板条敷泥临时防火墙（见图2-15）和预制混凝土板防火墙。近年来，出现了各种塑料充气快速密闭墙。

（2）永久防火墙。永久防火墙用于长期严密隔绝采空区，因而要求坚固和密实。为此，永久防火墙必须有足够的厚度，并且其边缘应该嵌入巷道周壁0.5m以上的深度。为了测温、采集空气样和放出积水，在墙上安设2~3根钢管。常用的永久防火墙有砖砌防火墙（见图2-16）和短木柱堆砌并注入黏土或灰浆的防火墙。前者适用于地压不大的巷道；后者适用于地压较大的巷道。

用防火墙封闭采空区后，要经常检查防火墙的状况，观测漏风量、封闭区内的气温和空气成分。由于任何防火墙都不能绝对严密，所以必须设法降低封闭区进、回风侧之间的风压差。当发现封闭区内有自热预兆时，应该采取灌浆等措施。

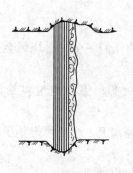

图2-15 临时防火墙

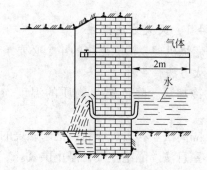

图2-16 砖砌防火墙

（3）预防性灌浆。预防性灌浆是把泥浆灌入采空区来防止硫化矿石自燃的方法。由黄土、砂子和水按一定比例混合制成的泥浆被灌入采空区后，覆盖在矿石上，渗入到裂隙中，把矿石与空气隔开，阻止氧化；另一方面，泥浆也增加了采空区封闭的严密性，减少漏风。泥浆脱水过程中的冷却作用可以降低封闭区内的温度，泥浆中的水分蒸发可以增加封闭区内的湿度。这样，灌浆不仅可以预防火灾发生，而且可以阻止已经发生的自燃过程，起到灭火作用。

灌浆之前，先在巷道里建造防火墙封闭采空区。必要时，预先在防火墙内侧5~10m 的位置上建造过滤墙，以便滤水和阻挡泥砂。灌注泥浆之后，要堵塞沟通地表的裂缝。

（4）均压通风防火。均压通风防火是利用矿井通风中的风压调节技术，使采空区的进出风侧的风压差尽量小，从而减少或消除漏风，防止硫化矿石自燃的方法。在已经发生火灾的情况下，利用均压通风，可以减少或控制对火区的供氧而达到灭火的目的。实现均压通风的方法很多，如风窗调节法、风机调节法、风机与风窗调节法、风机与风筒调节法，以及气室调节法等。图 2 - 17 为利用风机调压的气室调节法示意图。

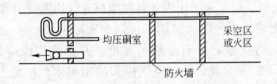

图 2 - 17   气室调节法示意图

（5）阻化剂防火。由一定的钙盐、镁盐类或其化合物的水溶液制成的阻化剂可以抑制、延缓硫化矿石的氧化反应。目前，这项新防火技术主要用于灌浆防火受到限制的地方。

### 2.4.4   矿山灭火

#### 2.4.4.1   灭火方法概述

根据燃烧机理，消除燃烧的 4 个必要条件中的任何一个，燃烧就会停止。相应地，灭火方法有 4 种：

（1）冷却法。降低燃烧物质的温度，消除火源，停止能量供给，使燃烧中止。

（2）隔离法。移去可燃物，把未燃烧的物质隔离开，中断可燃物供给。

（3）窒息法。隔绝空气，停止供氧。

（4）抑制法。喷洒灭火剂，中断连锁反应而使火熄灭。

在这些灭火方法中，冷却法和隔离法是最基本的灭火方法。单纯的窒息法或抑制法对扑灭初起的小火有效，但是在火势较大的场合，受自然条件、灭火剂和灭火机具性能等因素限制，用窒息法、抑制法暂时扑灭了火焰之后，过一段时间窒息、抑制作用消失，可能"死灰复燃"而发生二次着火。所以，在采用窒息法或抑制法的场合，也要采取冷却和隔离措施。

按照物质及其燃烧特性，将火灾分为 4 类：

（1）A 类火灾。固体物质火灾，如木材、棉、毛、麻、纸张、塑料制品、化学纤维等火灾。

（2）B 类火灾。液体和可熔化固体物质火灾，如汽油、柴油、酒精、植物油、变压器油、各种溶剂、沥青、石蜡等火灾。

（3）C 类火灾。气体火灾，如煤气、天然气、氢气等火灾。

（4）D 类火灾。金属火灾，如钾、钠、铝、镁、铝合金等火灾。

火灾种类不同，采用的灭火方法和灭火剂也不相同，在选择灭火方法和灭火剂时要充分注意。

A　用水灭火

水的质量热容数值大（$4.1868kJ/(kg \cdot ℃)$），受热蒸发时吸收大量的热（$2.26MJ/kg$），是良好的冷却剂。1kg 的水全部蒸发后能够生成 1700L 的水蒸气。水蒸气可以稀释燃烧区内的可燃性气体，并阻止空气进入燃烧区。当空气中的水蒸气超过 30% ~ 35%，就可以使火熄灭。此外，水具有无毒无害、来源丰富、成本低廉等优点，是最方便的灭火物质。用水灭火的方法有密集高压水灭火、水雾灭火及水蒸气灭火等。

（1）密集高压水灭火。高压水由管道或喷嘴以高速射流的形式流出，可以喷射到较高、较远的地方。密集高压水灭火作用大，可以用于多种可燃物的灭火，或者用于冷却和保护邻近的可燃物和设施。

（2）水雾灭火。水雾能吸收大量的热，降低燃烧区的温度。可以用水雾把未燃物质与火焰隔开，也可以用于扑灭油类等液体火灾。

（3）水蒸气灭火。水蒸气适用于扑灭密闭的房间、容器等空气不流通的地方和燃烧面积不大的火灾。

用水灭火也有一定的局限性。例如，不能用于扑灭电气火灾、忌水性物质等火灾，也不能直接用于扑灭油类火灾。

B　泡沫灭火

泡沫灭火是用由液体膜包裹气体构成的气液两相气泡来灭火的。泡沫中的水分有冷却作用；密度小的泡沫在液体或固体表面形成气密层，阻止可燃性气体进入燃烧区，阻止空气与着火的表面接触，一定厚度的泡沫能吸收辐射热，阻止热传导和热对流。灭火用的泡沫分为化学泡沫和空气机械泡沫。

化学泡沫是酸性物质（硫酸铝）和碱性物质（碳酸氢钠）的水溶液发生化学反应生成的。化学泡沫相对密度为 0.15 ~ 0.25，抗烧且持久，具有很好的覆盖作用和冷却作用。它对扑灭汽油、煤油等易燃液体火灾最有效；对扑灭木材等堆积物火灾效果差；不宜用于扑灭醇类等水溶性液体火灾。

空气机械泡沫分为低倍数泡沫、中倍数泡沫和高倍数泡沫。低倍数泡沫是由一定比例的水解蛋白、稳泡剂组成的泡沫和水，经发泡机械使其体积膨胀 20 倍制成的。它是空气泡沫中应用最早、最普遍的灭火泡沫，可以有效地扑灭汽油等易燃液体和木材火灾，不宜用于扑灭水溶性液体火灾。高倍数泡沫是以界面活性剂为主，添加少量水解蛋白液配制的水溶液，经发泡机械使其体积膨胀 200～1000 倍而成的。它主要依靠隔氧窒息作用灭火。由于高倍数泡沫气泡发生量大，最适合于快速切断矿山井下的火灾。图 2-18 为高倍数泡沫灭火装置示意图。

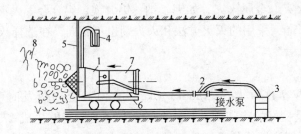

图 2-18　高倍数泡沫灭火装置
1—泡沫发射器；2—喷射泵；3—泡沫剂；4—水柱计；
5—密闭墙；6—平板车；7—风机；8—泡沫

　　矿用的高倍数泡沫药剂有 YEZ3%、YEGZ6% 等。矿用高倍数泡沫灭火装置主要有以电力为动力的 BEP400、BEP200 型和以压力水为动力的 SGP180、SGP100、SGP50 型等。

　　C　惰性气体灭火

　　惰性气体可以稀释燃烧区域空气中的氧，使氧含量降低而熄火。常用的灭火用惰性气体为二氧化碳和氮气等。通常把液态二氧化碳装在钢瓶内储存。灭火时液态二氧化碳从钢瓶中喷出时，瞬时温度下降到 -78.5℃，凝结成雪花状干冰。干冰吸收燃烧热量变为气态二氧化碳，体积扩大 450 倍。当空气中二氧化碳含量达到 30%～35% 时，燃烧就停止了，二氧化碳用于扑灭 600V 以下电气火灾、燃烧范围不大的油类火灾及电石等某些忌水物质火灾使用时，人员要站在上风侧以免窒息。

　　矿山井下灭火用的惰性气体是用燃油燃烧除去空气中的氧制成的，其主要成分为氮气、二氧化碳、少量残余氧气和喷水冷却时产生的大量水蒸气。矿用制取惰性气体装置有矿用燃油惰气发生装置 DQ500 型、DQ150 型和矿用燃油惰气泡沫发生装置 DQP100 型、DQP200 型等。

　　液氮也是目前矿井灭火中常用的惰性气体。

　　D　卤族灭火剂灭火

　　卤族灭火剂是通过中断燃烧的连锁反应和稀释燃烧区的氧来灭火的。此外，灭火剂被喷入燃烧区后吸收热量而气化，在物体表面上形成覆盖层，阻止可燃性气体和氧气通过。它灭火效果好，毒性低，腐蚀性小及过后不留痕迹，可以用于扑灭油类和忌水性物质火灾、电气火灾。常用的卤族灭火剂有 1211 灭火剂（$CBrClF_2$）和 1301 灭火剂（$CBrF_3$）。其中，前者应用最广泛。

E 化学干粉和固态灭火剂灭火

（1）化学干粉是由碳酸氢钠、磷酸铵盐等灭火剂和少量添加剂经过研磨制成的化学灭火剂。化学干粉覆盖在燃烧物表面，中断连锁反应，隔绝热辐射及析出二氧化碳，使火迅速熄灭。化学干粉适用于扑灭木材、煤炭火灾，也可用于扑灭石油产品火灾和电气火灾。

矿山井下使用的化学干粉主要是磷酸铵盐类干粉，装在灭火手雷（见图 2-19）或灭火炮弹中。

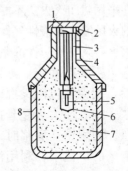

图 2-19 灭火手雷

1—护盖；2—拉火环；3—雷管固定管；4—外壳盖；5—雷管；6—炸药；7—药粉；8—胶木外壳

灭火手雷装药粉 1kg，药品的主要成分是磷酸氢二铵 $[(NH_4)_2H_2PO_4]$。灭火有效范围约 2.5m，普通体力人员可以把它抛出 10m 远，适用于熄灭近距离初起火灾。使用时打开护盖，拉出火线，立即投入火区，同时注意隐蔽防止弹片伤人。

灭火炮弹中干粉的主要成分是磷酸二氢铵 $[(NH_4)_2H_2PO_4]$，用于中距离初始灭火和独头巷道灭火。

（2）固态灭火剂是指砂土、石粉等固态物质，可以扑灭小量易燃液体和某些不宜用水扑灭的化学品火灾。

### 2.4.4.2 矿内灭火方法

扑灭矿内火灾的方法有直接灭火法、封闭灭火法和联合灭火法。应该根据矿内火灾性质发生地点、发展阶段、波及范围和现有灭火手段等选择适当的灭火方法。

A 直接灭火法

一旦发生矿内火灾时，应该优先考虑采用直接灭火法。用水、灭火剂、空气泡沫流或砂土等在火源地直接将火扑灭或将火源挖出运走。

B 封闭灭火法

当用直接灭火法不能把火扑灭时，应该考虑封闭灭火法。

采用封闭灭火法时，要根据迅速而严密地控制和封闭火区的迫切性，以及封闭作业过程中引起可燃性气体爆炸的可能性，慎重地决定防火墙的类型、强度、建造地点和施工速度，施工过程中的通风，以及最后封闭的程序等。一般地，先在进风侧建造临时防火墙，待火势减弱后再从回风侧封闭。回风侧有毒有害气体浓度较高，应该由救护队砌筑。在临时防火墙的保护下，再砌筑永久性防火墙。

火区封闭后应该设法加速火的熄灭，其主要措施是减少向火区的漏风。为此，可利用均压通风技术来减少火区进、出风侧的风压差。

C　联合灭火法

在采用封闭灭火法不能消灭矿内火灾的场合，应该立即采用联合灭火法，向封闭的火区灌浆或惰性气体。

灭火灌浆与预防性灌浆在技术上大体相同，只是灌浆方式和灌浆参数应该根据灭火需要来确定。灌浆灭火的一般原则是，弄清了火源中心及其发展动向之后，用泥浆包围火源附近的燃烧蔓延区，在该区域内先外围后中心地全面灌浆；或者在火势蔓延的前方灌注一带泥浆"篱笆"，阻止火灾发展。应该注意，利用钻孔灌浆时，不要把钻孔布置在地表塌陷区，也不要把钻孔打入采空区的矿柱中；利用消火巷道注浆时，要考虑在火区附近掘进消火巷道的安全性。

向封闭火区里灌注惰性气体灭火效果好，但是成本高，且要求封闭非常严密。

### 2.4.4.3　火区管理与启封

火区封闭之后，要建立火区管理档案，经常观测和检查火区情况，以便判断火是否已经熄灭了。

要定期地检查火区防火墙，发现漏风的裂隙及时堵塞。要定期采集火区内的空气试样进行气体成分分析，测定火区内的温度和流出水的温度，并做好记录。如果观测结果出现下列情况时，则可以认为火已经熄灭：

（1）火区内的空气温度和矿岩温度已经稳定地降低到30℃以下。

（2）火区内没有 CO 和 $SO_2$，或者它们的含量始终保持在"痕迹"水平。

（3）火区流出水的温度降至25℃以下，其酸性逐渐减弱。

启封火区是一件危险的工作，一定要谨慎从事。只有在确认火灾已经熄灭之后，才能考虑重开火区，恢复生产。启封前要编制安全措施计划和工程计划，报请主管部门审批，并做好万一启封失败，死灰复燃而必须重新封闭火区的思想准备和物质准备。

## 2.5　矿山井下防水

### 2.5.1　概述

矿山建设生产过程中，一般都会遇到渗水或涌水现象，但是如果渗入或涌入露天矿坑或矿井巷道的水量超过了矿山正常排水能力，则采矿场或巷道可能被水淹没，酿成矿山水灾。矿山一旦发生水灾，则会使矿山生产中断，设备被淹，造成人员伤亡。

导致矿山水灾的水源有地表水和地下水两类。地表水是指矿区附近地面的江河、湖泊、池沼、水库、废弃的露天矿坑和塌陷区积水，以及雨水和冰雪融化水等。地下水是指含水层水、断层裂隙水和老窿积水等。这些水源的水可能经过各种通道或岩层裂隙进入矿内。据统计，在矿山水灾事故中，约10%～15%的水源来自地表水，约85%～90%的水源来自地下水。地下水与地表水相比，虽然其涌水量和水压都比较小，却由于不如地表水那样容易被人们发现而很容易发生意外透水事故。

在矿山水灾中，以矿井透水事故发生最多，后果最为严重。矿井透水是在采掘工作面与地表水或地下水相沟通时突然发生大量涌水，淹没井巷的事故。国内外各类矿山，因矿井透水淹井造成严重灾难的事例屡见不鲜。

近年来矿井透水事故时有发生，如1999年山东莱芜矿谷家台二矿区发生特大井下透水事故，造成29人死亡；2001年广西南丹县境内的大厂矿区拉甲坡锡矿和龙山锡矿透水，导致两个矿同时被淹，死亡81人，造成惨重的伤亡事故和巨大的经济损失。

除了矿井透水事故之外，矿山泥石流危害也引起了人们的关注。泥石流是一种挟带大量泥砂、石块的特殊洪流，具有强大的破坏作用。一些处于山区的矿山企业可能受到泥石流的威胁。如1984年，四川省某矿发生泥石流，巨大的泥石流摧毁房屋 $4.15 \times 10^6 \mathrm{m}^2$，毁坏矿山供风、供水管路和通讯、运输线路26.7km，造成121人死亡，矿区被迫停产14天，损失极其严重。

为了防止矿山水灾的发生，要采取综合治理措施。在矿区范围内存在着水源和形成涌水通道是矿山水灾发生的必要条件。因此，一切防水措施都要从消除水源、杜绝涌水通道着手。

为了防止发生矿井突然透水事故，应该遵循"有疑必探，先探后掘"的原则，采取"查、探、堵、放"，即查明水源、调查老窿，探水前进、超前钻孔，隔绝水路、堵挡水源，放水疏干、消除隐患的综合防水措施。

## 2.5.2 矿山地表水综合治理

### 2.5.2.1 矿山地表水综合治理

A 矿山地表水源

矿山地表水源包括雨雪水和江河、湖泊、洼地积水两类。

(1) 雨雪水。降雨和春季冰雪融化是地表水的主要来源。在用崩落法采矿或其他方法采矿时在地表形成塌陷区的场合，雨雪水会沿塌陷区裂缝涌入矿内。尤其是在雨季降雨量大，大量雨水不能及时排出矿的情况下，雨水通过表土层的孔隙和岩层的细小裂隙渗入矿内，或洪水泛滥，沿塌陷区或通达地表的井巷大量灌入而造成矿山水灾。

（2）江河、湖泊、洼地积水。矿区附近地表的江河、湖泊、池沼、水库、低洼地、废弃的露天矿坑等积水，以及沿海矿山的海水等，可能通过断层、裂隙、石灰岩溶洞与井下沟通，造成矿井透水事故。

《金属非金属矿山安全规程》规定，为防止地表水患，必须搞清矿区及其附近地表水流系统和受水面积、河流沟渠汇水情况、疏水能力、积水区和水利工程情况，以及当地日最大降雨量、历年最高洪水位。并且，要结合矿区特点建立和健全防水、排水系统。

B　地表水综合治理措施

地表水综合治理是指在地表修筑防、排水工程，填堵塌陷区、洼地和隔水防渗等多种防水措施综合运用，以防止和减少地表水大量进入矿内。

（1）合理确定井口位置。《金属非金属矿山安全规程》规定，矿井（竖井、斜井、平硐等）井口标高，必须高于当地历史最高洪水位1m以上。工业场地的地面标高，应该高于当地历史最高洪水位。特殊情况下达不到要求的，应该以历史最高洪水位为防护标准修筑防洪堤，在井口筑人工岛，使井口高于最高洪水位1m以上。这样，即使雨季山洪暴发，甚至达到最高洪水位时，地表水也不会经井口灌入矿井。

（2）填堵通道和消除积水。矿区的基岩裂隙、塌陷裂缝、溶洞、废弃的井筒和钻孔等，可能成为地表水进入矿内的通道，应该用黏土或水泥将其填堵。容易积水的洼地、塌陷区应该修筑泄水沟。泄水沟应该避开露头、裂缝和透水岩层，不能修筑沟渠时，可以用泥土填平夯实并使之高出地表。大面积的洼地、塌陷区无法填平时，可以安装水泵排水。

（3）整治河流。当河流或渠道经过矿床且河床渗透性强，河水可能大量渗入矿内时，可以修筑人工河床或使河流改道。在河水渗漏严重的地段用黏土、碎石或水泥铺设不透水的人工河床，可以制止或减少河水的渗漏。例如，四川南桐某矿河流经过矿区，修筑人工河床后，雨季矿井涌水量减少30%～50%。防止河水进入矿内最彻底的办法是将河流改道，使其绕过矿区。为此，可以在矿区上游的适当地点修筑水坝拦截河水，将水引到事先开掘好的人工河道中。河流改道的工程量大，投资多，并且涉及当地工农业利用河水等问题，故不宜轻易采用，需要仔细调查后再做决策。

（4）挖沟排（截）洪。位于山麓或山前平原的矿区，在雨季常有山洪或潜流进入，增大矿井涌水量，甚至淹没井口和工业广场。一般应该在矿区井口边缘沿着与来水垂直的方向，大致沿地形等高线挖掘排洪沟，拦截洪水并将其排到矿区以外。在地表塌陷，裂缝区的周围也应该挖掘截水沟或筑挡水围堤，防止雨水、洪水沿塌陷、裂缝区进入矿区。

（5）留安全矿柱。如果河流、湖泊、水库、池塘等地表水无法进行排放或疏导，也不宜将其改道或迁移的话，可以预留防水矿柱，隔断透水通道，防止地表水进入矿内。

（6）做好雨季前的防汛准备工作。有计划地做好地表水防治准备工作是防止地表水造成矿井水灾的重要保证。《金属非金属矿山安全规程》规定，每年雨期前一个季度应该由主管矿长组织一次防水检查，并编制防水计划，其工程必须在雨季前竣工。我国某些地区雨量比较集中，尤其应该在雨季汛期之前加固和修整地面防水工程；调整采矿时间，尽量避开汛期开采；加强对防洪工程设施的检查，备齐防洪抢险器材。此外，露天和地下同时开采的矿山，在某些特殊条件下进行开采的矿山，如开采有流砂、溶洞的矿床，在江河、湖海下面采矿，或在雨季有洪水流过的干涸河床、山沟下面采矿，必须制订专门的防水、排水计划。

### 2.5.2.2　矿山泥石流防治

泥石流是一种挟带有大量泥砂、石块和巨砾等固体物质，突然以巨大速度从沟谷或坡地冲泻下来，来势凶猛、历时短暂，具有强大破坏力的特殊洪流。

防治泥石流的方针是"以防为主，防治结合，综合治理，分期施工"。防治泥石流包括防止泥石流发生和在发生泥石流时避免或减少破坏的措施两个方面。作为采取防治泥石流措施的依据，要首先弄清泥石流活动规律。

A　泥石流的勘测与调查

泥石流的勘测与调查包括对整个泥石流流域的勘测调查和当地居民的调查访问。前者是进行野外考察工作搜集各种自然条件、人类活动及泥石流活动规律等资料。在泥石流暴发比较频繁而又可能直接观察到的地区，可以建立泥石流观测站，直接取得泥石流暴发时的资料。后者是通过访问，获得有关泥石流的历史资料。综合分析这些勘测与调查得来的资料并辅以必要的计算，可以判断泥石流的类型、规律及破坏情况等。

B　防止泥石流发生

防治泥石流要根据泥石流的特征来进行。在泥石流可能发生的沟谷上游的山坡上植树造林，种植草皮，加固坡面，修建坡面排水系统以防止沟源侵蚀，实现蓄水保土，减少或消除泥石流的固体物质补给，控制泥石流的发生。

C　拦挡泥石流

在泥石流通过的主沟内修筑各种拦挡坝，坝的高度一般在 5m 左右，可以是单坝，也可以是群坝。泥石流拦挡坝可以拦蓄泥砂石块等固体物质，减弱泥石流的破坏作用，以及固定泥石流沟床，平缓纵坡，减小泥石流的流速，防止沟床下切和谷坡坍塌。坝的种类很多，其中格栅坝最有特色。格栅坝是用钢构件和钢筋混凝土构件装配而成的，形状为栅状的构筑物。它能将稀性泥石流、水石流携带的大石块经格栅过滤停积下来，形成天然石坝，以缓冲泥石流的动力作用，同时使沟段得以稳定。图 2 - 20 为格栅坝示意图。

　　D　排导泥石流

泥石流出山后所携带的泥砂石块迅速淤积和沟槽频繁改道，给附近的矿区、居民区、农田及交通干线带来严重危害。在泥石流堆积区的防治措施包括导流堤和排洪道等排导措施。导流堤（见图 2 - 21）用于保护可能受到泥石流威胁的矿区或建筑物等。排洪道起顺畅排泄泥石流的作用。

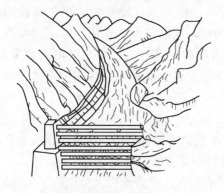

图 2 - 20　格栅坝　　　　　　　　　图 2 - 21　导流堤

　　矿山泥石流是人类的采矿活动造成的，其预防和治理应该从规范采矿活动着手。

　　（1）将泥石流防治纳入矿山建设总体规划。主要是合理选择排土场、废石场，在建设阶段列出泥石流防治措施工程项目，在基建和采矿过程中，根据实际需要分期分批实施，以防止泥石流危害。

　　（2）选择恰当的采矿方式。一般地，与地下采矿相比，露天采矿剥离的土、岩多；浅部剥离的松散固体物质迅速聚集，极易发生泥石流；剥采工作进入深部之后，废石多为新破碎的岩块，不易发生泥石流。

　　（3）选择恰当的排土场、废石场。零散设置的排土场、废石场往往是小规模泥石流的发源地；在沟头设置的排土场、废石场，其堆积体常以崩塌或坡面泥石流的方式进入沟床，为泥石流提供物质来源；山坡上的排土场、废石场，堆积体在自重或坡面径流的作用下可能形成坡面泥石流，在山前形成堆积扇；沟谷内的排土场、废石场，堆积体在暴雨洪水冲刷下会形成沟谷型泥石流；排土场、废石场堆积越高，稳定性越差，越易发生泥石流。

　　（4）消除地表水的不利影响。

　　（5）有计划地安排土、岩堆置，复垦等。

## 2.5.3　矿山地下水综合治理

### 2.5.3.1　矿山地下水源

可能导致矿山水灾的地下水源有含水层积水、断层裂隙水和老窿积水等。

A 含水层积水

矿山岩层中的砾石层、砂岩层或具有喀斯特溶洞的石灰岩层都是危险的含水层。特别是当含水层的积水具有很大的压力或与地面水源相沟通时，对采掘工作威胁更大。当采掘工作面直接或间接与这样的岩层相通时，就会造成井下透水事故。例如，吉林省某铜矿，在掘进大巷时爆破使喀斯特溶洞水大量涌出，最高涌水量 $92m^3/min$，以致全矿被淹，经过半年时间才恢复生产。

B 断层裂隙水

地壳运动所造成的断层裂隙处的岩石往往都是破碎的，易于积水，尤其是当断层与含水层或地表水相沟通时，导致矿山水灾的危险性更大。前述的淄川炭矿公司北大井透水事故，就是掘进时遇到与地表河流相通的裂隙较大的断层而发生的。

C 老窿积水

井下采空区和废弃的井巷中常有大量积水。一般来说，老窿积水的水压高、破坏力强，而且常常伴有硫化氢、二氧化碳等有毒有害气体涌出，是酿成井下水灾的重要水源。例如，2006 年 5 月 18 日在山西省左云新井煤矿，工人在作业时打通了隔壁的燕子山煤矿古溏，那里储存着数十年采煤后的积水，据推测达 15 万 ~20 万立方米。倾灌而下的积水很快淹没了新井煤矿，造成 56 人死亡的惨剧。

矿山生产过程中可能导致透水事故的几种主要水源如图 2 - 22 所示。

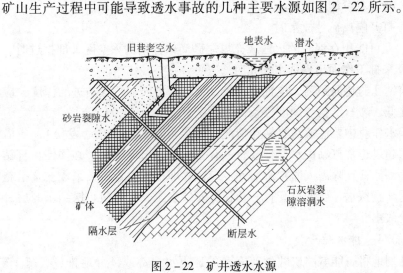

图 2 - 22 矿井透水水源

### 2.5.3.2 做好矿井水文地质观测工作

为了采取防治矿井透水措施，预防矿井水灾发生，必须查明矿井水源及其分布，做好矿山水文地质观测工作。在查明地下水源方面应该弄清以下情况：

（1）冲积层和含水层的组成和厚度，各分层的含水及透水性能。

（2）断层的位置、错动距离、延伸长度，破碎带的宽度，含水、导水的性质。

（3）隔水层的岩性、厚度和分布，断裂构造对隔水层的破坏情况以及距开采层的距离。

（4）老空区的开采时间、深度、范围、积水区域和分布状况。

（5）矿床开采后顶板受破坏引起地表塌陷的范围、塌陷带、沉降带的高度以及涌水量的变化情况。

在水文观测方面应该掌握以下情况：

（1）收集地面气象、降水量和河流水文资料，查明地表水体的分布范围和水量。

（2）通过对探水钻孔或水文观测孔中的水压、水位和水量变化的观测、水质分析，查明矿井水的来源，弄清矿井水与地下水和地表水的补给关系。

### 2.5.3.3　超前探水

在水文地质条件复杂、有水害威胁的矿井进行采掘作业，必须坚持"有疑必探、先探后掘"的原则。当遇到下述任何一种情况时，都必须打超前钻孔探水前进。

（1）掘进工作面接近溶洞、含水层、流砂层、冲积层或大量积水区域时。

（2）接近有可能沟通河流、湖泊、储水池、含水层的断层时。

（3）打开隔离矿柱放水时。

（4）在可能积存泥浆的火区或充填尾砂尚未固结的采空区下部掘进时。

（5）采掘工作面出现透水预兆时。

超前钻孔的超前距离、位置、孔径、数目、方向和每次钻进的深度，应该根据水头高低、岩石结构与硬度等条件来确定。

在探水作业中要注意观察钻孔情况。如果发现岩石变软（发松），或沿钻杆向外流水超过正常打钻供水量，或有毒有害气体逸出等现象，必须停止打钻。这时不得移动钻杆，除派人监视水情外，应该立即报告主管矿长采取安全措施。在水压大的地点探水，要安设套管，套管上安装水压表和阀门。探到水源后，立即利用套管放水。

### 2.5.3.4　排水疏干

有计划地将可能威胁矿井生产安全的地下水全部或部分地排放，疏干矿床，是防止采掘过程中发生透水事故最积极、最有效的措施。疏干方法有 3 种：地表疏干、地下疏干和地表与地下联合疏干。

#### A　地表疏干

地表疏干是在地面向含水层内打钻孔，用深井泵或潜水泵把水抽到地表，使开采地段处于疏干降落漏斗水面之上的疏干方法。当老窿区积水的水量不大，又没有补给水源时，也可以由地表打钻孔排放。

地表疏干钻孔应该根据当地的水文地质条件，以排水效果最佳为原则，布置成直线、弧形、环形或其他形式。

地表疏干能预先降低地下水位（水压），在较短时间内能为采掘工作创造安全生产条件；与地下疏水相比，疏干工程速度快、成本低、比较安全、便于维护和管理。但是，采用这种方法需要高扬程、大流量的水泵，电力消耗大。因此一般只在地下水位较浅时采用。

B 地下疏干

当地下水较深或水量较大时，宜采用地下疏干方法。对于不同类型的地下水源，采用的疏干方法也不相同。

在疏放老窿区积水时，如果老窿区没有补给水源，矿井排水能力又足以负担排放积水时可以直接放水。如果老窿区积水与其他水源有联系，短时间内不能排完积水时，应该先堵后放，即预先堵住出水点，然后再排放积水。如果老窿区有某种直接补给水源，但是涌水量不大，或者枯水季节没有补给时，应当选择适当时机先排水，然后利用枯水时期修建必要的防漏工程或堵水工程，即先放后堵。在老窿区位于不易泄水的山洞、河滩、洼地，雨季渗水量过大，或者积水水质很坏，易腐蚀排水设备的场合，应该将其暂时隔离，待到开采后期再处理积水。此外，若老窿积水地区有重要建筑物或设施，则不宜放水，而应该留矿柱将其永久隔离。

疏放含水层的水时，可以采用巷道疏干、钻孔疏干及联合疏干方法进行。

（1）巷道疏干是当含水层位于矿层顶板时，提前掘出采区巷道，即疏干巷道，使含水层的水能通过巷道周围的孔隙、裂缝疏放出来，经过疏干巷道排出，如图2-23所示。在充分掌握了矿层顶底板含水层的水压和水量，估计涌水量不会超过矿井正常排水能力的情况下，为了提高疏水效果也可以把疏水巷道直接布置在待疏干的含水层中。

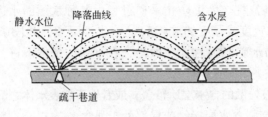

图2-23 巷道疏放水示意图

（2）钻孔疏干是当含水层距矿层较远或含水层较厚时，在疏干巷道中每隔一定距离向含水层打放水钻孔来排水疏干。如果矿层下部含水层的吸水能力大于上部含水层的泄水量，则可以利用泄水和吸水孔导水下泄，疏干矿层和上部含水层。

（3）在水文地质条件复杂，用某一种疏干方法的效果不理想时，可以采取疏干钻孔与疏干巷道相结合的联合疏干法。

C  联合疏干

根据矿区的具体情况，有时采用地表疏干与地下疏干相结合的联合疏干方法。放水工作应该由有经验的人员根据专门设计进行。为了保证放水安全，必须注意以下问题：

（1）放水前应该估计积水量、水位标高、矿井的排水能力和水仓容量等，按照排水能力和水仓容积控制放水量。

（2）探水钻孔探到水源后，如果水量不大，可以直接利用探水钻孔放水；如果水量很大，则需要另打放水钻孔。

（3）正式放水前应该进行水量、水压和矿层透水性试验。当发现管壁漏水或放水效果不好时，要及时处理。

（4）放水过程中要随时注意水量变化，水的清浊和杂质情况，有无特殊声响等；为了预防有毒有害气体逸出造成事故，必须事先采取通风安全措施，使用防爆灯具。

（5）事先规定人员撤退路线，保证沿途畅通无阻；在放水巷道的一侧悬挂绳子（或利用管道）作扶手，并在岩石稳固的地点建筑有闸门的防水墙。

### 2.5.3.5  隔水与堵水

疏放地下水，消除水害危险源，是防止矿井透水的最积极的措施。但是，受矿山具体条件限制，有时无法疏放地下水，或者虽然可以疏放地下水，在经济上却不合理。这时，应该考虑采取隔离水源和堵截水流，即隔水、堵水措施。

A  隔离水源

隔离水源是防止水源的水侵入矿井或采区的隔离措施，有留隔离矿（岩）柱和建立隔水帷幕两种方法。

（1）隔离矿（岩）柱。为了防止采矿过程中各种水源的水进入矿内，在受水威胁的地段留一定宽度或厚度的矿（岩）柱将水源隔离，此段矿（岩）柱称作隔离矿（岩）柱，又称防水矿（岩）柱。一般地，在下列的条件下进行采矿的场合，需要留隔离矿（岩）柱：

1）矿体直接被松散的含水层所覆盖，或者处于地表水体之下，见图 2-24a；

2）矿体一侧与强含水层接触或局部处于强含水层之下，见图 2-24b；

3）矿体在局部地段与间接底板承压含水层接近，见图 2-24c；

4）矿体在局部地段与间接顶板含水层接近，顶板冒落会达到含水层，见图 2-24d；

5）矿体与充水断层接触，见图 2-24e；

6）采掘工作面接近被淹井巷或老窿积水区，见图 2-24f。

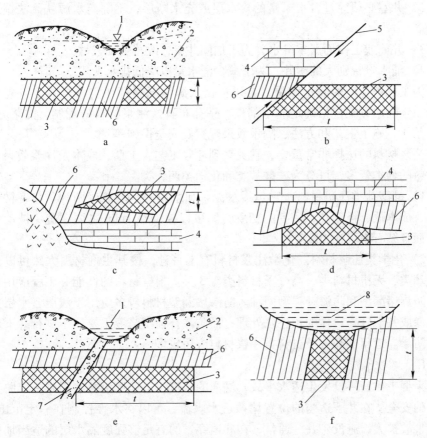

图 2-24 隔离矿（岩）柱示意图

1—地表水体；2—松散含水层；3—矿层或矿柱；4—强含水层；

5—断层；6—隔水层；7—充水断裂带；8—巷道、老窿积水；

$t$—隔离矿（岩）柱的垂直宽度或高度

《金属非金属矿山安全规程》规定，相邻的井巷或采区，如果其中一个有涌水危险，则应该在井巷或采区间留出隔离矿（岩）柱。

（2）隔水帷幕。隔水帷幕是在水源与矿井或采区之间的主要涌水通道上，将预先制备的浆液经过钻孔压入岩层裂隙，浆液沿裂隙渗透扩散并凝固、硬化，形成防止地下水渗透的帷幕。由于注浆工艺过程和设备都比较简单，隔水效果好，与留隔离矿（岩）柱相比，可以减少矿石损失，因此是目前国内外广泛采用的隔离水源措施。

在下列条件下可以采用隔水帷幕：

1）在老窿积水或被淹井巷与强大水源有密切联系，单纯用排水方法排除积水不可能或不经济的场合。

2）井巷必须穿过含水丰富的含水层或充水断层，不隔离水源就无法掘进的场合。

3）井筒或工作面严重淋水，为了加固井壁，改善劳动条件。

4）涌水量特别大的矿井，为了减少涌水量以降低排水费用。

为了取得预期的隔水效果，必须根据水源情况制订切实可行的注浆隔水方案。注浆隔水方案包括确定隔水部位、钻孔布置、注浆材料的配制、注浆方法、注浆系统、施工工艺和方法、隔水效果观察及安全措施等。

注浆材料的选择非常重要，它关系到注浆工艺、工期、成本及注浆效果。注浆材料的种类较多，可分为硅酸盐类和化学类两大类。

1）硅酸盐类注浆材料。它包括水泥浆和水泥—水玻璃浆两种。前者材料来源广、成本低、强度高；后者的初凝时间可以控制在 1min 之内，避免被动水冲走，而且结石率可达 100%。

2）化学类注浆材料。化学注浆材料有上百种，按其主剂材料大致可以分为水玻璃类、无机材料类、高分子材料类等 3 类。根据材料的性能和工程应用可以分为防渗堵漏型和防渗补强型两种。防渗堵漏型材料较多应用于浅层含水层的固砂防渗或井下破碎岩体的预注浆处理；而防渗补强型浆液主要用于进行井下岩体加固防渗。近年来高分子材料类注浆材料应用较多。

B　堵截水流

采掘工作面一旦发生透水事故，汹涌的水流将迅速地沿井巷漫延，威胁整个矿井的安全。在井下适当的位置堵截透水水流，可以将水害控制在一定范围内，避免事故扩大、淹没矿井。通常，在巷道穿过的有足够强度隔水层的适当地段内设置防水闸门和防水墙来堵水。

（1）防水闸门。防水闸门是由混凝土墙垛、门框和能够开闭的门扇组成的堵水设施，如图 2-25 所示。

防水闸门设置在发生透水时需要堵截水流而平时需要运输、行人的巷道内。如通往水害威胁地区巷道的总汇合处、井底车场、井下水泵房、变电所的出入口处等。

（2）防水墙。防水墙是用不透水材料构筑的，用以隔绝积水的老窿区或有透水危险区域的永久性堵水设施。防水墙应该构筑在岩石坚固、没有裂缝的地段，要有足够的强度以承受涌水压力，不透水、不变形、不位移。

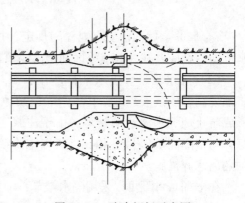

图 2-25　防水闸门示意图

防水墙上应该装设测量水压用的小管和放水管。放水管用以防止防水墙在未干固之前承受过大水压。

根据构筑防水墙所使用的材料,防水墙可分为木制防水墙(见图 2 – 26)、混凝土防水墙(见图 2 – 27)、砖砌防水墙和钢筋混凝土防水墙。

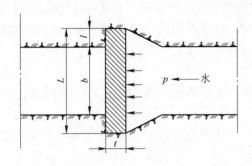 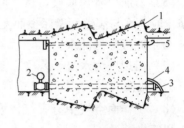

图 2 – 26   木制防水墙

$L$—防水墙宽度;$b$—巷道宽度;

$l$—楔入岩壁深度;$t$—防水墙厚度

图 2 – 27   混凝土防水墙

1—截口槽;2—水压表;3—保护栅;

4—放水管;5—细管

防水墙的形状有平面形、圆柱形和球形。平面形防水墙构造简单,应用较广。在水压不大的窄小巷道中,常采用木制平面形防水墙。在水压较大时,可以采用圆柱形或球形防水墙,在水压特别大的场合,可以采用多段型钢筋混凝土防水墙,见图 2 – 28。

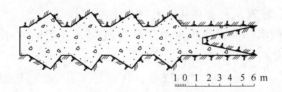

1 0 1 2 3 4 5 6 m

图 2 – 28   多段型防水墙

为了保证防水墙有一定的承压能力,防水墙必须有足够的厚度。防水墙的厚度要根据承受的最大水压、围岩和构筑材料的允许强度计算。

## 2.5.4   井下透水事故处理

### 2.5.4.1   透水预兆

采掘工作面透水之前,一般都会出现一些预兆,预示透水事故即将发生。井下人员熟知这些预兆,就可以事先预测到透水事故的发生,从而及时采取恰当措施防止发生矿井水灾。透水之前常会出现下列预兆:

(1)巷道壁"出汗",这是由于积水透过岩石微孔裂隙凝聚在巷道岩壁表面形成的。透水前顶板"出汗"多呈尖形水珠，有"承压欲滴"之势，这可以和自燃预兆中"巷道出汗"的平形水珠相区别。

（2）顶板淋水加大，犹如落雨状。

（3）空气变冷、发生雾气。

（4）采矿场或巷道"挂红"，水的酸度大，味发涩，有臭鸡蛋气味。

（5）岩层里有"吱吱"的水叫声，这是因为压力较大的积水从岩层的裂缝中挤出时，水与裂缝两壁摩擦而发出的声音。

（6）底板突然涌水。

（7）出现压力水流。若出水清净，则说明距水源稍远；若出水混浊，则表明已临近水源。

（8）工作面空气中有害气体增加，从积水区散发出来的气体有沼气、二氧化碳和硫化氢等。

矿井地下水源种类不同，透水预兆也不同。因此，根据出现的预兆可以判断水源的种类。

（1）老窿积水。一般积存时间很久，水量补给差，通常属于"死水"，所以"挂红"，酸度大，水味发涩。

（2）断层水。由于断层附近岩层破碎，工作面地压增加而淋水增大。断层水往往补给较充分，多属于"活水"，所以没有"挂红"和水味发涩现象。在岩巷中遇到断层水，有时可在岩缝中出现淤泥，底部出现射流，水发黄。

（3）溶洞水。溶洞多产生在石灰岩层中，透水前顶板来压、柱窝渗水或裂缝浸水，水色发黄或发灰，有臭味，有时也出现"挂红"。

（4）冲积层积水。冲积层积水处于矿井浅部，开始时水小、发黄，夹有泥砂，以后水量变大。

《金属非金属矿山安全规程》规定，在掘进工作面或其他地点发现透水预兆，如工作面"出汗"、顶板淋水加大、空气变冷、发生雾气、挂红、水叫、底板涌水或其他异常现象，必须立即停止工作，并报告主管矿长，采取措施。如果情况紧急，必须立即发出警报，撤出所有受水威胁地点的人员。

### 2.5.4.2　透水时应采取的措施

井下一旦发生透水事故时，在透水现场的人员除了立即向上级领导报告外，应该迅速采取应急措施。在场人员应该尽可能地就地取材加固工作面，堵住出水点，防止事故继续扩大。如果水势很猛，局面已经无法扭转时，应该有组织地按事先规定的避难路线迅速地撤到上一中段或地面。在万一来不及撤离而被堵在天井、切巷等独头巷道里的场合，遇难人员要保持镇静，保存体力，等待救援。

矿领导接到井下透水报告后：应该按照事先编制的安全措施计划迅速组织抢救。通知矿山救护队或兼职救护队，同时根据透水地点和可能波及的地区，通知有关人员撤离危险区，尽快关闭防水闸门，待人员全部撤至井底车场后，再关闭井底车场的防水闸门，保护水泵房，组织排水恢复工作。

透水后，井下排水设备要全部开动，并精心看管和维护排水设备，使其始终处于良好的运转状态。

要维持井下正常通风，以便迅速排除老窿积水区涌出的有毒有害气体。

要准确核查井下人员。当发现有人被堵在危险区时，应该迅速组织力量抢救遇难人员。

### 2.5.4.3 被淹井巷的恢复

被淹井巷的恢复工作包括排除积水、修整井巷和恢复生产等内容。其中排水工作比较复杂，应该由矿主要领导统一指挥，组织工程技术人员和工人查清水源情况，弄清淹没特点和排水工作条件，及时掌握井巷被淹的实际情况，选择最有效的排水方法和排水制度。

A 被淹井巷中的水量

在组织被淹井巷的排水工作时，需要正确地估算被淹井巷中的水量，以便确切地决定排水设备能力和恢复生产所需的时间。被淹井巷的水量包括静水量和动水量两部分。

（1）被淹井巷的静水量。矿井透水时一次涌入被淹井巷的水量为静水量。由于在被淹井巷的不同深度上静水体积是不同的，并且在水淹没井巷的同时，也使周围的岩石孔洞、裂隙充水，所以使得估算静水量的问题变得复杂了。一般来说，静水体积与被淹井巷体积成正比，但在数值上小于被淹井巷的体积。这是因为在被淹井巷中常积存一些被压缩的空气而占据一些空间，另外，由于岩石的冒落和沉降使井巷空间减小，相比之下，围岩孔洞、裂隙充水空间较小。

实际工作中用被淹井巷中水的体积与井巷体积比值，即淹没系数来概算被淹井巷的静水量。淹没系数可用地质类比法或观测井巷被淹过程中水位变化情况求得。

（2）被淹井巷的动水量。被淹井巷的动水量是指井巷被淹后单位时间内的涌水量。井巷被淹后矿井水文地质状况发生了变化，井巷内水位的变化会引起动水量的变化。可以根据水泵排水量计算动水量。

在被淹井巷水位变化与动水量变化成正比，短时间内涌水量可以近似地看作一定的情况下，观测相同的时间间隔内水泵不同扬水量时的水位降低量，然后按式（2-1）计算该期间的动水量 $Q_D(\text{m}^3/\text{h})$：

$$Q_D = \frac{q_2 h_1 - q_1 h_2}{h_1 - h_2} \qquad (2-1)$$

式中　　$q_1$——第一次观测的水泵扬水量，$\text{m}^3/\text{h}$；

　　　　$q_2$——第二次观测的水泵扬水量，$\text{m}^3/\text{h}$；

$h_1$——第一次观测的水位降低量，cm；

$h_2$——第二次观测的水位降低量，cm。

根据需要，可以定期地进行这样的观测和计算。

应该注意，在被淹井巷的积水被全部排净之后，在一定时间内围岩孔洞、裂隙中的水会逐渐流出来，涌水量较被淹之前稍高些。

被淹井巷排水所需要的时间可按式（2-2）计算：

$$T = \frac{Q_J}{Q_B - Q_D} \qquad\qquad (2-2)$$

式中　$T$——排水所需要的时间，d；

　　　$Q_J$——被淹井巷的静水量，$m^3$；

　　　$Q_B$——排水设备的排水能力，$m^3/d$；

　　　$Q_D$——被淹井巷的动水量，$m^3$。

应该注意，有时排水设备是断续工作的，所以，这里的时间单位是 d。

B　被淹井巷的排水方法

排除井巷积水的方法有直接排水法和先堵后排法两种。在涌水量不大或补给水源有限的情况下，增加排水能力，直接将静水量和动水量全部积水排除。在涌水量特别大、增加排水能力也不能将水排干时，应该先堵塞涌水通道，截断补给水源，然后再排水。

根据被淹井巷的具体情况，可以因地制宜地采用多种措施和方法。排水使用的排水设备有吊桶、水箱、箕斗、离心式水泵、气泡泵等。

（1）用吊桶、水箱、箕斗排水。利用矿井提升卷扬机，使用大吊桶、水箱或箕斗在竖井筒中提水。这种方法设备简单，人员不必进入井筒内，比较安全。其缺点是排水能力受提升速度限制，井筒内水中往往漂浮许多木头，妨碍容器浸入水中盛水。

（2）用离心式水泵排水。离心式水泵扬程高、扬水量大，可以长时间连续排水。在竖井井筒内使用立式离心吊泵，占用井筒断面小，安装、拆卸容易，可以及时随着水位变化上下移动。在斜井井筒内可以使用安装在平板车上的普通卧式离心泵，也可以用特殊构造的可以斜着工作的离心泵；在斜井中有冒落的岩石时，可以使用一种插入式吸水管，见图 2-29。在用离心式水泵排出被淹井巷积

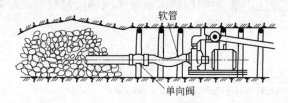

图 2-29　插入式吸水管

水时，需要有专人进入矿井看管和维护，人员可能呼吸笼罩在水面上的有毒有害气体，在井筒内安装、移动水泵、排水管有坠落危险。

（3）用气泡泵排水。气泡泵是一种利用压缩空气排水的设备，其原理如图 2-30 所示。压缩空气进入气泡泵的混合器后与水混合，使水变成容重较小的乳状水，在水头压力的作用下上升到 $H_0$ 高度，经排水口流出。气泡泵构造简单、轻便，上下移动迅速，几乎只需要在地面看管，在淹没矿井的排水条件下最合适。利用气泡泵排水较用离心泵排水多耗电 50% ~150%，但是，从加快排水速度、争取早日恢复生产的角度，还是可以接受的。

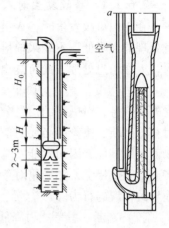

图 2-30 气泡泵

C 被淹井巷恢复时的安全措施

被淹井巷恢复工作是在比较困难的条件下进行的，危险因素较多，因而应该采取必要的安全措施。

（1）被淹井巷排水期间，为了使水泵不间断地运转，必须有联系信号以协调地面和井下的工作。在水泵机组附近必须有足够的照明，井下人员要携带照明灯具。

（2）在恢复被淹井巷的全部过程中，要特别加强矿内通风，防止有毒有害气体危害人员的健康。在组织排水工作之前，应该对矿内大气成分进行化学分析。如果有沼气出现时，要采取防止气体爆炸的措施。

（3）在井筒内装、拆水泵、排水管等作业时，人员必须佩带安全带与自救器，防止发生坠井和中毒、窒息事故。

（4）被淹的井巷长时间被水浸泡，在修复井巷时要防止冒顶、片帮伤害事故。

## 2.6 矿山事故处置与应急救援

### 2.6.1 井下矿工自救与互救

一些矿山事故，特别是灾害性矿山事故，刚发生时释放出的能量或危险物质、波及范围都比较小，在事故现场的人员应该抓住有利时机，采取恰当措施，消灭事故和防止事故扩大。在事故已经发展到无法控制、人员可能受到伤害的情况下，处于危险区域的人员应该迅速地撤离、避难，回避危险。矿山事故发生时，处于危险区域的人员在没有外界救援的情况下，依靠自己的力量避免伤害的行动称作矿工自救；人员相互救助的行动称作矿工互救。

### 2.6.1.1　事故发生时人的行为特征

在矿山事故发生时，人员面临受到伤害的危险，往往心理紧张程度增加，信息处理能力降低，不能采取恰当的行为扭转局面和脱离危险。据研究，发生事故时，人在信息处理方面可能出现以下倾向问题：

（1）接受信息能力降低。事故发生引起人的心理紧张，往往使人被动地接受外界信息，对周围的信息分不清轻重缓急，由于缺乏选择信息的能力而不能及时获得判断、决策所必要的信息；或者相反，把全部注意力集中于某种异常的事物而不顾其他，因而不能发觉其他危险因素的威胁。在高度紧张的情况下，可能产生幻觉或错觉，如弄错对象的颜色、形状，或弄错空间距离、运动速度等，从而导致错误的行为。

（2）判断、思考能力降低。在没有任何思想准备、事故突然发生的情况下，人员可能下意识地按个人习惯或经验采取行动，结果受到伤害。由于心情紧张，可能一时想不起来已经记住的知识、办法，面对危险局面束手无策或者不能冷静地思考判断，仓促地做出决策，草率地采取行动，或盲目地追从他人。在极度恐慌时，可能对形势做出悲观的估计，采取冒险行动或绝望行动。

（3）行动能力降低。发生事故时人的心理紧张会引起运动器官肌肉紧张，使动作缺少反馈，往往表现出手脚不相随、动作不协调、弄错操作方向或操作对象、动作生硬或用力过猛。作为动物的一种本能，在极度恐惧时肌肉往往强烈地收缩，使人不能正常地行动。

通过教育、训练可以提高职工的应变能力，防止事故发生时产生心理紧张现象。每个矿山职工都应该熟悉各种事故征兆的识别方法、事故发生时的应急措施，熟悉井下巷道和安全出口，学会使用自救器和急救人员的方法，以及无法走出矿井时避难待救的措施和方法等。

在设计各种应急设施、安全撤退路线、避难设施时，应该充分考虑事故时人员的行为特征，便于人员利用。

矿山事故发生时，班组长、老工人、生产管理人员要沉着冷静地组织大家采取自救、互救措施，依靠集体的智慧和力量脱离危险。

为了使事故发生时矿工自救、互救成功，事先应该规定安全撤离路线、构筑井下避难硐室、备有足够的自救器。

### 2.6.1.2　安全撤离路线

安全撤离路线又称井下避灾路线，是在矿山事故发生时能保证人员安全撤离危险区域的路线。

矿山井下存在许多可能导致伤亡事故的危险因素。一般地，进入井下的任何地点时都应考虑一旦出现危险情况如何安全撤离的问题。每年编制的矿井应急救援预案中应该包括撤出人员的行动路线，并将人员安全撤离的线路和安全出口填绘到矿山实测图表中。

应该根据矿山事故或灾害的类型、地点、波及范围和井下人员所处的位置等情况，以能使人员快速、安全撤离危险区域为原则来确定安全撤离路线。一般地，应该选择短捷、通畅、危险因素少的路线。

在井下发生火灾的场合，位于火源地上风侧的人员应该迎着风流撤退；位于下风侧的人员应该佩带自救器或用湿毛巾捂着鼻子，尽快找到一条捷径绕到有新鲜风流的巷道中去，如果在撤退过程中有高温火烟或烟气袭来，应该俯伏在巷道底板或水沟中，以减轻灼伤和有毒有害气体伤害。

在井下发生透水的场合，人员应该尽快撤退到透水中段以上的中段，不能进入透水地点附近的独头巷道中。当独头天井下部被水淹没，人员无法撤退时，可以在天井上部避难，等待救援。

矿内火灾、水灾等灾难事故发生时，有毒有害烟气、水沿着井巷蔓延，巷道个别地段可能发生冒落、堵塞，给人员撤离增加困难。表 2 - 3 中列出人员在不同情况下行进的速度。由表中的数值可以看出，人员在不能直立行走或在水中、烟中、黑暗中行走时，行进速度大幅度降低。为了加速人员的安全撤离，应该尽可能地利用矿内车辆等运输工具和提升设备；尽量选择不易受到水、烟威胁，围岩稳固的巷道作为安全撤离路线；在安全撤离路线所经过的巷道中应该有良好的照明，在巷道的岔道口处应该设置路标，指明安全撤离方向。

表 2 - 3　人的行进速度

| 行走姿态 | 行进速度/（m/s） | 行走环境 | 行进速度/（m/s） |
|---|---|---|---|
| 自由行走 | 1.33 | 没膝水中 | 0.70 |
| 小跑 | 3.00 | 没膝水中 | 0.30 |
| 快跑 | 6.00 | 熟悉黑暗中 | 0.70 |
| 弯腰走 | 0.60 | 陌生黑暗中 | 0.30 |
| 爬行 | 0.30 ~ 0.50 | 烟　中 | 0.30 ~ 0.70 |

安全撤退路线的终点应该选择在能够保证人员安全的地方。在发生矿内火灾、水灾的场合，人员应该尽可能撤到地面，彻底脱离危险。但是，在撤离矿井很困难的情况下，如通路堵塞、烟气浓度大而又无自救器时，则应该考虑在井下避难硐室避难。

### 2.6.1.3　井下避难硐室

井下避难硐室是为井下发生事故时人员躲避灾难而构筑的硐室。井下避难硐室有永久避难硐室和临时避难硐室之分。

永久避难硐室是按照矿井应急救援预案预先构筑的。一般设在采区附近或井底车场附近，硐室内应该能够容纳采区当班人员。硐室有密闭门，防止有毒有害气体侵入；硐室内应备有风水管接头、供避难人员使用的自救器。这种避难硐室也可用作矿井临时救护基地。

临时避难硐室是利用工作地点附近的独头巷道、硐室或两道风门之间的巷道临时构筑的。应该在预先选择的临时避难硐室附近准备好木板、门扇、黏土、草袋子等材料，事故发生时可以方便地将巷道封闭，构成硐室。临时避难硐室应选在有风水管接头的地方。

矿内发生事故时，如果人员不能在自救器的有效时间内到达安全地点，或没有自救器而巷道中有毒有害气体浓度高，或由于其他原因不能撤离危险区域的情况下，都应该躲进附近的避难硐室等待救援。

人员进入避难硐室前，应该在硐室外挂有衣物或矿灯等明显标志，以便被救护队发现。进入硐室后应该用泥土、衣物等堵塞缝隙防止有毒有害气体进入。在硐室内躲避时，应该保持安静，避免不必要的体力消耗。硐室内只留一盏灯照明，将其余的矿灯都关闭。可以间断地敲打管道、铁轨或岩石，发出求救信号。

### 2.6.1.4 矿井安全出口

矿井安全出口是在正常生产期间便于人员通行，在发生事故时能保证井下人员迅速撤离危险区域，到达地表的通道。矿井安全出口是安全撤退路线的一个组成部分。

《金属非金属矿山安全规程》对矿井安全出口作了明确规定。每个矿井至少应该有两个独立的直达地面的安全出口，安全出口的间距应该不小于30m。大型矿井，矿床地质条件复杂，走向长度一翼超过1000m的，应该在矿体端部的下盘增设安全出口。

每个生产水平（中段），均应该至少有两个便于行人的安全出口，并且应该同通往地面的安全出口相通。井巷的岔道口应该有路标，注明其所在地点及通往地面出口的方向。所有井下作业人员，均应该熟悉安全出口。

装有两部在动力上互不依赖的罐笼设备，且提升机均为双回路供电的竖井，可作为安全出口而不必设梯子间。其他竖井作为安全出口时，应该有装备完好的梯子间。

每个采区（盘区、矿块），均应该有两个便于行人的安全出口。

### 2.6.1.5 自救器

自救器是防止事故发生时有毒有害气体经过呼吸道进入人体的个体防护用品，可以在一定时间内为进行自救的矿工提供清洁的空气。按其作用原理，自救器可以分为过滤式（净化式）自救器和隔绝式（供气式）自救器两种。

A　过滤式自救器

过滤式自救器是利用药剂的净化作用使空气中有毒有害气体浓度下降到工业卫生标准，供人呼吸。

图 2 - 31 为 AZL - 60 型的过滤式一氧化碳自救器的结构示意图。含有 CO 的空气经吸气孔进入干燥剂层 8 被脱去水分后，进入接触氧化剂层 7，空气中的 CO 被接触氧化剂（$CuO_2$ 和 $MnO_2$ 的混合物）氧化为 $CO_2$，并被吸附于接触氧化剂表面。除去了 CO 的空气再经过过滤层滤掉烟尘后，由进气阀 4 进入软管 3，经口具 1 被吸入人的呼吸器官。呼出气体经呼吸阀 2 排出。

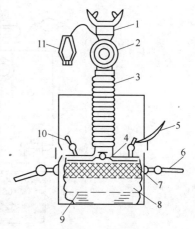

图 2 - 31  过滤式自救器
1—口具；2—呼吸阀；3—软管；
4—进气阀；5—腰带；6—背带；
7—接触氧化剂；8—干燥剂层；
9—弹簧；10—颈带；11—鼻夹

这种自救器可用于发生矿山火灾或瓦斯爆炸时过滤空气中的一氧化碳，其安全使用时间为 60min。自救器适用于氧含量不低于 18%，一氧化碳含量不超过 1.5% 的场合。当空气中氧含量低于 18%，有毒有害气体浓度高时，应该使用隔绝式自救器。

硫化矿山发生火灾或矿尘爆炸时产生的气体中，或炸药爆炸产生的炮烟中，含有一氧化碳、氮氧化物、二氧化硫、硫化氢等多种有毒气体。这种情况下应该使用能够吸收多种有毒气体的过滤式自救器。这种自救器与一氧化碳自救器的区别在于使用的药剂不同。

应该每隔半月至一个月检查一下自救器的气密性；禁止使用漏气的自救器。使用前，应该弄清有毒气体的种类和浓度，检查自救器的药剂是否已经超过了有效期。

佩带使用时必须先将自救器的进气口打开，使呼吸通畅，防止窒息。使用中嗅到异样气味、发现重量增加时，应该考虑自救器是否失效。

B  隔绝式自救器

隔绝式自救器是使佩带者的呼吸系统与外界空气隔离开来，由自救器供氧维持人员呼吸的。自救器中的氧气是利用 $NaO_2$ 或其他碱金属过氧化物，与人员呼出的 $CO_2$ 和水汽发生化学反应生成的。

图 2 - 32 是 AZH - 40 型隔绝式自救器的结构示意图。佩带者呼出的气体经口具、口水降温盒、呼吸软管、进入装有碱金属过氧化物的生氧罐发生化学反应生成氧气，进入气囊。吸气时，气囊中的气体再经过生氧罐、呼吸软管、口水降温盒、口具被人体吸入。气囊中气体过多时，排气阀自动开启，排出一部分呼出气体，保证气囊中正常的工作压力和调节氧气的生成速度，延长使用时间。

自救器的快速启动装置用于解决刚使用时生氧速度慢、氧气量不足的问题。

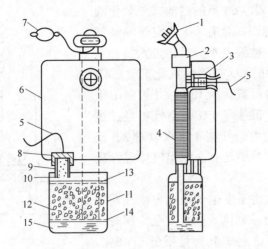

图 2 – 32   隔绝式自救器

1—口具；2—口水降温盒；3—排气阀；4—呼吸软管；5—尼龙绳；6—气囊；
7—鼻夹；8—启动装置；9—哑铃形硫酸瓶；10—启动药块；11—生氧罐；
12—生气剂；13—上部格网；14—下部格网；15—弹簧

快速启动装置中有哑铃形硫酸瓶和启动药块；尼龙绳的一端系在硫酸瓶上，另一端系在外壳盖上。佩带时打开外壳盖，尼龙绳将硫酸瓶拉破，硫酸与启动药块反应生成大量氧气，供人开始呼吸之用。这种隔绝式自救器在中等体力劳动强度下，有效使用时间为 40min；在静坐时使用时间可达 2.5 ~ 3.0h。

佩带这种自救器撤离时，行走速度不宜太快，呼吸要均匀。行进途中绝对禁止取下鼻夹和口具。

## 2.6.2  矿山现场救护组织和装备

### 2.6.2.1  矿山救护队及其工作

为了及时有效地处理和消灭矿山事故，减少人员伤亡和财产损失，《金属非金属矿山安全规程》规定，矿山企业应该建立由专职或兼职人员组成的事故应急救援组织，配备必要的应急救援器材和设备。生产规模较小不必建立事故应急救援组织的，应该指定兼职的应急救援人员，并与邻近的事故应急救援组织签订救援协议。

矿山救护队是专职的事故应急救援组织。矿山救护队按大队、中队、小队三级编制，其人数视具体情况确定。一般地，小队由 5 ~ 8 人组成，由 3 ~ 6 个小队编成一个中队，由几个中队组成该矿区的救护大队。矿山救护队应能够独立处理矿区内的任何事故。

为了保证迅速投入应急救援工作，救护队应该经常处于戒备状态。分别以小队为单位轮流担任值班队、待机队和休息队。值班队应该时刻处于临战状态，保证在接到求救电话1min内集合完毕，上车出发。待机队平时进行学习和训练，值班队出发后，待机队转为值班队。

救护队到达事故现场后，由队长向现场指挥员报到，并了解事故发生地点、规模、遇难人员所在位置等情况。当事故情况不明时，救护队的首要任务是侦察。通过侦察弄清事故发生地点、性质和波及范围，查清被困人员所在位置并设法救出他们，选定井下救护基地和安全岗哨地点等。

进行复杂事故或远距离侦察时，应该由几个小队联合进行，各小队相隔一定时间陆续出发，以保证侦察工作安全。在有窒息或中毒危险区域侦察时，每小队不得少于5人；在空气新鲜的地区侦察时，不得少于2人。应该认真计算侦察的进程和回程的氧气消耗量，防止呼吸器中途失效。根据侦察结果，救护队应该立即拟订处理事故方案，并按此方案制订出行动计划。

### 2.6.2.2 事故发生时的救护行动原则

事故发生后，救护队的主要任务是：抢救罹难人员，使他们脱离危险；采取措施局限事故波及范围；彻底消灭事故，恢复生产。

井下发生水灾时，救护队要搭救被围困人员，引导下部中段人员沿上行井巷撤至地面；保护水泵房，防止矿井被淹；恢复矿内通风。

发生矿内火灾时，救护队要首先组织井下人员撤离矿井；控制风流防止火灾蔓延；如果火灾威胁井下炸药库时，要尽快将爆破器材转移；井底车场硐室（变电所、充电硐室等）着火时，如果用直接灭火法不能扑灭时，应关闭硐室防火门，设置水幕，停止供电，防止火灾扩大。扑灭火灾时，要首先采用直接灭火法，在采用直接灭火法无效时，再采用封闭灭火法或联合灭火法。

发生炮烟中毒事故时，救护队首先必须阻止无呼吸器的人员进入危险区域，并立即携带自救器奔向出事地区，给遇难人员戴上自救器将其救出。将中毒人员迅速抬到新鲜风流处，施行人工呼吸或用苏生器抢救。同时，应该抓紧恢复炮烟区的通风。事故区的所有人口要设安全岗哨，不允许无呼吸器人员进入，直到经通风后空气中有毒气体含量符合工业卫生标准为止。

### 2.6.2.3 矿山救护的主要设备

矿山救护队的主要设备有供救护队员在有毒有害气体中救灾时佩带的氧气呼吸器、对受难人员施行人工呼吸进行急救的自动苏生器，以及为它们的小氧气瓶充氧的氧气充填泵、检查氧气呼吸器性能的氧气检测仪等。

#### A 氧气呼吸器

氧气呼吸器是救护队员在有毒有害气体环境中救灾时佩带的个体防护器具。其工作原理是：由人体肺部呼出的二氧化碳气体，周而复始地被呼吸器中清洁罐中的吸收剂吸收，再定量地补充氧气供人体吸入。

我国矿山救护队使用的氧气呼吸器有负压氧气呼吸器和正压氧气呼吸器两类。

负压氧气呼吸器主要为 AHG – 2 型、AHG – 3 型和 AHG – 4 型，各种型号的区别在于有效使用时间不同，分别为 2h、3h 和 4h。

正压氧气呼吸器是目前最先进的氧气呼吸器，这是一种在呼吸全过程中始终保证面罩内压力大于外界大气压力的氧气呼吸器。由于吸气时面罩内压力高于外界大气压力，有毒有害气体就无法进入，从而提高了氧气呼吸器的防护能力，并且具有呼吸阻力小的优点。

目前我国矿山救护队使用的正压氧气呼吸器有国产的 PB4 型和 KF – 1 型，德国的 BG4 型，美国的 Biopak240 型等。

B  自动苏生器

自动苏生器是在救灾过程中对受难人员施行人工呼吸进行急救的设备。它适用于抢救因中毒窒息、胸部外伤造成的呼吸困难或触电、溺水等造成的失去知觉处于假死状态的人员。图 2 – 33 为我国矿山救护队使用的 ASZ 型自动苏生器的工作原理示意图。

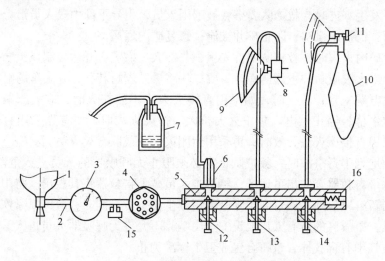

图 2 – 33  自动苏生器工作原理示意图

1—氧气瓶；2—氧气管；3—压力表；4—减压器；5—配气阀；6—引射器；7—吸气瓶；8—自动肺；9—面罩；10—贮气囊；11—呼吸阀；12, 13, 14—开关；15—逆止阀；16—安全阀

氧气瓶中的高压氧气（压力 19.6MPa）经氧气管、压力表、减压器，压力降至 0.49MPa 以下，然后进入配气阀。配气阀上有 3 个气路开关。开关通过引射器与吸引导管相连，其功用是在开始苏生前借引射器造成的负压，将受难者口中的泥土、黏液等污物抽到吸气瓶中。中间的开关与自动肺连通。自动肺通过其中的引射器喷出氧气来吸入外界空气，二者混合后经面罩压入伤员肺中。然后，引射

器又自动操纵阀门，将肺部气体抽出，自动地进行人工呼吸。开关与带储气囊的面罩相连接，用于受难者恢复自主呼吸能力后的供氧。人员呼出的气体经储气囊上的呼气阀排出。

此种设备体积小、重量轻、操作简便、性能可靠、携带方便，适于矿山救护队在井下使用。

### 2.6.3 井下现场急救

矿山事故造成的伤害，其发生都比较急骤，所以必须当机立断地进行现场急救。现场急救，并且往往是严重伤害，危及人员的生命安全，是在事故现场对遭受矿山事故意外伤害的人员所进行的应急救治。其目的是控制伤害程度，减轻人员痛苦；防止伤势迅速恶化，然后，将其安全地护送到医院检查和治疗。

伤害一旦发生，应该立即根据伤害的种类、严重程度，采取恰当措施进行现场急救。特别是当伤员出现心跳、呼吸停止时，要及时进行心肺复苏；同时在转送医院途中，对有生命危险者要坚持进行人工呼吸，密切注意伤员的神志、瞳孔、呼吸、脉搏及血压情况。总之，现场急救措施要及时而稳妥、正确而迅速。

#### 2.6.3.1 气体中毒及窒息的急救

矿山火灾，老窿积水涌出，炸药燃烧、爆炸等都会使大量有毒有害气体弥漫井巷空间，使人员中毒、窒息。对气体中毒、窒息人员的急救措施如下：

（1）立即将伤员移至空气新鲜的地方，松开领扣、紧身衣服和腰带，使其呼吸通畅；同时要注意保暖。

（2）迅速清除伤员口鼻中的黏液、血块、泥土等，以便输氧或人工呼吸。

（3）根据伤员中毒、窒息症状，给伤员输氧或施行人工呼吸。当确认是一氧化碳、硫化氢中毒时，输氧时可加入5%的二氧化碳，以刺激呼吸中枢，增加伤员呼吸能力。但是，在二氧化硫或二氧化氮中毒的场合，输氧时不要加二氧化碳，以免加剧肺水肿，也不能进行对患者肺部有刺激的人工呼吸。

（4）当伤员出现脉搏微弱、血压下降等症状时，可注射强心、升血压药物，待伤势稍稳定后，再迅速送往医院抢救。

#### 2.6.3.2 机械性外伤的急救

机械性外伤是由于外界机械能作用于人体，造成人体组织或器官损伤、破坏，并引起局部或全身反应的伤害。机械性外伤是常见的矿山事故伤害。对于严重机械性外伤，可以采取如下现场急救措施：

（1）迅速、小心地将伤员转移到安全地方，脱离伤害源。

（2）使伤员呼吸道畅通。

（3）检查伤员全身状况。如果伤员发生休克，则应该首先处理休克。机械性外伤引起的休克称作创伤性休克，是伤员早期死亡的重要原因之一。当伤员呼吸、心跳停止时，应该立即进行人工呼吸，胸外心脏按压。当伤员外出血时，应该迅速包扎，压迫止血，使伤员保持头低脚高的卧位，并注意保暖。当伤员骨折时，可以就地取材，利用木板等将骨折处上下关节固定；在无材料可利用的情况下，上肢可固定在身侧，下肢与健康侧肢体缚在一起。

（4）现场止痛。伤员剧烈疼痛时，应该给予止痛剂和镇痛剂。

（5）对伤口进行处理。用消毒纱布或清洁布等覆盖伤口，防止感染。

（6）将内出血者尽快送往医院抢救。

（7）在将伤员转送医院途中，要尽量减少颠簸，密切注意伤员的呼吸、脉搏、血压及伤口情况。

### 2.6.3.3 触电急救

人员触电后不一定会立即死亡，往往呈现"假死"状态，如果及时进行现场急救，则可能使"假死"的人获救。根据经验，触电后1min内开始急救，成功率可达90%；触电12min后开始抢救，则成功的可能性很小。因此，触电急救应该尽可能迅速、就地进行。当触电者不能自行摆脱电源时，应该迅速使其脱离电源。然后迅速对其伤害情况作出简单诊断，根据伤势对症救治。

（1）触电者神志清醒，有乏力、头昏、心慌、出冷汗、呕吐等症状时，应该让其安静休息，并注意观察。

（2）触电者无知觉、无呼吸但心脏跳动时，应该进行口对口的人工呼吸。

（3）触电者处于心跳和呼吸均停止的"假死"状态，应该反复进行人工呼吸和心脏按压。当心跳和呼吸逐渐恢复正常时，可暂停数秒观察，若不能维持正常心跳和呼吸，必须继续抢救。

触电急救过程中不要轻易使用强心剂。在运送医院途中抢救工作不能停止。

### 2.6.3.4 烧伤急救

矿山火灾时人员可能被烧伤。烧伤的现场急救措施如下：

（1）尽快将伤员撤出高温区域。

（2）检查伤员有无合并损伤，如脑颅损伤、腹腔内脏损伤和呼吸道烧伤，以及气体中毒等。伴有休克者应该就地抢救。

（3）对呼吸道烧伤、头面部或颈部烧伤者应该观察其呼吸情况。在发生窒息时可用针头扎或切开气管，以保持呼吸畅通。

（4）保护创面防止污染。烧伤创面一般不做处理。现场检查和搬运伤员时，尽量避免弄破水泡。可以用清洁布或干净衣服将创面包裹起来。

（5）迅速送往医院治疗。

### 2.6.3.5 溺水急救

溺水时，伤员的腹腔和肺部灌入大量的水，出现呼吸困难、窒息等症状，如不及时抢救可能因缺氧或循环衰竭而死亡。

（1）将被淹溺者从水中救出，抬到空气新鲜、温暖的地方，脱去湿衣服，注意保温。

（2）倾倒出伤员体内积水。当伤员呼吸停止时应该施行口对口人工呼吸；当伤员心跳停止时，应该进行胸外心脏按压和人工呼吸。

（3）防止发生肺炎。

（4）迅速送往医院治疗。

### 2.6.4　矿山事故应急预案

#### 2.6.4.1　事故应急救援概述

矿山事故一旦发生往往情况非常紧急，如果不及时采取应对措施则可能造成人员伤亡、财产损失或环境污染。事故应急救援通过及时采取有效的应急行动，避免、减少事故损失。

A　事故应急救援的基本任务

矿山事故发生后应急救援的基本任务包括以下几个方面：

（1）立即组织营救受害人员，组织撤离或者采取其他措施保护危害区域内的其他人员。抢救受害人员是事故应急救援的首要任务，在应急救援行动中，快速、有序、有效地实施现场急救与安全转送伤员是降低伤亡率、减少事故损失的关键。有些矿山事故，如火灾、透水等灾害性事故，发生突然、扩散迅速、涉及范围广、危害大，应该及时指导和组织人员自救、互救，迅速撤离危险区或可能受到危害的区域。事故可能影响到企业周围居民的场合，要积极组织群众的疏散、避难。

（2）迅速控制事态，防止事故扩大或引起"二次事故"，并对事故发展状况、造成的影响进行检测、监测，确定危险区域的范围、危险性质及危险程度。控制事态不仅可以避免、减少事故损失，而且可以为后续的事故救援提供安全保障。

（3）消除事故后果，做好恢复工作。清理事故现场，修复受事故影响的井巷、构筑物，恢复基本设施，将其恢复至正常状态。

（4）查明事故原因，评估危害程度。事故发生后应及时调查事故发生的原因和事故性质，查明事故的影响范围，人员伤亡、财产损失和环境污染情况，评估危害程度。

B　矿山事故应急救援的特点

矿山事故，特别是灾害性事故，往往具有发生突然、传播迅速、影响范围广、地下矿山通达地表的出入口数目有限、现场应急救援资源有限、应急救援人员和设备进入困难、矿内人员疏散困难等特点，因而应急行动必须迅速、正确和有效。迅速，就要求建立快速应急响应机制，能迅速准确地传递事故信息，迅速地调集所需的应急力量和设备、物资等资源，开展应急工作；正确，就要求建立科学应急决策机制，能基于事故的性质、特点、规模，现场状况等信息，预测事故的发展趋势，正确地开展应急救援行动；有效，就要求有充分的应急准备，包括预案的制订、落实，应急救援队伍的建设与训练，应急救援设备（设施）、物资的配备与维护，以及有效的外部增援机制等。

C   事故应急救援体系

金属非金属矿山企业在事故应急救援工作中，在预防为主的前提下，贯彻统一指挥、分级负责、区域为主、单位自救和社会救援结合的原则。

我国已经建立了国家、省、市级的事故应急救援体系，成立了国家、省、市的安全生产应急救援指挥中心，在重、特大事故发生时可以充分调动社会应急资源开展应急救援工作。矿山企业也必须根据企业的具体情况建立事故应急救援体系。

事故应急救援体系主要包括事故应急救援组织，如应急救援指挥机构、应急救援队伍和技术专家组等，以及应急救援保障，如应急救援装备、物资、通讯等。

应急救援指挥中心或应急救援指挥部是事故应急救援的最高决策、指挥机构，应该由企业最高领导人牵头。一般下设3个组，即综合协调组、救援组和后勤保障组，指挥整个事故应急救援工作，调动、协调各种应急资源，包括与外界的沟通、协调。应急救援办公室作为应急救援指挥中心的常设机构，负责平时的应急准备，事故发生时接受报告、报送信息和组织应急状态下各部门的沟通协调。

应急救援队伍由专业应急救援队伍，如矿山救护队、医疗队等，以及兼职应急救援队伍组成。应急救援保障包括各种应急装备和物资的储备与供给，如应急抢险装备、工具、物资，应急救护装备、物资、药品，应急通讯装备，后勤保障装备、物资等。

矿山企业应该根据企业的具体情况确定应急救援体制，如公司级、矿山级和坑口级构成的三级应急救援体制等，以分别对应不同级别的事故应急响应。

矿山企业的事故应急救援以企业为主，充分调动企业内部应急力量，同时矿山企业的事故应急救援体系也是当地区域事故应急救援体系的一部分，因此要与区域的事故应急救援体系相配合，必要时争取外部的应急支援。

D   事故应急响应

事故应急救援体系应该根据事故的性质、严重程度、事态发展趋势做出不同级别的响应。相应地，针对不同的响应级别明确事故的通报范围，启动哪一级应急救援，应急救援力量的出动和设备、物资的调集规模，周围群众疏散的范围等。应急响应级别应该与应急救援体制的级别相对应，如三级应急响应对应三级应急救援体制。

事故应急响应的主要内容包括信息报告和处理、应急启动、应急救援行动、应急恢复和应急结束等。

（1）信息报告和处理。矿山企业发生事故后，现场人员要立即开展自救和互救，并立即报告本单位负责人。矿山企业负责人接到事故报告后，应该按照工作程序，对情况做出判断，初步确定相应的响应级别，并按照国家有关规定立即如实报告当地人民政府和有关部门。如果事故不足以启动应急救援体系的最低响应级别，则响应关闭。

（2）应急启动。应急响应级别确定后，按所确定的响应级别启动应急程序，如通知应急中心有关人员到位、开通信息与通讯网络、通知调配救援所需的应急资源（包括应急队伍和物资、装备等）、成立现场指挥部等。

（3）应急救援行动。有关应急队伍进入事故现场后，迅速开展事故侦测、警戒、疏散、人员救助、工程抢险等有关应急救援工作。专家组为救援决策提供建议和技术支持。当事态超出响应级别，无法得到有效控制，向应急中心请求实施更高级别的应急响应。

（4）应急恢复。应急救援行动结束后，进入临时应急恢复阶段。包括现场清理、人员清点和撤离、警戒解除、善后处理和事故调查等。

（5）应急结束。执行应急关闭程序，由事故总指挥宣布应急结束。

### 2.6.4.2 事故应急预案

矿山事故应急救援是避免或减少事故损失的重要措施。由于矿山生产系统中不可避免地存在着危险源，就必然存在着事故发生的可能性。矿山事故发生时往往形势非常紧迫，必须分秒必争；在危险当前的情况下人员往往由于心理紧张而容易发生失误。事故发生之前做好应急预案，就能有备无患、未雨绸缪，一旦事故发生时就可以从容应对。事故应急救援预案简称事故应急预案，又称事故应急计划。

事故应急预案是针对可能发生的矿山事故，特别是灾害性事故所需的应急准备和应急响应行动而制订的指导性文件。金属非金属矿山企业的事故应急预案包括综合应急预案、专项应急预案和现场处置方案。

综合应急预案。规定矿山企业应急组织机构和职责、应急响应原则、应急管理程序等内容。由企业组织制订，经企业总经理批准后发布实施，并报当地安全生产监督管理局及有关部门备案。

专项应急预案。根据矿山企业安全生产特点，为应对某一类或某几类事故，如矿内火灾事故、透水事故、尾矿坝溃坝事故、冒顶片帮事故、炮烟中毒事故等，制订的应急预案。

现场处置方案。针对某一具体装置、场所或设施、生产岗位存在的危险源，制订的应急处置措施方案。现场处置方案由企业基层负责人签发，并报公司备案。

A  应急预案的基础工作

为了使事故应急预案在事故发生时为应急救援决策提供支持，应急预案必须有针对性和可操作性。为此，编制应急预案的基础工作非常重要。

(1) 确定应急对象和目标。通过系统的危险源辨识和评价，预测可能发生的事故类型和可能的事故后果，把其中后果严重的事故类型作为应急对象，把可能导致此类事故的危险源作为应急预案的防护目标。

详细分析研究作为制订应急预案防护目标的危险源及其控制措施的状况，造成危险源失控的不安全因素，事故征兆及其识别，事故的发生、发展和影响，以及可能采取的应急措施等。

(2) 应急资源分析。应急资源包括应急救援中可用的人员、设备、设施、物资、经费保障、医疗机构和其他资源。通过应急资源分析弄清本单位应急资源储备状况，是否能够满足应急救援需求，同时也弄清企业外部可利用资源情况。

B  综合应急预案的内容

矿山企业综合应急预案的主要内容包括总则、危险性分析、组织机构及职责、预防与预警、应急响应、信息发布、后期处理、保障措施、培训与演练、奖惩以及附则11个方面的内容。

(1) 总则。阐明编制目的、编制依据、适用范围、应急预案体系、应急工作原则等内容。

(2) 危险性分析。介绍企业概况，如企业地址、职工人数、隶属关系、生产使用的主要原材料、主要产品、产量等，以及周边重大危险源、重要设施、目标、场所和布局情况等。必要时可以附平面图说明。在企业概况介绍的基础上，阐述企业生产过程中存在的或可能出现的危险源及其危险性分析的结果。

(3) 组织机构及职责。明确应急组织体系和应急指挥机构及其职责。明确应急组织形式、构成单位及人员，并尽可能以结构图的形式表示出来。明确应急指挥机构组成及成员，如总指挥、副总指挥、应急救援小组组长等，以及他们的职责。

(4) 预防与预警。明确危险源监控的方式、方法，以及采取的防范措施。明确预警的条件、方式、方法和信息发布程序。明确事故及未遂事故信息报告和处置方法。

(5) 应急响应。明确应急响应分级、响应程序和应急终止的条件。

(6) 信息发布。明确事故信息发布的部门、发布原则。

（7）后期处理。包括处理事故现场及波及区域、消除事故影响、恢复生产秩序，以及评估应急抢险过程、应急能力，修订应急预案等。

（8）保障措施。明确通信与信息保障、应急队伍保障、应急物质装备保障、经费保障和其他保障措施。

（9）培训与演练。明确对职工开展应急培训的计划、方式和要求，涉及周围居民时要做好宣传教育和告知工作。

（10）奖惩。明确事故应急工作中奖励和处罚的条件和内容。

（11）附则。解释应急预案中涉及的术语和定义，明确应急预案报备的部门、预案维护和更新的基本要求、负责制订和解释应急预案的部门以及应急预案实施的具体时间。

C　专项应急预案的内容

矿山企业专项应急预案的主要内容包括事故类型和危害程度分析、应急处置基本原则、组织机构及职责、预防与预警、信息报告程序、应急处置以及应急物资与装备保障 7 个方面的内容。

（1）事故类型和危害程度分析。在危险源辨识、评价的基础上，确定可能发生的事故类型及其对人员、财物、环境的危害及后果严重程度。

（2）应急处置基本原则。阐述处置相应类型事故时应该遵循的基本原则。

（3）组织机构及职责。明确应急组织体系、应急指挥机构及其职责。

（4）预防与预警。明确危险源监控的方式、方法，以及采取的防范措施。明确预警的条件、方式、方法和信息发布程序。明确事故及未遂事故信息报告和处置方法。

（5）信息报告程序。确定报警系统及程序，现场报警方式（如电话、报警器等），24h 与相关部门的通讯联络方式，相互认可的通告、报警形式和内容，应急人员向外求救的方式等。

（6）应急处置。明确应急响应分级、响应程序和应急处置措施。针对可能发生的事故类型的特点、危险性，确定相应的应急处置措施。

（7）应急物资与装备保障。明确相应类型事故应急处置所需物资与装备的数量、管理与维护、使用方法等。

D　现场处置方案

现场处置方案的主要内容包括事故特征、应急组织与职责、应急处置、注意事项和附件等内容。

（1）事故特征。根据危险性分析确定可能发生的事故类型，事故发生的区域、地点或装置的名称，可能发生事故的时间和造成的危害，事故征兆或检测手段等。

（2）应急组织与职责。明确基层单位应急组织机构、人员构成及其职责，相关岗位人员的应急职责等。

　　（3）应急处置。根据可能发生的事故类型和现场情况，明确事故报警、启动应急处置程序。明确报警电话和上级部门、相关应急单位联络方式和联系人员，明确报告事故的基本要求和内容。充分考虑现场实际情况，确定应急处置措施。

　　（4）注意事项。现场应急行动中需要注意的事项，如佩戴个人防护用具、使用抢险救援器材、现场自救和互救、采取抢险救援对策和措施等方面和应急结束后的注意事项等。

　　（5）附件。附件的主要内容包括有关应急机构、部门或人员的多种联系方式，重要应急物资、装备的名称、型号、存放地点和联系电话，信息接收、处理上报等规范化文本，直接与本预案相关的或衔接的应急预案，与相关应急救援部门签订的应急支援协议或备忘录，以及相关的图表和图纸，如报警系统分布及覆盖范围、重要防护目标的一览表、分布图，应急指挥中心位置及救援力量分布、救援队伍行动路线、安全撤离路线、重要防灾设施位置等图纸。

## 2.7　安全避险"六大系统"建设

### 2.7.1　监测监控系统

　　地下矿山企业应建立采掘工作面安全监测监控系统，实现对采掘工作面一氧化碳等有毒有害气体浓度以及主要工作地点的风速动态监控。

　　独头巷道、采场入口、天井掘进都必须安装一氧化碳传感器，其报警浓度设定为 0.0024%，并做到维护方便和不影响行人行车。

　　各采掘工作面、主通风机房都应设置风速传感器，主通风机房还要设置风压传感器，实现对全矿总风量的动态监测。

　　开采高硫等有自燃发火危险地下矿山，还应在采掘工作面设置温度、硫化氢、二氧化硫等有毒有害气体传感器。

　　存在大面积采空区、工程地质复杂、有严重地压活动的地下矿山，应于 2012 年底前建立完善地压监测系统。

　　地下矿山应建立完善提升人员的提升系统视频监控系统。

### 2.7.2　井下人员定位系统

　　大中型地下矿山企业应建设完善的井下人员定位系统，其他地下矿山企业应于 2013 年 6 月底前建设完善井下人员定位系统。当班作业人员少于 30 人的，应建立人员出入井信息管理系统。

　　定位系统应具备监控井下各个作业区域人员动态分布及变化情况的功能。人员出入井信息管理系统应保证能准确掌握井下各个区域作业人员的数量。

### 2.7.3　紧急避险系统

地下矿山企业应在每个中段至少设置一个避灾硐室或救生舱。独头巷道应每500 米设置一个避灾硐室或救生舱。

避灾硐室应能有效防止有毒有害气体和井下涌水进入，并配备满足当班作业人员 1 周所需要的饮水、食品，配备自救器、有毒有害气体检测仪器、急救药品和照明设备，以及直通地面调度室的电话，安装供风、供水管路并设置阀门。

### 2.7.4　压风自救系统

地下矿山企业应在按设计要求建立压风系统的基础上，按照为采掘作业的地点在灾变期间能够提供压风供气的要求，建立完善压风自救系统。

空压机应安装在地面。采用移动式空压机的矿山，要在地面安装用于灾变时的空气压缩机，并建立压风供气系统。井下压风管路采用钢管材料。各作业地点及避灾硐室（场所）处应设置供气阀门。

### 2.7.5　供水施救系统

地下矿山企业应在现有生产和消防供水系统的基础上，按照采掘作业地点及灾变时人员集中场所能够提供水源的要求，建立完善供水施救系统，井下供水管路采用钢管材料。各作业地点及避灾硐室（场所）处应设置供水阀门。

### 2.7.6　井下通信联络系统

地下矿山企业应按照《金属非金属矿山安全规程》的有关规定，以及在灾变期间能够及时通知人员撤离和实现与避险人员通话的要求，建立完善井下通信联络系统。

## 2.8　地下矿山职业安全卫生管理

### 2.8.1　地下矿山职业安全卫生管理体系

职业安全健康问题越来越受到人们的重视，人们逐渐认识到防止事故必须从加强管理入手，而加强管理必须建立并完善管理体系。许多国家相继制定、颁布了自己的职业安全健康管理体系标准，开展职业安全健康管理体系认证工作。

1999 年 10 月国家经贸委颁布了《职业安全卫生管理体系认证标准（试行）》，要求企业建立符合该标准要求的现代职业安全卫生管理体系，并开始试行职业安全卫生管理体系认证工作。2001 年 12 月国家经贸委颁布了《职业安全健康管理体系指导意见》和《职业安全健康管理体系审核规范》。同年，国家标准 GB/T 28001—2001《职业健康安全管理体系规范》颁布。

现代职业安全健康管理体系包含许多新的安全管理理念，充分体现了系统安全的思想，并使经过实践证明行之有效的现代安全管理方法更加系统化。

当前矿山企业中推广的安全目标管理、安全管理模式、职业安全健康管理体系和安全文化建设等都是现代安全管理的成功实践。

各矿山企业必须认真贯彻执行国家有关工业卫生及劳动保护的方针政策、法律法规和标准，不断改善职工劳动条件，减少职业危害。

（1）对有毒、有害作业环境进行分级定点监控，对尘毒、噪声、射线等超标准作业环境加强治理，使其达到国家标准。

（2）产生尘毒的设备、设施，要采取密闭除尘净化措施，使有害物质达标排放。

（3）作业环境超标的噪声、振动，要采取消声、隔声、防震及个人防护措施。

（4）在放射性环境中作业，要采取剂量控制、个人防护及消除放射性残留物质污染等措施。

（5）在生产工艺中尽量采用低毒、无毒、无害的新工艺、新设备，逐步淘汰有毒、有害及高毒害的设备和工艺，不断改善职工的工作环境，保障职工身心健康。

（6）各有关单位对有毒、有害作业场所要进行定期监测工作；对从事有毒、有害作业和特种作业人员进行就业前以及定期的职业健康检查，对职业中毒和职业病患者进行调查、建档和诊治康复等工作；做好女工的特殊劳动保护工作。

（7）作业场所要保持清洁卫生，并设置防潮、防寒、防热辐射、消毒及卫生辅助设施。

（8）按国家有关规定和标准为上岗人员配备劳动防护用品、防暑降温物品。对从事有毒、有害作业人员，还应按规定发放保健食品或保健费。

### 2.8.2 地下矿山职业安全管理体系的要素

职业安全健康管理体系的基本思想是实现职业安全健康管理体系持续改进，通过周而复始地进行"计划、实施、监测、评审"活动，使企业安全健康管理体系功能不断加强。它要求组织在实施职业安全健康管理体系时，始终保持持续改进意识，对体系进行不断修正和完善，最终实现预防和控制工伤事故、职业病和其他损失的目标。它主要包括职业安全健康方针、计划、实施与运行、检查与纠正措施和管理评审等要素如图 2-34 所示。

#### 2.8.2.1 职业安全健康方针

企业应该有一个经最高管理者批准的职业安全健康方针，以阐明整体职业安全健康目标和改进职业安全健康绩效的承诺。职业安全健康方针应该适合企业职业安全健康特点、危险性质和规模，包括对持续改进的承诺、对遵守国家有关职业安全健康法律、法规和其他要求的承诺，要形成文件并传达到全体员工，使每个人都了解其在职业安全健康方面的责任。

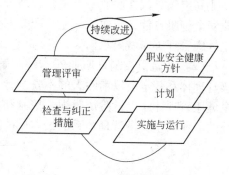

图 2 - 34 职业安全健康管理体系

#### 2.8.2.2 计划

企业要制订和实施危险源辨识、评价和控制计划；制订遵守职业安全健康法律和法规的计划；制订职业安全健康管理目标，逐级分解并形成文件；制订实现职业安全健康目标的管理方案，明确各层次的职业安全健康职责和权限、实施方法和时间安排等。

#### 2.8.2.3 实施与运行

企业要建立和健全职业安全健康管理机构，落实各岗位人员的职责和权利；教育、培训人员，提高职业安全健康意识与能力；建立信息流通网络，促进职业安全健康信息的交流；形成、发布、更新、撤回书面或电子形式的文件。

利用工程技术和管理手段进行危险源辨识、评价和控制；制订应急预案，在事故或紧急情况下迅速做出应急响应。

#### 2.8.2.4 检查与纠正措施

企业对职业安全健康绩效进行监测和测量；调查、处理异常和事故，采取纠正和预防措施；标识、保存和处置职业安全健康记录，审核和评审结果；定期审核职业安全健康管理体系。

#### 2.8.2.5 管理评审

企业最高管理者应该定期对职业安全健康管理体系进行评审，以确保体系的持续实用性。根据评审的结果、不断变化的客观环境和对持续改进的承诺，提出需要修改的方针、目标以及职业安全健康管理体系的其他要素。

### 2.8.3 地下矿山职业安全健康管理体系的特征

职业安全健康管理体系是系统化、结构化、程序化的管理体系，遵循 PDCA 管理模式并以文件支持的管理制度和管理方法。

（1）企业高层领导人必须承诺不断加强和改善职业安全健康管理工作。企业高层领导人在事故预防中起着关键性的作用，现代职业安全健康管理体系强调企业高层领导人在职业安全健康管理方面的责任。要求企业的最高领导人制订职业安全健康方针，对建立和完善职业安全健康管理体系、不断加强和改善职业安全健康管理工作做出承诺。

（2）危险源控制是职业安全健康管理体系的管理核心。传统的职业安全健康管理体系基本上以消除人的不安全行为和物的不安全状态为中心。现代职业安全健康管理体系以危险源辨识、控制和评价为核心，如图 2-35 所示，这是与传统的职业安全健康管理体系的最本质的区别。

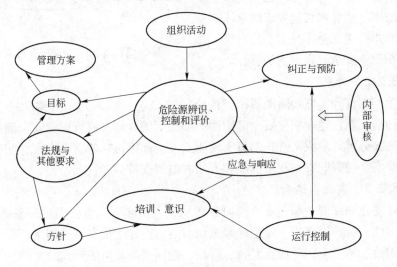

图 2-35 职业安全健康管理体系的核心

（3）职业安全健康管理体系具有监控作用。职业安全健康管理体系具有比较严密的三级监控机制，即绩效测量、审核和管理评审，充分发挥自我调节、自我完善的功能，为体系的运行提供了有力的保障。

（4）职业安全健康管理体系"以人为本"。职业安全健康管理体系注重以人为本，充分利用管理手段调动和发挥人员的安全生产积极性。这主要表现在：

1）机构和职责是职业安全健康管理体系的组织保证。

2）职业安全健康工作需要全体人员的参与。

3）协商与交流是职业安全健康管理体系的重要因素。

（5）文件化。职业安全健康管理体系注重管理的文件化。文件是针对企业生产、产品或服务的特点、规模、人员素质等情况编写的管理制度和管理办法文本，是开展职业安全健康管理工作的依据。

### 2.8.4 地下矿山职业病防治措施

职业病是指企业、事业单位和个体经济组织的劳动者在职业活动中，因接触粉尘、放射性物质和其他有毒、有害物质等因素而引起的疾病。

由于凿岩爆破、气候、有毒有害物质等的存在，井下作业环境对长期从事井下作业人员的身体伤害，严重影响了作业人员的身体健康，因此必须对造成矿井环境危害人类健康的因素加以防治，采取必要的措施。

### 2.8.4.1 粉尘

A 来源及危害

粉尘是地下矿生产中主要的有害因素，现代矿井掘进工作面大都实施机械化掘进，在掘进、装岩、清理、运输及支护等过程中，均能产生大量含硅量较高的粉尘；进行凿岩时，也产生大量粉尘。在采场、掘进工作面、装矿、运矿的过程中均可产生粉尘，井下工人长期吸入含有大量游离二氧化硅的岩尘或混合性粉尘，可发生硅肺病、尘肺病，严重者可影响肺功能，丧失劳动能力，甚至发展为肺心病、心衰及呼吸衰竭。

B 粉尘控制

喷雾洒水、湿式作业是矿井作业防尘的主要手段，在实际操作中做到合理设计防尘洒水管网，管路敷设应达到所有采掘工作面、硐室、运输机转载点、采掘工作面回风巷和运输巷道，并确保洒水管路的压力和水量能满足整个矿井喷雾洒水防尘需求。

（1）采场防尘。合理选择采场结构参数；在采掘机械上设置喷雾防尘系统；在液压支架上设置喷雾（间架喷雾）控制阀，供移架及放矿时自动喷雾降尘；采用合理通风技术，设置最佳风速。

（2）掘进面防尘。掘进机械配备喷雾洒水、水－空气喷射器除尘装置。

（3）锚喷支护作业防尘。设置合理的锚喷工艺，采用气力自动输送、机械搅拌、湿喷机喷射等措施；设置通风排尘、喷雾洒水、水幕净化、除尘器除尘设施措施。

（4）普通掘进面防尘。采用湿式凿岩打眼、水封爆破及水炮泥、放炮后喷雾洒水、水幕净化、冲洗岩帮及装岩洒水等作业方式作业。井下风动凿岩开钻时应先开水后开风；停钻时应先关风后关水。

（5）装载运输防尘。在装载机上配置喷雾洒水装置，对转载点进行喷雾洒水。

（6）其他防尘措施。对破碎机进行喷雾洒水降尘，并对破碎机实行密闭；在运输巷每隔200m左右设置2~3道水幕降尘。

（7）地面生产防尘措施。地面洒水抑尘，地面积尘清扫，输送皮带和转运点密闭及喷雾洒水，振动筛、分级筛密闭并设置除尘器除尘。

（8）个体防护。督促工人佩戴防尘帽和防尘口罩。

### 2.8.4.2 通风及其重要性

矿井通风是防止矿井内大气污染，保护作业人员安全健康，促进矿业发展的一个重要方面。矿内常见的有毒气体有一氧化碳（CO）、二氧化氮（NO$_2$）、二氧化硫（SO$_2$）和硫化氢（H$_2$S）等。

为了保证矿山工人的身体健康，提供适宜的生产环境和条件，提高工作效率，我国矿山安全规程对井下工作地点空气的主要成分做出了具体规定。矿内空气中氧气浓度不低于20%；有人工作或可能有人到达的井巷，二氧化碳浓度不超过0.5%；总回风流中，二氧化碳浓度不超过1%；氨、一氧化碳、氧化氮、硫化氢等其他有害气体不得超过最高允许浓度。

### 2.8.4.3　噪声与振动来源及其危害

噪声与振动是地下矿山生产中很常见的有害因素，矿井内噪声主要产生于采掘机械、凿岩工具、通风局扇及运输设备；地面生产性噪声主要来源于通风机、提升绞车、输送机、振筛机、破碎机等。矿井内振动主要产生于凿岩、爆破等环节，尤以风动凿岩工具更严重。长期接触强噪声后主要引起听力下降，重者可造成职业性噪声聋；噪声对心血管系统也造成损害，局部振动危害严重时引起手臂振动病。

控制噪声及振动控制措施包括：在通风机房室内墙壁、屋面敷设吸声体；在压风机房设备进气口安装消声器，室内表面做吸声处理；对主井绞车房室内表面进行吸声处理，局部设置隔声屏；对操作人员长时间接触的其他高噪声厂房采用吸声处理的方法；临时锅炉鼓风机、引风机进出风口设消声器，基础加减震垫，采用隔声屏和墙面安装吸声结构控制噪声。

### 2.8.4.4　一氧化碳、二氧化氮、硫化氢以及放射性气体等有毒有害气体

一氧化碳、二氧化氮、硫化氢等气体主要来源于爆破时产生的炮烟，柴油机工作时产生的废气，硫化矿物的氧化，井下火灾等。氡等放射性气体来源于矿岩壁、爆下矿石、地下水等析出。

### 2.8.4.5　不良气象条件

形成原因是大多数矿井平均地温梯度为3℃/100m，在通风不良时矿井下易形成高温作业环境。气温取决于巷道中的水量，流入空气的温、湿度，以及岩层或矿体中渗出的水量。当前，为了降尘，掘进、采矿基本采取了湿式作业，井下湿度更大。

要合理加大风量；生产集中化，减少掘进工作面，减少井下散热点；在井底车场设制冷机硐室，制出的冷水经输冷管道送至各采掘工作面空冷器，冷却工作面风流。另外，在总平面布置上，需要把场前区布置在全年最大频率风向的上风侧，污染源布置在夏季主导风向的下风向，以减少污染源对场前区的影响。在生产工艺上，现代矿井多采用较先进的生产工艺（采用综采、综掘工艺），有助于减少操作工人劳动强度及直接接触有害因素的机会。

## 2.9 地下矿山常见的典型事故案例

### 2.9.1 广西合浦县恒大石膏矿"5·18"冒顶事故

2001年5月18日凌晨3时30分,广西合浦县恒大石膏矿发生重大冒顶事故,造成29人死亡,直接经济损失456万元。

#### 2.9.1.1 矿井基本情况

恒大石膏矿是由广西来宾县莆田石膏矿投资兴建但实为陈宇棠个人投资拥有的一家集体企业,位于合浦县星岛湖乡大岭头石膏矿区北段,建设规模为30万吨/年,投资3000万元,于1994年11月19日开工建设。

该矿区地质情况复杂,主要受断层和软岩以及地下含水层影响。矿区内一条大的断裂破碎带经过矿区东北部,数条次级断裂分布于矿区中部。矿层受多条断裂带切割,距上覆含水层最近距离为10m。矿层顶板为钙质泥岩,底板为砂质泥岩,均具有强烈的吸水软化特点。

矿井原计划采用竖井加斜井开拓方式,在施工井筒时需使用冷冻法穿过含水层。由于投资太大,加上石膏矿价格大跌,矿方在建成了竖井后没有继续施工斜井。因此该矿实际采用中央单一竖井两翼多水平开拓方式。水平之间采用下山联系。由于只有1个竖井,矿井未能形成正规通风系统,仅利用局扇通过风筒沿竖井将井下污风排出地面。采矿方法为前进式房柱法。发生冒顶范围为北翼采空区。该矿于1996年1月施工竖井,1997年4月建成竖井并经过单项工程验收后转入巷道施工。1998年4月该矿转入正式生产,1998~2000年分别生产石膏矿7万吨、8万吨和9万吨。该矿曾于1999年9月1日至2001年4月21日发生过4次冒顶事故,造成5人死亡。

#### 2.9.1.2 事故经过

2001年5月18日2时多,在二水平大巷打炮眼的炮工听到210下山附近有响声,3时30分又发出轰轰响声,随后有一股较大的风吹出,电灯熄灭,巷道有些晃动。炮工打电话到三水平叫信号工滕德山通知矿工撤退,但无人接电话,之后他们就撤到地面。后来滕德山自己打电话到井口后也撤出地面。地面当班领导接到通知后立即到井下了解情况。此时井下已停电,北面二水平、三水平塌方的响声不断,无法进入工作面。凌晨5时,矿方清点人员时发现,当班96名矿工中位于三水平北翼工作面的29名矿工被困,生死不明,矿方随即向合浦县有关部门作了汇报,并向钦州矿务局求援。合浦县政府有关人员和钦州矿务局救护队很快赶到现场。经过17天全力抢救,最后终因井下情况复杂,土质松散,塌方面积大,施救困难,未能救出被困人员。鉴于被困人员已无生还希望的实际情况,6月3日停止了抢救工作。

### 2.9.1.3　事故性质和原因

这是一起由于企业忽视安全生产，严重违反矿山安全规程，有关部门监督管理不到位而发生的重大责任事故。

**A　事故的直接原因**

由于主要巷道护巷矿柱明显偏小又不进行整体有效支护，加之矿房矿柱留设不规则，随着采空面积不断增加，形成局部应力集中。在围岩遇水而强度降低的情况下，首先在局部应力集中处产生冒顶，之后出现连锁反应，导致北翼采区大面积顶板冒落，通往三水平北翼作业区的所有通道垮塌、堵死。

**B　事故的间接原因**

(1) 矿主忽视安全生产，急功近利，在矿井不具备基本安全生产条件的情况下，心存侥幸，冒险蛮干。该矿所有巷道都是在软岩中开掘，但矿主为节省投资不对巷道进行有效支护。在近2年已发生多起冒顶事故的情况下，矿主仍不认真研究防范措施加大巷道支护投入。同时，该矿又采取独眼井开采方法，致使事故发生后因通风不良和无法保证抢险人员安全而严重影响事故的及时抢救。

(2) 该矿违反基本建设程序，技术管理混乱。一是没有进行正规的初步设计；二是在主体工程未建成的情况下擅自投入大规模生产；三是没有编制采掘作业规程和顶板管理制度；四是主要巷道保安矿柱留设过小；五是没有制订矿井灾害预防处理计划。

(3) 矿井现场安全管理不到位，缺乏有效的安全监督检查。该矿虽设有安全管理机构，但井下缺乏专门的安全管理人员，井下安全监督管理工作基本由值班长和带班人员代替，难以发现重大事故隐患。

(4) 政府有关部门把关不严、监管不力。在该矿未经严格的可行性研究，也未作初步设计的情况下批准开办此项目，颁发各种证照。在发现该矿未达到基本安全生产条件就投入大规模生产时不及时制止。特别是在该矿发生多起冒顶事故后仍没有采取果断的关停措施。

(5) 合浦县政府对安全生产工作领导不力，对外来投资企业安全管理经验严重不足，管理不到位。

### 2.9.1.4　事故教训和防范措施

(1) 必须严格执行矿山安全法规，不得擅自降低安全标准。恒大石膏矿没有正规设计，为节省开支，又擅自降低安全标准，留下了重大事故隐患。因此，必须严格建设项目的安全生产"三同时"审查验收制度，认真把好安全生产关，从源头上杜绝事故发生。

(2) 必须强化事故隐患整改措施的监督检查。有关部门在对恒大石膏矿进行安全检查时早已发现通风系统和生产系统不完善，巷道支护不够等问题，并下达过整改通知，但整改工作一直没有落实，事故还是发生了。因此，对事故隐患的整改，必须严格要求，加强督促，一抓到底，直到整改措施落实。

（3）加强对外来投资企业的管理。一方面这类企业不服从当地政府及有关部门管理，另一方面地方政府和部门也怕影响利用外资，因此对外商比较迁就，在企业开办过程不按规定严格把关。今后，要切实加强对外来投资者的监管，坚决纠正对外来投资者在安全生产上的宽容倾向，在安全生产上对任何企业都必须严格要求。

（4）事故调查处理必须坚持"四不放过"原则。恒大石膏矿从1999年9月至2001年4月已发生过四次顶板冒落事故，造成5人死亡。事故发生后，当地有关部门也进行了调查处理，但防范措施没有真正落实到位，以致又发生了这起重大事故。今后，必须严格按"四不放过"原则认真查找事故原因，从中吸取深刻教训并督促各项防范措施的真正贯彻落实。

### 2.9.2 河南灵宝市义寺山金矿"3·7"一氧化碳中毒事故

2001年3月7日16时20分左右，三门峡灵宝市义寺山金矿五坑发生特大CO中毒事故，造成10人死亡，21人中毒，直接经济损失61万元。经调查查证，这是一起CO中毒特大责任事故。

#### 2.9.2.1 矿井概况

灵宝市义寺山金矿系地方国营矿。生产能力为日采选矿石175t，属国家中二企业。1994年，尹庄镇岳渡村委在义寺山金矿矿区界外1300m、岳渡村南200m处开挖坑口（岳渡坑口）。同年，该村越界与义寺山金矿五坑口7中段打穿。在1997年小秦岭金矿区矿山治理整顿中，灵宝市矿山治理整顿指挥部责令义寺山金矿在岳渡村坑口内1000m处将巷道炸毁。1998年，岳渡村再次将坑口扒开，并于1999年又与义寺山金矿8中段打穿，造成义寺山金矿停产1个多月，后经灵宝市黄金办等单位协调，由岳渡村开采430~485m标高段的矿石，时间截止到2000年9月30日。期满后，因双方再次发生争执，于2000年11月，在灵宝市黄金局协调下，义寺山金矿与岳渡村就五坑口和日处理100t矿石的选厂达成《抵押租赁合同》，合同规定由义寺山金矿为岳渡村提供5中段主运输巷道、主斜井和7中段平巷至10中段平巷区域之间（即标高455~350m）探采权。同时启用已关闭的非法坑口岳渡巷。岳渡村向义寺山金矿缴200万元，负担义寺山金矿98名职工工资及福利，时间至2001年11月10日。岳渡村因资金不足，又将坑口和选厂交村委主任马长江经营，马长江除履行合同规定条款外，还向岳渡村缴10万元。2000年11月15日，马长江又将上述区域采掘工程发包给陕西省山阳工程处（无法人资格）。

#### 2.9.2.2 事故经过

2001年3月6日晚9点左右，义寺山金矿五坑口下井16名矿工。在五坑口8

中段以上作业的 12 名工人，发现巷道内有少量烟气从岳渡巷方向漂来，受其影响，民工出现头晕体软，轻度中毒症状，随即返回地面，向民工队负责人王中会（事故中死亡）汇报了情况。其他 4 人在 9 中段工作，因风钻有足够新鲜风供应未受其影响。与此同时，井下电路跳闸，送不上电。王中会骑摩托车到岳渡口与马连宝（岳渡村村民、负责看护岳渡坑口）一同进岳渡巷查找故障，发现巷道内约 760m 处坑木着火，顶板冒落，便立即组织马连宝、毋建茹等人灭火。经半小时扑救，将冒顶着火段外侧明火扑灭。3 月 7 日上午民工队主管生产负责人樊景超（事故中死亡）到井下派完活后，带领民工谭怀顺（事故中死亡）从 8 中段前往岳渡巷查看火情。下午 4 时中班上班后，民工队另一管生产的负责人赵天水（事故中死亡）得知樊景超和谭怀顺查看火情后未返回地面，随即带领民工汪文华（樊景超的内弟）、谭怀寿（谭怀顺的哥哥）、韩发平、史守宝、廖康金（均在事故中死亡）下井到岳渡巷寻找樊景超和谭怀顺。至此，岳渡巷内已进入 8 人，一直未返回。这一情况被井下绞车工孙国印（事故中死亡）发现后，通过电话报告了在地面的王中会。王中会立即带领 3 名民工下井寻找。此前，井下 4 点班工人上班途经岳渡巷与 8 中段之间的暗斜井时，鲍开朝（民工、风钻手）一氧化碳中毒晕倒，当班工人马上用矿车把他送到地面。同时在井下展开抢救工作。

### 2.9.2.3　事故原因

（1）经营方岳渡村及直接承包人马长江违法启用已封闭的坑口，是这起事故发生的首要原因。

（2）岳渡巷长年失修，750m 砂卵石构造段部分木支护腐朽，导致冒顶；冒落岩石砸伤电缆，引起短路起火，引燃塑料水管和坑木，造成着火点两侧 5～8m 巷道上部砂石冒落，致使通风不畅，坑木在不能充分燃烧情况下，一氧化碳大量产生、聚集，并向义寺山金矿五坑口巷道蔓延，是造成这起事故的直接原因。

（3）民工缺乏安全知识，盲目无序地进行抢救，是这起事故伤亡扩大的直接原因。

（4）经营方岳渡村及直接承包人马长江无安全资质，不具备安全生产条件，对矿工不进行安全知识教育、培训，特种作业人员无证上岗，安全生产制度不健全，是这起事故发生的管理上的原因。

（5）义寺山金矿以包代管，放弃安全管理，是这起事故的另一管理原因。

（6）灵宝市黄金矿山管理部门主持协调矿山企业，将矿山抵押租赁给既不具备法人资格，也没有安全生产资质的岳渡村经营，听任岳渡村将经营权转让给村长马长江，马长江又将矿山采掘工程发包给既无法人资格，又无安全生产资质的民工队。这也是这起事故管理方面的原因。

（7）灵宝市在发展地方经济中，忽视了安全生产，未能巩固黄金矿山矿业秩序整顿成果，听任在整顿中已被取缔的非法矿井重新启用，违法开采；听任个体矿主违反国家规定进行黄金采选，由此造成黄金矿山安全生产秩序出现新的混乱局面。近年来，国家各级政府领导就安全生产问题做的一系列重要批示，但在灵宝市贯彻落实的不彻底。特别是洛阳"12·25"特大火灾事故之后，仍未引起足够重视，在历次安全大检查中未能消除事故隐患，对灵宝市普遍存在的以包代管问题未能及时制止。上述问题是这起事故深层次管理原因。

### 2.9.2.4　整改措施

（1）立即取消义寺山金矿与岳渡村签订的抵押租赁合同。

（2）彻底停用岳渡巷，切断与义寺山金矿五坑口之间贯通段。

（3）义寺山金矿五坑口必须建立独立的、完善的通风系统，对井下巷道工程和采掘设备、设施进行一次全面维修，建立健全各项安全规章制度和安全生产责任制，达到安全生产条件后方可恢复生产。

（4）义寺山金矿恢复生产前，要按规定对矿山职工进行全员培训，特种作业人员应通过有关部门培训，经考试合格后持证上岗。

（5）黄金矿山安全生产管理部门和监督部门要尽职尽责，加强黄金矿山安全管理和监督，要巩固黄金矿山矿业秩序整顿成果，督促黄金矿山对事故隐患进行整改，实现安全生产。

### 2.9.2.5　对这起事故的反思

透过这起事故，我们发现矿山安全监督管理部门也存在一定责任，尽管未受到处分，也应从中吸取教训。其一，对灵宝市普遍存在的以包代管问题未加制止；其二，没有认真开展非煤矿山施工单位安全资格审查工作，致使把矿山工程发包给没有安全资格的施工单位，这一现象在灵宝泛滥成灾；其三，对灵宝市的支柱行业黄金矿山一直存在的自然通风问题，从来未加制止和整改。由此，不难发现，机构建设和人员配备的重要性。这一问题如果在下一步机构改革中得不到解决，加强监督管理将无法落实。

## 2.9.3　山西省繁峙县义兴寨金矿区"6·22"特大爆炸事故技术分析

A　矿区规模与开采方式

义兴寨金矿于1990年12月建成，设计采选能力为200t/d，年产金375kg。2000年对选厂进行了改造后，生产能力为300t/d，年产黄金为900kg。2000年8月义兴寨金矿组建义鑫诚黄金选冶厂并建成一座能力100t/d的黄金冶炼厂，形成了集采、选、冶为一体的综合黄金企业。

B　事故矿井安全生产条件分析

根据调查和实地勘察，事故矿井没有矿井设计，生产技术落后，管理混乱，事故隐患随处可见，不具备基本的安全生产条件。主要存在以下几方面问题：

(1) 井下供电、照明管理存在大量隐患。井下电缆铺设杂乱无章，电缆接头多处裸露，照明系统电压为 220V，电缆和易燃的塑料排水管、排风管等捆绑在一起，严重违反有关安全规程的规定。

(2) 爆炸物品管理严重违反安全规定。井下炸药库是利用一个旧硐室，而且坐落在岩石很不稳定的断层破碎带上，炸药库的门框和门均为易燃的木质结构，没有安全出口，也没有消防器材，根本不符合井下炸药库的有关安全规定。事故当天井下炸药存量达 150 多箱（3.6 余吨），分散在炸药库及各中段，不少地方在炸药周围有很多编织袋等易燃品。

(3) 没有通达地面的行人通道，提升系统简易无任何安全保护设施。矿井没有能够通达地面的能够行人的安全通道，发生事故后井下人员根本无法逃生。主井提升系统人料混提，提升机和乘人的罐笼没有任何安全保护设施；各盲立井提升更是简易不堪，民工仅用塑料编织袋做成一个圆圈作为所谓的简易"安全带"上下井，不符合提升人员的要求。

(4) 井下运输方式落后，通风方式不符合安全要求。矿井运输采用塑料编织袋装矿，人工搬运，吊桶提升，使井下巷道堆积了大量易燃物。井下无机械通风装置，爆破后炮烟不易迅速排出，易造成一氧化碳中毒事故。

(5) 采矿秩序混乱。事故矿井与其他 32 个小矿井处于孙涧沟一个面积不到 1km² 的小山沟里，每隔几十米就有一个小矿井，而且不少矿硐互相连通，乱采乱挖，越界开采十分严重。

因此，事故矿井不仅采矿方法落后和生产设施简陋，而且现场管理混乱；不仅没有安全投入和执行安全规程，而且从来不对职工进行安全生产教育，是一个以采代探的不具备起码的安全生产条件的矿井。

C　事故原因调查技术结论

(1) 事故发生时间：经向事发现场有关知情人调查询问，确认此次事故着火时间为 6 月 22 日 13 时 30 分左右，爆炸时间为 6 月 22 日 14 时 30 分左右。

(2) 发生事故的过程：事故为先着火，后爆炸。爆炸分为一小一大两次，先后发生在井下火药库和盲竖井井筒内。

(3) 事故原因：

1) 违章作业是引起事故的直接原因。井下工人违章将照明用的多个白炽灯泡集中取暖用长达 18h，使易燃的编织袋等物品局部升温过热，造成灯泡炸裂引起着火，并引燃井下大量使用的编织袋及聚乙烯风、水管，火势迅速蔓延，引起其他巷道和井下炸药库的燃烧，造成火灾，进而引起炸药和气体爆炸（轰）后产生大量有毒有害气体，导致事故发生。

2) 违章指挥是导致事故的主要原因。在井下着火长达 1h 的情况下，矿主没有采取任何措施，组织井下作业人员撤离井下，而是让作业人员继续在井下作业，致使爆炸后井下作业人员在无任何自救器具的条件下，大量中毒窒息死亡，事发后又没有制止井上人员在无任何救护设备的条件下，盲目下井抢救亲人造成中毒窒息死亡，使死亡人数增加。

3）违反规定存放、使用爆炸物品是导致事故的重要原因。矿井爆炸物品管理混乱，没有任何储存、发放、使用等规章制度。违反规定将大量的雷管、导火索、炸药存放于井下硐室、巷道，造成发生火灾后引起炸药爆炸事故。

# 3 矿山生产技术现场管理

## 3.1 常用采矿方法简介及安全管理

### 3.1.1 采矿方法分类

#### 3.1.1.1 采矿方法的基本概念

金属矿床地下开采，必须先把矿区划分为阶段（或盘区），再把阶段（或盘区）划分为矿块（或采区）。矿块是基本的回采单元，如图3-1、图3-2所示。

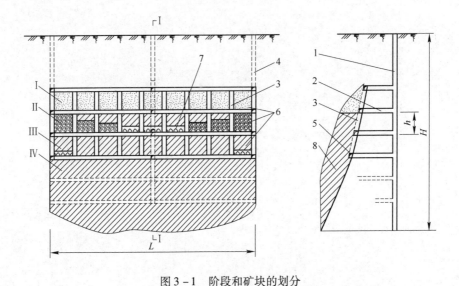

图 3-1 阶段和矿块的划分

Ⅰ—采完阶段；Ⅱ—回采阶段；Ⅲ—采准阶段；Ⅳ—开拓阶段；

$H$—矿体赋存深度；$h$—阶段高度；$L$—矿体走向长度；

1—主井；2—石门；3—天井；4—副井；5—阶段平巷；

6—矿块（采区）；7—漏斗和拉底；8—矿体

所谓采矿方法，就是指从矿块（或采区）中采出矿石的方法。它包括采准、切割和回采等三项工作。采准工作是按照矿块构成要素的尺寸来布置的，为矿块回采解决行人、运搬矿石、运送设备材料、通风及通讯等问题；切割则为回采创造必要的自由面和落矿空间；等这两项工作完成后，再直接进行大面积的回采。这三项工作都是在设定的时间与空间内进行的，把这三项工作联系起来，并依次

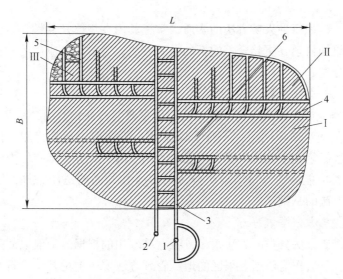

图 3-2 盘区与矿壁的划分

Ⅰ—开拓盘区；Ⅱ—采准切割盘区；Ⅲ—回采盘区

1—主井；2—副井；3—主要运输平巷；4—盘区运输平巷；5—采区巷道；6—采区

在时间与空间上作有机配合，这一工作总称为采矿方法。

采矿方法与回采方法的概念是不同的。在采矿方法中，完成落矿、矿石搬运和地压管理三项主要作业的具体工艺，以及它们相互之间在时间与空间上的配合关系，称为回采方法。开采技术条件不同，回采方法也不相同。矿块的开采技术条件在采用何种回采工艺中起决定性作用，所以回采方法实质上成了采矿方法的核心内容，由它来反映采矿方法的基本特征。采矿方法通常以它来命名，并由它来确定矿块的采准、切割方法和采准、切割巷道的具体布置。

在采矿方法中，有时常将矿块划分成矿房与矿柱，分两步骤采，先采矿房，后采矿柱，采矿房时由周围矿柱支撑开采空间，这种形式的采矿方法称为房式采矿法，以区别于不分矿房、矿柱，整个矿块进行一次采完的矿块式采矿法。在条件有利时，矿块也可不分矿房、矿柱，而回采工作是沿走向全长，或沿倾斜（逆倾斜）连续全面推进，则成了全面式回采采矿法。

### 3.1.1.2 采矿方法分类

A 采矿方法分类的目的

由于金属矿床的赋存条件十分复杂，矿石与围岩的性质又变化不定，加之随科学技术的发展，新的设备和材料不断涌现，新的工艺日趋完善，一些旧的效率低、劳动强度大的采矿方法被相应淘汰，而在实践中又创新出各种各样与具体矿床赋存条件相适应的采矿方法，故目前存在的采矿方法种类繁多、形态复杂。这些采矿方法尽管有其各自的特征，但彼此之间也存在着一定的共性。

为了便于认识每种采矿方法的实质，掌握其内在规律及共性，以便通过研究进一步寻求更加科学、更趋合理的新的采矿方法，需对现已应用的种类繁多的采矿方法进行分类。

B  采矿方法分类要求

（1）分类应能反映出每类采矿方法的最主要的特征，类别之间界限清楚。

（2）分类应该简单明了，不宜烦琐庞杂，要体现出新陈代谢。目前正在采用的采矿方法必须逐一列入，明显落后趋于淘汰的采矿方法则应从中删去。

（3）分类应能反映出每类采矿方法的实质和共同的适用条件，以作为选择和研究采矿方法的基础。

C  采矿方法分类依据

目前，采矿方法分类的方法很多，各有其取用的根据。一般以回采过程中采区的地压管理方法作为依据。采区的地压管理方法实质上是基于矿石和围岩的物理力学性质，而矿石和围岩的物理力学性质又往往是导致各类采矿方法在适用条件、结构参数、采切布置、回采方法以及主要技术经济指标上有所差别的主要因素。因此按这样分类，既能准确反映出各类采矿方法的最主要特征，又能明确划定各类采矿方法之间的根本界限，对于进行采矿方法比较、选择、评价与改进也十分方便。

D  采矿方法的分类特征

根据采区地压管理方法，可将现有的采矿方法分为三大类。每一大类采矿方法中又按方法的结构特点、回采工作面的形式、落矿方式等进行分组与分法。

表 3 - 1 中的分类体现了采矿方法在处理回采空区时的方法不同，反映了采矿方法对矿体倾角、厚度、矿石与围岩稳固性的适应性，也反映了每类采矿方法之间生产能力等的变化规律，并且有利于不同采矿方法之间的相互借鉴。

三类主要采矿方法是：

第一类：空场法。通常是将矿块划分为矿房与矿柱，进行两步骤回采。先采矿房，所形成的采空区，一般不作处理，用周围矿柱及围岩自身的强度维护其稳定性；即使矿房采用留矿采矿，因留矿不能作为支撑空场的主要手段，仍需依靠矿岩自身的稳固性来支持。所以，用这类方法矿石与围岩均要稳固是其基本条件。

第二类：崩落法。此类方法不同于其他方法的是矿块按一个步骤回采。随回采工作面向下推进，用崩落围岩的方法处理采空区。围岩崩落以后，势必引起一定范围内的地表塌陷。因此，围岩能够崩落，地表允许塌陷，乃是使用本类方法的基本条件。

第三类：充填法。此类方法矿块一般也分矿房与矿柱，进行两步骤回采；也

表 3-1 金属矿床地下采矿方法分类表

| 按地压管理分 | 采矿方法类别 | 采矿方法分组 | 采矿方法名称 | 采矿方法主要分类 |
|---|---|---|---|---|
| 自然支撑法 | 空场法 | 分层空场法 | 全面采矿法 | (1)普通全面法<br>(2)留矿全面法 |
| | | | 房柱采矿法 | (1)浅孔落矿房柱法<br>(2)中深孔落矿房柱法 |
| | | | 留矿采矿法 | (1)极薄矿脉留矿法<br>(2)浅孔落矿留矿法 |
| | | 分段空场法 | 分段采矿法 | (1)有底柱分段采矿法<br>(2)连续退采分段采矿法 |
| | | | 爆力运矿采矿法 | |
| | | 阶段空场法 | 阶段矿房法 | (1)水平深孔阶段矿房法<br>(2)垂直深孔阶段矿房法 |
| 崩落法 | 崩落法 | 分层崩落法 | 壁式崩落法 | (1)长壁崩落法<br>(2)短壁崩落法<br>(3)进路崩落法 |
| | | | 分层崩落法 | (1)进路回采分层崩落法<br>(2)长工作面回采分层崩落法 |
| | | 分段崩落法 | 无底柱分段崩落法 | (1)典型方案<br>(2)高端壁无底柱分段崩落法 |
| | | | 有底柱分段崩落法 | |
| | | 阶段崩落法 | 阶段强制崩落法 | (1)典型方案<br>(2)分段留矿崩落法 |
| | | | 阶段自然崩落法 | |
| 人工支撑法 | 充填法 | 分层充填法 | 上向分层充填法<br>上向进路充填法<br>点柱分层充填法<br>下向进路充填法<br>壁式充填法 | |
| | | 分段充填法 | 分段充填法 | |
| | | 阶段充填法 | 分段空场事后充填法<br>阶段空场事后充填法<br>VCR 事后充填法<br>留矿采矿事后充填法<br>房柱采矿事后充填法 | |

可不分房柱，连续回采矿块。矿石性质稳固时，可进行上向回采；稳固性差的可进行下向回采。回采过程中空区及时用充填料充填，以它来作为地压管理的主要手段（当用两步骤回采时，采第二步骤矿柱需用矿房的充填体来支撑）。因此，矿岩稳固或不稳固均可作为采用本类方法的基本条件。

值得指出的是：随着对采矿方法的深入研究，现实生产中已陆续应用跨越类别之间的组合式采矿方法。如空场法与崩落法相结合的分段矿房崩落组合式采矿法、阶段矿房崩落组合式采矿法、空场法与充填法相结合的分段空场充填组合式采矿法等。这些组合式采矿法在分类中还体现得不够完善。采用这些组合方法，能够汲取各自方法的优点，摒弃各自方法的缺点，起到扬长避短的作用，并且在适用条件方面加以扩大。组合式采矿方法的这种趋向，有利于发展更多、更加新颖的采矿方法。

此外，采用两个步骤回采的采矿方法时，第二步骤的矿柱回采方法应该与第一步骤矿房的回采方法进行通盘考虑。第二步骤回采矿柱，受矿柱自身条件的限制，以及相邻矿房采出后的空区状态、回采间隔时间等影响，使采柱工作变得更为复杂。但其回采的基本方法，仍不外乎上述三类。

## 3.1.2  空场采矿法及安全管理

### 3.1.2.1  空场采矿法

在矿房开采过程中不用人工支撑，充分利用矿石与围岩的自然支撑力，将矿石与围岩的暴露面积和暴露时间控制在其稳固程度所允许的安全范围内的采矿方法总称为空场采矿法。

空场采矿法的特点是，将矿块划分为矿房与矿柱，先采矿房，后采矿柱，开采矿房时用矿柱及围岩的自然支撑力进行地压管理，开采空间始终保持敞空状态。

矿柱视矿岩稳固程度、工艺需要与矿石价值可以回采也可以作为永久损失。由于矿柱的开采条件与矿房有较大的差别，若回采则常用其他方法。为保证矿山生产的安全与持续，在矿柱回采之前或同时，应对矿房空区进行必要的处理。

显然，使用空场采矿法开采矿体的必要条件是矿石围岩均需稳固。

空场采矿法是生产效率较高而成本较低的采矿方法，在国内外的各类矿山得到了广泛的使用。

使用空场采矿法，必须正确地确定矿块结构尺寸和回采顺序，以利于采场地压管理及安全生产。

由于被开采矿体的倾角、厚度及开采方法不同，空场采矿法又分为：留矿矿法，房柱采矿法，全面采矿法，分段矿房采矿法，阶段矿房采矿法。

### 3.1.2.2  空场采矿法的安全管理

（1）加强顶板管理。顶板管理主要是对顶板的监测控制，是应用各种手段和方法，对井下采矿过程中所形成的空间、围岩、顶板的观察和测定，分析掌握其变形、位移等的变化情况和规律，获得其大冒落前的各种征兆，以便制订相应的防范措施，保证作业人员和设备的安全。

（2）根据矿山地质条件，岩石力学参数以及大量监测数据的规律和经验，选择修正矿块的结构参数、回采顺序、爆破方式等控制地压活动，降低冒落的危害。

（3）根据采场结构、面积大小，结合地质构造，破碎带的位置、走向，矿石的品位高低等因素，在矿岩中选留合理形状的矿柱和岩柱，以控制地压活动，保护顶板。在矿柱中，必须保证矿柱和岩柱的尺寸、形状和直立度，应设有专人检查和管理，以保证其在整个利用期间的稳定性。

（4）在矿房回采过程中，不得破坏顶板；采用中深孔或深孔爆破时，应严格控制炮孔的方位和深度，不许穿透暂不回采的矿柱。

（5）及时回采矿柱和处理采空区。

（6）采用分段采矿法时，除回采、运输、充填和通风用的巷道外，禁止在采场顶柱内开掘其他巷道；上下中段的矿房和矿柱，应尽量相对应，规格应尽量相同。

（7）采用浅孔留矿法采矿时，应遵守下列规定：1）在开采第一分层前，应将下部漏斗和喇叭口扩充完毕，并充满矿石；2）每个漏斗都应均匀放矿，发现悬空应停止其上部作业，经妥善处理悬空后方准继续作业；3）放矿人员和采场内的人员要密切联系，在放矿影响范围内不准上下同时作业；4）每回采一分层的放矿量，应控制在保证凿岩工作面安全操作所需高度，作业高度一般应控制在2m左右。

（8）加强矿山安全管理工作，健全各项规章制度，对人员、财产、设备进行合理分配。

### 3.1.3 充填采矿法及安全管理

#### 3.1.3.1 充填采矿法简介

随着工作面的推进用充填料充填空区进行地压管理的采矿方法称充填采矿法。充填体起到支撑围岩、减少或延缓采后空区及地表的变形与位移。因此，它也有利于深部及水下、建筑物下的矿床开采。充填法中的矿柱可以用充填体代替，所以用充填法开采矿床的损失、贫化率可以是最低的。国内外在开采贵重、稀有、有色金属及放射性矿床中广泛应用充填采矿法。

充填采矿法按工作面的类型及其工作面推进方向不同分为单层充填采矿法、上向分层充填采矿法、下向分层充填采矿法、分段充填采矿法、阶段充填采矿法、方框支柱充填采矿法及分采充填采矿法，按充填料的性质不同又分为干式充填采矿法、水砂充填采矿法、尾砂充填采矿法、胶结充填采矿法，按回采工作面与水平面的夹角不同又可分为水平回采、倾斜回采、垂直回采3种，按回采工作面的形式不同又分为进路回采方案、分层回采方案、分段回采方案与阶段回采方案。

充填采矿法一般用于开采矿石中等稳固以上、围岩稳固性差的矿体，或用于围岩虽稳固、但地表需保护不允许崩落的矿山。

### 3.1.3.2 充填采矿法的安全要求

（1）采场必须保持两个出口，并设有照明设备。顺路行人井、溜矿井、泄水井（水砂充填用）和通风井都应保持畅通。

（2）水砂充填料的最大粒径不大于管径的1/4，胶结充填料的最大粒径不大于管径的1/5。

（3）上向分层充填采场，必须先施工充填井及其联络道，然后施工底部结构及拉底巷道，以便尽快形成良好的通风条件。当采用脉内布置溜矿井和顺路行人井时，严禁整个分层一次爆破落矿。

（4）采场凿岩时，炮眼布置要均匀，沿顶板构成拱形。装药要适当，以控制矿石块度。

（5）每一分层回采后要及时充填，确保充填质量。最后一个分层回采完后应接顶严密。

（6）禁止人员在充填井下方停留和通行。充填时，各工序间应有通讯联系。

（7）顺路人行井、溜矿井应有可靠的防止充填料泄漏的背垫材料，以防止堵塞以及形成悬空；采场下部巷道以及水沟堆积的充填料应及时清理。

（8）下向胶结充填的采场，两帮底角的矿石要清理干净。

（9）用组合式钢筒作顺路天井（行人、滤水、放矿）时，钢筒组装作业前应在井口悬挂安全网。

（10）采用人工间柱上向分层充填法采矿，相邻采场应超前一定距离。

（11）采场放矿要设格筛，防止人员坠落和堵塞。人行井、溜矿井、泄水井、充填井应错开布置。

（12）干式充填，每个作业点均应有良好的通风、除尘措施，并加强个体防护。

（13）禁止在采场内同时进行凿岩和处理浮石。

## 3.1.4 崩落采矿法及安全管理

崩落采矿法是一种国内外广泛应用的、高效率的、能够适应各种矿山地质条件的采矿方法。

崩落采矿法控制采场地压和处理采空区的方法是随着回采工作的进行，有计划、有步骤地崩落矿体顶板或下放上部的覆盖岩石。落矿工作通常采用凿岩爆破方法，此外还可以直接用机械挖掘或利用矿石自身的崩落性能进行落矿。崩落采矿法的矿块回采不再分为矿房与矿柱，故属于单步骤回采的采矿方法。由于采空区围岩的崩落将会引起地表塌陷、沉降，所以地表允许陷落成为使用这类方法的基本前提之一。

崩落采矿法适用于地表允许崩落，矿体上部无较大的水体和流砂，矿石价值中等以下，不会结块，品位不高，并允许有一定损失和贫化的中厚和厚矿体。尤其是对上盘围岩能大块自然冒落和矿体中等稳固的矿体最为理想。崩落采矿法主要有壁式崩落法、无底柱分段崩落法、有底柱分段崩落法和阶段崩落法。

### 3.1.4.1 壁式崩落采矿法的安全要求

(1) 应在设计中规定悬顶、控顶、放顶距离和放顶的安全措施。

(2) 放顶前要进行全面检查，以确保出口畅通、照明良好和设备安全。

(3) 放顶时，禁止人员在放顶区附近的巷道中停留。

(4) 在密集支柱中，每隔 3～5m 要有一个宽度不小于 0.8m 的安全出口。密集支柱受压过大时，必须及时采取加固措施。

(5) 放顶若未达到预期效果，应进行周密设计，方可进行二次放顶。

(6) 放顶后应及时封闭落顶区，禁止人员入内。

(7) 多层矿体分层回采时，必须待上层顶板岩石崩落并稳定后，才允许回采下部矿层。

(8) 相邻两个中段同时回采时，上中段回采工作面应比下中段工作面超前一个工作面斜长的距离，且不得小于20m。

(9) 撤柱后不能自行冒落的顶板，应在密集支柱外0.5m处，向放顶区重新凿岩爆破，强制崩落。

(10) 机械撤柱及人工撤柱，应自下而上、由远而近进行。矿体倾角小于10°的，撤柱顺序不限。

### 3.1.4.2 有底柱分段崩落采矿法和阶段崩落法的安全要求

(1) 采场电耙道应有独立的进、回风道；电耙的耙运方向，应与风流方向相反。

(2) 电耙道间的联络道，应设在入风侧，并在电耙绞车的侧翼或后方。

(3) 电耙道位于矿溜井口旁，必须有宽度不小于0.8m的人行道。

(4) 未修复的电耙道，不准出矿。

(5) 采用挤压爆破时，应对补偿空间和放矿量进行控制，以免造成悬拱。

(6) 拉底空间应形成厚度不小于 3～4m 的松散垫层。

(7) 采场顶部应有厚度不小于崩落层高度的覆盖岩层；若采场顶板不能自行冒落，应及时强制崩落，或用充填料予以充填。

### 3.1.4.3 无底柱分段崩落采矿法的安全要求

（1）回采工作面的上方，应有大于分段高度的覆盖岩层，以保证回采工作的安全。若上盘不能自行冒落或冒落的岩石量达不到所规定的厚度，必须及时进行强制放顶，使覆盖岩层厚度达到分段高度的 2 倍左右。

（2）上下两个分段同时回采时，上分段应超前于下分段，超过前距离应使上分段位于下分段回采工作面的错动范围之外，且不得小于 20m。

（3）各分段联络道应有足够的新鲜风流。

（4）各分段回采完毕，应及时封闭本分段的溜井口。

### 3.1.4.4 分层崩落法的安全要求

（1）每个分层进路宽度不得超过 3m，分层高度不得超过 3.5m。

（2）上下分层同时回采时，必须保持上分层（在水平方向上）超前相邻下分层 15m 以上。

（3）崩落假顶时，禁止人员在相邻的进路内停留。

（4）假顶降落受阻时，禁止继续开采分层。顶板降落产生空洞时，禁止在相邻近路或下部分层巷道内作业。

（5）崩落顶板时，禁止用砍伐法撤出支柱，开采第一分层时，禁止撤出支柱。

（6）顶板不能及时自然崩落的缓倾斜矿体，应进行强制放顶。

（7）凿岩、装药、出矿等作业，应在支护区域内进行。

（8）采区采完后，应在天井口铺设，加强假顶。

（9）采矿应从矿块一侧向天井方向进行，以免造成通风不良的独头工作面。当采掘接近天井时，分层沿脉（穿脉）必须在分层内与另一天井相通。

（10）清理工作面，必须从出口开始向崩落区进行。

## 3.1.5 采矿方法的一般安全规定

（1）地质资料齐全，赋存条件基本清楚的中型矿山，应有采矿方法设计图，作为施工依据。产状、赋存条件缺乏的矿体，必须在开拓、采准过程中，及时进行补充勘探，做出块段或矿块的采矿方法设计图。

（2）采矿方法必须根据矿体的赋存条件、围岩稳定情况、设备能力等因素谨慎选择。厚度大或倾角缓的矿体，采用留矿法时，应合理地布置底部结构，防止底板留矿。没有足够符合要求的木材时，不应采用横撑支柱法等耗用大量木材的采矿方法。

（3）每个采场都要有两个出口，并上下连通。安全出口的支护必须坚固，并设有梯子。

（4）在上下相邻的两个中段，沿倾斜上下对应布置的采场使用空场法、留矿法回采时，禁止同时回采，只有上部矿房结束后，才能回采下面采场。

（5）采用全面采矿法时，回采过程中应周密检查顶板。根据顶板稳定情况，留出合适的矿柱。

（6）采用横撑支柱采矿法时，横撑支护材料应有足够强度。要搭好平台后才准进行凿岩作业。禁止人员在横撑上行走。采区宽度（矿体厚度）不得超过3m。

（7）矿柱必须合理地回收。设计回采矿房时，必须同时设计回采矿柱。本中段回采矿房结束后，应及时回采上一中段的矿柱。

（8）回采过程中，必须保证矿柱的稳定性及运输、通风等巷道的完好，不允许在矿柱内掘进，有损其稳定性的井巷。回采矿房至矿柱附近时，应严格控制凿岩质量和一次爆炸药量，技术人员要及时给出回采界限，严禁超采超挖。

（9）地压活动频繁、强度大的矿井，应有专管地压的人员。地压人员对全矿各地段进行日常监察，发现险情（如支护歪斜、破损、顶板和两帮开裂等），应及时报告，通知有关人员，并分析原因，进行处理。个别地压活动频繁、顶板破碎、有冒落可能的采场，应由有经验的人员，每班进行检查，指导凿岩方式，避免发生大冒落。发现冒落预兆，应立即由有经验的人员每班进行检查，指导凿岩方式，避免发生大冒落事故。发现冒落预兆，应立即撤出全部人员。

（10）采空区应及时处理。采空区体积及潜在危险大小采取不同的处理办法。体积大，一旦塌落会造成下部整个采场或整个矿井毁灭性灾害的，应采用充填法或采用强制崩落的方法及时有效地进行处理。体积不大或远离主要矿体的孤立采空区，可采用密闭方法进行处理。密闭墙的强度应满足能够抵御塌落时所产生的冲击波的冲击。

（11）在漏斗放矿时，放矿工应和采场搬运工取得联系，不宜同时往溜井倒矿，以免矿石流冲出伤人。

## 3.1.6 矿柱回采的安全要求

（1）回采顶柱和间柱，应预先检查运输巷道的稳定情况，必要时应采取加固措施。

（2）采用胶结充填采矿法时，须待胶结充填体达到要求强度，方可进行矿柱回采。

（3）回采未充填的相邻两个矿房的间柱时，禁止在矿柱内开凿巷道。

（4）所有顶柱和间柱的回采准备工作，须在矿房回采结束前做好（嗣后胶结充填采空区除外）。

（5）除装药和爆破工作人员外，禁止无关人员进入未充填的矿房顶柱内的巷道和矿柱回采区。

（6）采用大爆破方式强制崩落大量矿柱时，在爆破冲击波和地震波及影响半径范围内的巷道、设备及设施，均应采取安全措施；未达到预期崩落效果的，应进行补充崩落设计。

### 3.1.7 残矿回采的安全要求

（1）开采范围应由原经营单位规定，转让采矿权的单位，必须周密考虑所转让区域会不会对现有的通风、运输、给排水等系统造成干扰及引起资源纠纷，不得不负责任地转让采矿权。接受单位不得越界开采。

（2）转让采矿权的单位，有权利和义务依据转让区域具体条件对接受单位（或个人）的开采能力进行检查，不具备开采能力的不准转让。

转让单位应向接受者提供有关的地质、采矿资料和安全生产注意事项。地质资料中，应交代清楚有水的空区溶洞的位置。

（3）在废弃时间较长的矿井或中段进行残采时，应首先熟悉原来各系统的布置情况，对已破坏的井巷、切室进行修复，确保通道的安全和必要的通风条件。

（4）废弃采场中的支护材料，封闭溜矿口、漏斗、人行井口的钢材、木材以及井巷中原来冒顶区下伪木垛，严禁随便挪用或搬动。发现上述支护材料已有腐烂、破损，应加固或更换。

（5）进入废旧采场进行残采前，必须对采场井巷及支护的稳定性、空气条件作认真检查，处理不安全因素后，方准进行正常的采矿生产。

（6）在老空区内或矿柱上采矿，应严格控制一次爆破用量，以避免爆破引起大规模冒落灾害。

（7）个体户集中采矿的地段，放炮时必须通知左邻右舍，防止放冷炮伤害他人。宜规定统一的放炮时间，但应避免各作业面同时起爆，形成大规模爆破。各作业面应顺序爆破。

（8）补充探矿、采矿井巷时，应避开有水的老空区或溶洞。

## 3.2 矿山井下爆破

### 3.2.1 矿用炸药

#### 3.2.1.1 矿用炸药的种类

矿山采掘生产过程中广泛利用炸药爆破矿岩。一般地，按照炸药的用途分类，可以将炸药分为起爆药、猛炸药和发射药三大类；按照炸药组成的化学成分分类，可以将炸药分为单一化学成分的单质炸药和多种化学成分组成的混合炸药两大类。矿山爆破工程中大量使用的是猛炸药，主要是混合猛炸药，起爆器材中使用的是起爆药和高威力的单质猛炸药。

A　起爆药

起爆药的敏感度一般都很高，在很小的外界能量（如火焰、摩擦、撞击等）激发下就发生爆炸。用作雷管的起爆药用量很少。工业雷管中的起爆药有雷汞、氮化铅和二硝基重氮酚（DDNP）等，都是单质炸药。由于起爆药的感度极高，除了用于雷管的起爆药外，在爆破工程中没有其他用途，对起爆药施加机械、热和爆炸作用都是极其危险的。

B　单质猛炸药

单质猛炸药是单一化学成分的高威力炸药。这类炸药对外界能量的敏感度比起爆药低，需用起爆药的爆炸能来起爆。主要用于雷管的加强药、导爆索的药芯、起爆弹等起爆器材，还大量用作混合炸药的敏化剂。工业常用单质猛炸药有梯恩梯、黑索金、泰安、硝化甘油和特屈儿。

C　混合猛炸药

单质猛炸药不是感度太高，就是感度太低。感度高的炸药安全性差，感度太低起爆困难。一般地，单质炸药爆炸后生成的有毒气体较多，并且成本也比较高。所以，工业炸药都采用由爆炸成分和其他辅助成分（如防水剂、敏化剂、燃料等）进行合理配比制成的混合炸药。

硝酸铵（氧化剂）原料丰富、成本低廉，是混合炸药的主要原料。根据不同的要求混合炸药可以含有氧化剂，为爆炸提供足够的氧；含有敏化剂，提高炸药的感度和威力；含有可燃剂，提高炸药的爆热，进而增加炸药的威力；含有防潮剂，增强混合炸药的防水能力，以便用于潮湿有水的爆破环境；含有疏松剂，可以防止炸药结块等。

目前，国内矿山使用的炸药主要有铵梯炸药、铵油炸药、乳化炸药、水胶炸药和煤矿许用炸药等。其中乳化炸药和水胶炸药可用于有水的环境中；煤矿许用炸药是在炸药中配有一定比例的消焰剂（氯化钠），可以在有瓦斯的地下煤矿中使用。

### 3.2.1.2　炸药的爆炸性能

衡量炸药爆炸性能的指标主要有爆速、敏感度、殉爆距离、猛度及爆力等。

爆速是爆轰传播的速度，爆速越大，爆轰波的压力越高，爆炸的威力也越大。爆速的大小除了取决于炸药本身的性能外，还与密度、约束条件、药卷的直径等密切相关。

A　炸药的起爆能和敏感度

爆炸是炸药在特定条件下的化学反应过程，促使炸药进行爆炸反应的条件称为起爆条件。一般情况下炸药内部处于稳定状态，只有外界能量破坏稳定状态使炸药的各组分发生爆炸反应时爆炸才发生。引起炸药爆炸的外界能量称为起爆能，起爆能可以归纳为热能、机械能和爆炸能3类：

（1）热能。加热升温可以使炸药分子运动速度加快，加速炸药的化学分解和化合，达到一定的温度后，便可以由爆燃转化为爆炸。例如，点燃的导火索喷出火花引爆雷管中的起爆药，用火花起爆黑火药等。

（2）机械能。撞击、摩擦等机械能作用在炸药的局部，使炸药局部分子获得动能而运动加速，局部温度升高，形成"灼热核"。它的直径为 $10^{-3}$ cm 至 $10^{-5}$ cm，比炸药分子的直径 $10^{-8}$ cm 大得多，并且能存在 $10^{-3}$ s 至 $10^{-5}$ s 的时间。由于灼热核的形成，首先局部发生爆炸，然后发展为炸药的全部爆炸。

（3）爆炸能。炸药爆炸时形成的高温高压状态携带的巨大能量能够引发附近炸药爆炸，例如炸药内部局部爆炸转变为全部爆炸，起爆药引爆主炸药，雷管引爆炸药等都属于爆炸能起爆。

炸药在外界能量的作用下，发生爆炸反应的难易程度称作炸药的敏感度，简称感度。炸药感度的高低以激起炸药爆炸反应所需的起爆能大小来衡量。起爆所需的起爆能越大，炸药的感度越低。炸药的感度是衡量炸药安全性的最重要指标，感度越高的炸药，使用起来越不安全。了解炸药的感度的目的在于掌握炸药在特定条件下爆炸的可能性，根据影响感度的诸因素采用相应的措施。

炸药的感度是影响炸药的加工制造、贮存运输及使用安全的十分重要的性能指标。炸药的感度太高时不能直接用于工程爆破，只能少量地用于特定的爆破器材（如雷管）中。例如，纯硝化甘油的感度太高，以致被宣布为不能使用的危险品，只有被钝化处理以后才可以用于工程爆破。感度太低的炸药需要很大的起爆能，增加了起爆的难度也不适合于工程爆破。

（4）炸药的热感度。炸药在热能的作用下发生爆炸的难易程度称为炸药的热感度。炸药的热感度目前还不能用理论或经验公式进行计算，可以通过实验测定炸药的爆发点、火焰感度和电火花感度来确定：

1）爆发点。爆发点是指炸药在规定的时间（5min）内起爆所需加热的最低温度。爆发点越低的炸药，热感度越高。爆发点测定原理很简单，将一定量的炸药（0.05g）放在恒温的环境中一定时间（5min），如果炸药没有爆炸，说明此环境温度太低，升高环境温度后再试，如果不到规定时间就爆炸，说明环境温度太高，降低环境温度再试，直到调整到某一环境温度时，炸药正好在规定时间爆炸，此时的环境温度就是炸药的爆发点。

2）火焰感度。火焰感度是指炸药在明火（火花、火焰）的作用下发生爆炸的难易程度。测定炸药的火焰感度时，在试管内装入一定量（起爆药 0.05g，猛炸药 1g）的炸药，测定连续 6 次都能引爆炸药时导火索端头距炸药的最大距离 $X_{max}$，再测定连续 6 次都不能引爆炸药时导火索端头距炸药的最小距离 $X_{min}$。距离 $X_{max}$ 越大则炸药的火焰感度越高，距离 $X_{min}$ 越小则炸药的火焰感度越低。从保证炸药能被起爆的角度来看，距离 $X_{max}$ 越大越好；从防止炸药被意外引爆的角度来看，距离 $X_{min}$ 越小越好。

3）电火花感度。电火花感度是指炸药在静电放电的电火花作用下发生爆炸的可能性。在炸药和起爆器材加工制造过程中以及机械化装药时，产生的静电可能引起意外爆炸，所以必须测定炸药的电火花感度。可以通过电容器放电的方法测定炸药的电火花感度。

（5）炸药的机械能感度。在爆破工程中，雷管利用起爆药的热感度起爆，炸药间利用起爆药的爆炸能起爆，一般不用机械能起爆。只有在军火方面，弹药的引信用机械能起爆，机械感度对弹药的起爆有重要影响。

炸药的机械能感度主要影响炸药的储存、运输和使用过程中的安全。机械能感度高的炸药会在外界机械能的作用下意外爆炸，给爆破工程带来许多不安全因素，所以爆破工程中不希望炸药的机械能感度高。

炸药的机械能感度主要有撞击感度和摩擦感度。撞击感度表示炸药在撞击作用下发生爆炸的难易程度；摩擦感度衡量炸药在摩擦作用下发生爆炸的难易程度。撞击感度用自由落体原理的落锤实验测定；摩擦感度用摆式摩擦感度测量仪测定。

（6）炸药的爆炸冲能感度。爆炸冲能感度是指炸药在爆炸冲击波的作用下发生爆炸的难易程度。利用爆炸冲能起爆炸药是爆破工程起爆的主要方法，所以炸药的爆炸冲能感度是炸药性能的重要指标。炸药的爆炸冲能感度常用殉爆距离、极限起爆药量来衡量。

殉爆是一个炸药包爆炸后引起与其相隔一定距离的另一个炸药包发生爆炸的现象。殉爆距离是能够引起殉爆的最大距离。殉爆距离对确定炸药库房之间、炸药堆之间的安全距离，以及分段装药爆破和处理拒爆事故都有重要意义。极限起爆药量是保证炸药起爆所需的最小起爆药量。

### 3.2.1.3 炸药的威力

炸药的威力泛指炸药爆炸做功的综合能力。猛度和爆力是用得最广的衡量炸药威力的实验指标。

猛度是炸药在物体表面爆炸时产生粉碎作用的能力。它是由高压爆轰产物对邻近介质直接强烈冲击压缩所产生的，其强烈程度取决于装药密度和爆速。装药密度和爆速愈高，猛度愈大。测定猛度的方法有压缩铅柱法和弹道摆法。

爆力是估量炸药在介质内部爆炸时总的做功能力的指标。爆力反映爆炸应力波在介质中的传播和爆炸气体膨胀综合产生的压缩和破坏的结果，其大小与爆炸能量成比例，也与爆炸气体体积有关。测定炸药爆力大小的方法有铅柱法、爆破漏斗法、弹道摆法和弹道臼炮法等。

### 3.2.1.4 炸药的氧平衡

氧平衡是衡量炸药中所含的氧与将可燃元素完全氧化所需要的氧两者是否平衡的指标。炸药通常是由碳（C）、氢（H）、氧（O）、氮（N）4种元素组成的，其中碳、氢是可燃元素，氧是助燃元素。炸药的爆炸过程实质上是可燃元素与助燃元素发生极其迅速和猛烈的氧化还原反应的过程。反应结果是碳和氧化合生成二氧化碳（$CO_2$）或一氧化碳（$CO$），氢和氧化合生成水（$H_2O$），这两种反应都放出大量的热。每种炸药里都含有一定数量的碳、氢原子，也含有一定数量的氧原子，发生反应时可能出现碳、氢、氧原子的数量不完全匹配的情况。

根据所含氧的多少，可以将炸药的氧平衡分为零氧平衡、正氧平衡和负氧平衡3种情况：

（1）零氧平衡：炸药中所含的氧恰好将可燃元素完全氧化。

（2）正氧平衡：炸药中所含的氧把可燃元素完全氧化后尚有剩余。

（3）负氧平衡：炸药中所含的氧不足以把可燃元素完全氧化。

实践表明，只有当零氧平衡时，即炸药中的碳和氢都被氧化成 $CO_2$ 和 $H_2O$ 时，其放热量才最大。负氧平衡的炸药，爆炸产物中会有 $CO$、$H_2$，甚至会出现固体碳；正氧平衡炸药的爆炸产物中会出现 $NO$、$NO_2$ 等气体。负氧平衡和正氧平衡都不利于发挥炸药的最大威力，同时会生成 $CO$、$NO$、$N_xO_y$ 等有毒气体，这样的炸药不适于地下矿山的爆破作业。因此，氧平衡是设计混合炸药配方、确定炸药使用范围和条件的重要依据。

## 3.2.2 起爆器材与起爆方法

### 3.2.2.1 起爆器材

雷管、起爆能源和相应的连接器材统称为起爆器材，由起爆器材进行不同形式的连接构成起爆系统。

出于安全的考虑，工程上大量使用的炸药其敏感度都比较低，正常使用时必须用爆炸能来引爆。感度稍高的工业炸药可以用雷管的爆炸能来引爆，雷管是人为地将热能转变为爆炸的器件；感度低的工业炸药需要用起爆药包引爆，起爆药包用雷管引爆。用雷管引爆炸药是目前引爆炸药的主要手段。按照使用的雷管不同，将常用的工程爆破起爆方法分为火雷管起爆、电雷管起爆、导爆管-雷管起爆、导爆索起爆和混合起爆。

火雷管是最早使用的雷管，它必须和导火索配合使用。正常使用时，火雷管用导火索喷出的火焰引爆；在机械能和其他形式的热能的作用下也可以被引爆而发生意外爆炸事故。火雷管的结构如图3-3所示。

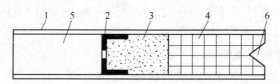

图3-3 火雷管的结构

1—管壳；2—加强帽；3—主起爆药；4—副起爆药；5—导火索插口；6—聚能穴

火雷管起爆的优点是操作技术简单、成本低，除非被雷电直接击中一般不受外来电的影响；其缺点是必须人工在爆破点逐个点火而安全性差，不能精确控制爆破顺序等，一般只用于小规模爆破作业。目前，在工程爆破中，火雷管起爆方法用得越来越少，有逐渐被淘汰的趋势。

### 3.2.2.2 电雷管起爆

电雷管起爆与火雷管起爆相比，可以实现远距离操作，大大提高了起爆的安全性；可以同时起爆大量药包，有利于增大爆破量；可以准确控制起爆时间和延期时间，有利于改善爆破效果；起爆前可以用仪表检查电雷管的质量和起爆网路的施工质量，从而保证了起爆网路正确和起爆的可靠性。因此，电雷管起爆曾经是一种应用最广的起爆方法。

A 电雷管

电雷管用电能转化的热能使雷管中的炸药起爆。电雷管分为瞬发电雷管、秒延期电雷管和毫秒延期电雷管。图3-4为瞬发电雷管的结构示意图。

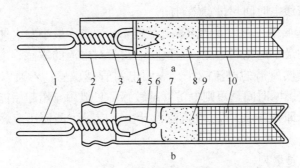

图3-4 瞬发电雷管的结构

a—直插式；b—引火头式

1—脚线；2—管壳；3—密封；4—纸垫；5—桥丝；6—引火头；
7—加强帽；8，9—主起爆药；10—副起爆药

在选用电雷管和设计电爆网路时，必须掌握所使用的电雷管的基本特性参数。电雷管的基本特性参数包括电雷管的全电阻、最大安全电流、最小准爆电流、点燃时间和传导时间以及点燃起始能。

（1）电雷管的全电阻。电雷管的全电阻包括电雷管脚线和桥丝串联的总电阻，也就是用欧姆表在电雷管两根脚线的端部所测定的电阻。电雷管的全电阻决定了电雷管在起爆电网上获得能量的大小。同组串联起爆网路中，全电阻大的电雷管获得较多的电能；并联起爆网路中，全电阻大的电雷管获得较少的电能。如果在同一起爆网路上电雷管的全电阻相差太大，使得各电雷管所获得的点燃能相差也大，很难保证起爆的安全可靠。

（2）最大安全电流。电雷管通以恒定直流电流持续5min，不致引燃电雷管

引火头的最大电流，称为电雷管的最大安全电流。规定最大安全电流是为了保证爆破作业的安全，并作为设计爆破专用仪表输出电流的依据。检测电雷管用的电参数仪表的输出电流不得超过 30mA。国产电雷管的最大安全电流，康铜桥丝电雷管为 0.3~0.55A，镍铬桥丝电雷管为 0.125~0.175A。

（3）最小准爆电流。一定能引爆电雷管的最小直流电流称为电雷管的最小准爆电流。国产电雷管的最小准爆电流不大于 0.7A。在爆破网路设计中，必须使每个电雷管上流过的直流电流大于最小准爆电流，才能保证每个电雷管都能可靠起爆。在实际设计中，设计流过每个电雷管的电流一般比最小准爆电流大得多，直流取 2.0~2.5A，交流取 2.5~4.0A。

（4）点燃时间和传导时间。点燃时间指从通电到引火头点燃的时间，记为 $t_B$；传导时间指从引火头点燃到雷管爆炸的时间，记为 $\theta$。点燃时间和传导时间之和称为电雷管的反应时间，即电雷管从通电到爆炸所经历的时间。电雷管通电时间只要超过点燃时间后，即使切断电源也能爆炸，所以在设计起爆网路时必须保证每个电雷管通电时间超过点燃时间。

（5）点燃起始能。电雷管的点燃起始能 $I^2t_B$，或称最小发火冲能，是使电雷管引火头发火的最小电流起始能，它反映电雷管对电流的敏感程度。点燃时间相同时，电雷管点燃所需的电流越小，表明电雷管越敏感；若通以同样大小的电流，电雷管被点燃的时间越短则电雷管越敏感。一般用点燃起始能的倒数表示电雷管的敏感度，即 $S_m = 1/I^2t_B$。在起爆设计中，应尽可能使用点燃起始能接近的电雷管。

B　电雷管起爆网

电雷管起爆网由电雷管、连接导线和起爆电源组成。两个电雷管的连接方法只有串联和并联两种。两个以上的电雷管可以串联或并联，也可以串、并联混合连接，较大的起爆网都是由复杂的串、并联组成的。在电雷管起爆网设计时，电雷管和连接导线都当做电阻处理，整个起爆网路相当于由电阻和电源组成的电路。

起爆电缆应该绝缘良好，其截面积大小取决于流过的电流大小。所有的接头部位都要用绝缘胶布包扎好。在所有起爆网路都已连接、电源接通之前，应该用专用仪表测量起爆网路上每个串、并联组，保证导通且电阻值与设计值相符。

矿山爆破可以用起爆器、照明电源和动力电源作为起爆电源。一般来说，任何电源只要能够提供足够的起爆电流，都可以用作起爆电源。照明和动力交流电具有容量大、供电可靠等优点，是最常用的起爆电源。如果不经变压，照明或动力电的电压是固定的，电流可以很大，所以照明和动力电源更适合于并联起爆网。

电雷管只要有足够的电流流过就可以爆炸。当爆破现场有静电或杂散电流时，有可能引起电雷管意外爆炸，所以必须先对现场的静电、杂散电流进行检测，确认没有危险后才可以用电雷管起爆，或者在杂散电流较小时装药起爆。

### 3.2.2.3 导爆管－雷管起爆

导爆管－雷管起爆方法属于非电起爆，业电网区、机电设备较多的环境使用安全，不受限制，可以满足各类工程爆破的要求。能用仪表检查网路的连接质量。其优点是不受静电、杂散电流影响，在有雷电、工并且操作简单、使用方便，一次同时引爆的雷管数与电雷管起爆相比，导爆管－雷管起爆的缺点是不能用仪表检查网络连接质量。

导爆管是一种在管内壁上涂有薄层猛炸药的管状起爆器材。当导爆管的一端受外界冲击能作用起爆后，导爆管内壁上的猛炸药发生爆炸反应，这种反应以冲击波的形式沿着管子向前传播，当冲击波传到导爆管另一端时，便引起雷管爆炸。导爆管在导爆管－雷管起爆系统中所起的作用相当于火雷管起爆中的导火索或电雷管起爆中的电线，但是导爆管传递的是爆炸冲能。

导爆管雷管的结构和电雷管相似，只不过引火部分是导爆管，而不是引火头和脚线。导爆管雷管分为瞬发和延期雷管两类，延期雷管又分毫秒、半秒和秒延期几个系列。延期导爆管雷管的结构如图3－5所示。此外，还有无起爆药的导爆管雷管，导爆管直接起爆加强药。

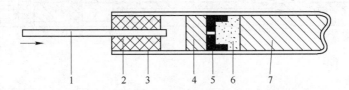

图3－5　延期导爆管雷管

1—导爆管；2—塑料塞；3—管壳；4—延期药；5—加强帽；6—主起爆药；7—副起爆药

导爆管可以用激发枪、激发笔、雷管、导爆索或炸药来激发。导爆管雷管在出厂时已经带有预定长度的导爆管。如果只用一发雷管起爆，而且雷管所带导爆管长度满足安全要求，那么只要将雷管插入药包就已经构成了最简单的起爆系统，用激发枪激发导爆管就可以起爆。

导爆管－雷管起爆适用于各种规模的起爆网路中，特别是用于大型起爆网路时更能突出其优点。目前在露天矿山的深孔爆破、井下矿山的巷道掘进中都得到了广泛的应用。

### 3.2.2.4 导爆索起爆

导爆索是一种药芯能够传递爆轰反应、可以直接起爆矿用炸药的索状起爆器材，其外形和结构与导火索类似，由药芯和包裹物组成。药芯为黑索金、泰安等单质猛炸药，普通导爆索外皮为红色（导火索为白色）。

导爆索起爆的优点是可以实现各种控制爆破，而且比导爆管、电雷管起爆简单，可靠性高，起爆能力大，不受静电、杂散电流的影响和有一定的耐水能力等，适用于深孔爆破、硐室爆破和各种光面、预裂爆破，在大爆破中多用作辅助起爆系统。

导爆索分为普通、安全、高抗水、高能和低能导爆索等多种。国产普通导爆索药芯为黑索金，可以直接起爆炸药、雷管和导爆管，具有一定的抗水性能；安全导爆索内加有消焰剂食盐；高抗水导爆索外包裹层内有一层塑料防水层，以便在深水中使用；高能导爆索的药量比普通导爆索大，低能导爆索的药量比普通导爆索少，分别用在特殊的爆破作业中。

单纯的导爆索起爆网中各药包几乎是齐发起爆，将导爆索与继爆管配合使用可达到毫秒延期的效果。继爆管的结构如图 3 - 6 所示。单向继爆管相当于毫秒电雷管去掉引火头部分，用消爆管取而代之。消爆管的作用是将导爆索传来的爆轰波减弱，正常地引燃延期药后经过预定延期时间后再引爆起爆药，使继爆管起到延时作用。单向继爆管如果方向接反，则不能传爆。双向继爆管在两个方向都是对称的，没有方向问题，两个方向都可延时传爆。

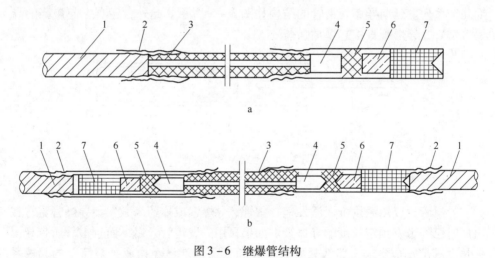

图 3 - 6　继爆管结构

a—单向继爆管；b—双向继爆管

1—导爆索；2—连接套；3—消爆管；4—减压室；5—延期药；6—起爆药；7—猛炸药

### 3.2.2.5　混合起爆

上述几种起爆方法各有优缺点，工程实际中往往根据具体情况采用几种起爆方法的混合起爆系统。在起爆网的设计中，应该充分考虑各种起爆器材的优缺点，扬长避短，安全而经济合理地布设起爆网。电雷管容易控制，最适合于用作主起爆雷管；导爆管雷管不受静电、杂散电流影响且成本较低，适合于大量起爆网路上的各起爆点；导爆索的传爆和起爆能力强，可以用在重要的起爆点和重要的连接部位。

井下巷道掘进时，常用火雷管作为主起爆雷管，导爆管雷管作为各个炮孔的起爆雷管。

### 3.2.3　矿山爆破事故

矿山爆破工程中的意外事故主要有炸药的早爆、自爆、迟爆、拒爆、燃烧和炮烟中毒等。

#### 3.2.3.1　早爆

早爆是实施爆破前发生的意外爆炸，是爆破工程中发生频率最高、危害最大的爆破事故。早爆一般是由自然因素或人为因素引起炸药或起爆器材的意外爆炸。例如，外来电流引起电雷管的早爆，热源引起炸药的早爆等。

A　外来电流引起的早爆

凡一切与专用的起爆电流无关而流入电雷管或电爆网路中的电流都叫外来电流。外来电流的强度达到某一值时就可能引起电雷管的早爆。因此，为了保证爆破作业的安全，在进行电爆破作业时必须把外来电流的强度控制在允许的安全界限以内（即低于爆破安全规程中所规定的安全电流）。这样，在进行电爆破作业的准备工作时，应该对流入爆破区的外来电流的强度进行检测，以决定应该采取什么样的安全措施。

外来电流来自外来电，引起炸药早爆的外来电有雷电和机电设备产生的杂散电、静电、射频电和感应电。

（1）雷电。雷电能够引起任何电雷管、非电雷管甚至炸药早爆，雷电场还能引起雷击点周围的导体回路产生很强的感应电流，使电雷管早爆。

雷电的特点是放电时间非常短促，能量集中，放电时的电流可高达 $10^4 \sim 10^5$ A，温度高达 $2 \times 10^4$ ℃，能将空气烧得白炽。如果爆破区被雷直接击中，那么网路中的全部炮孔或部分炮孔就可能发生早爆。由于雷电能产生强大的电流，即使远离雷击点的地下或露天爆破区的起爆系统也有被引爆的危险。

例如，1980 年 8 月的一天，辽宁本溪南芬露天铁矿正在进行深孔装药，炮孔数达 300 多个，总装药量为 80t。在连线过程中发生雷击，将全部深孔引爆。幸好雷击前工人已经全部撤离爆破区，没有酿成伤亡事故。

通过对多次雷击引起早爆事故的分析表明，雷电引爆往往是发生在整个爆破区，而不是发生在个别炮孔；雷电往往不是直接击中电爆网路，而多数是间接引爆。此外，电爆网路母线端头短接与否，以及是否用绝缘胶布包裹对防止雷电引起早爆都不起作用。

显然，雷电引起早爆事故要有雷击出现。在雷击之前，都会有雷雨将要来临的征兆，这种征兆可以用雷电报警器来进行预报。当爆破区内的报警器发出预报和警报后，爆破区内的一切人员都要立即撤离危险区。撤离前要将电爆网路的导线与地绝缘，但不要将电爆网路连接成闭合回路。除了采用雷电报警器以外，还可以采取以下措施来预防雷电所引起的早爆：

1）及时收听当地的天气预报，在雷雨季节进行露天爆破时宜采用非电起爆系统，不要采用电力起爆系统。

2）在露天爆破区必须采用电力起爆系统时，应该在区内设立避雷系统。

3）如果正在装药连线时出现了雷电，应该立即停止作业，将全体人员撤离到安全地点。

4）在雷电来临之前，将一切通往爆破区的导体（如电线和金属管道）暂时切断，以防止电流流入爆破区。

5）缩短爆破作业时间，争取在雷电来临之前起爆。

（2）杂散电流。存在于电气设施以外的电流称为杂散电流。杂散电流可能来自大地自然电流、电化学电流、电气设备和电机车牵引电网漏电电流。

一般来说，在均质同类岩层中，无论是交流电还是直流电产生的杂散电流都很少能引爆电雷管。但是，当电雷管的脚线或电爆网路的导线与个别导电的地层、铁轨、金属管道或其他导体接触时，就可能出现危险性较大的杂散电流。流入电雷管或电爆网路的杂散电流超过电雷管的引爆电流则可能发生早爆事故。

电气设备绝缘破损或接地不当会产生杂散电流。金属物体与盐溶液接触会产生电化学杂散电流，例如铁轨接触溶有硝铵炸药的矿井水可以产生 20~80mA 的电流；使用铝炮棍装填硝铵炸药时，铝与硝酸铵作用会产生电化学电流，可能造成早爆。在磁力异常区域应该注意大地自然电流问题。

电机车牵引电网漏电曾多次引起早爆事故。电机车牵引电网漏电产生的直流杂散电流的强度随距牵引变电站距离的增加而减弱，变电站附近可达到几安培，而采掘工作面处一般为几十毫安，但是杂散电流会趋向导体，且当电机车启动时增强。采掘工作面的风水管、轨道有时也输出能够点燃雷管的电流。改进电机车牵引电网连接，特别是作为回馈线的铁轨的连接，可以减少杂散电流的产生。

杂散电流的大小与物体的电导率有关，电导率越高则杂散电流越大。例如，金属管道与铁轨之间杂散电流最大，岩石与岩石之间、岩石与矿石之间杂散电流最小，金属管道、铁轨与岩石、矿石之间杂散电流大小居中。杂散电流大小还与作业面潮湿程度有关，作业面越潮湿则杂散电流越大。

为了防止杂散电流引起早爆事故，爆破前应该监测杂散电流，当杂散电流超过 30mA 时不得使用电爆破；消除爆破点附近的游离导体；检查并确保主线、支线、开关、插座的绝缘；爆破网路远离金属管网、铁轨；电雷管进入爆破区之前应该停电等。

（3）静电。用压缩空气向炮孔装填粉状炸药过程中，压气装药产生的静电可以累积在装药器、操作者手上、炮孔内和雷管脚线上，电压可达 30~60V。静电放电点燃雷管的方式有两种：放电电流经过脚线加热雷管的电桥丝或脚线头与雷管壳之间击穿而点燃引火头。在恶劣条件下压气装药产生的静电放电能量甚至可以点燃非电雷管。

人员穿着的不同质料的衣服、各层衣服之间的相互摩擦可以产生静电。根据国外的研究，穿着塑料雨衣的矿工在井下行走时产生的静电电压足以引爆普通电雷管。

（4）射频电。从雷管引出的两条电线同时伸展形成偶极天线，容易接收调频的电视射频能，电线总长度为 $L = n\dfrac{\lambda}{2}$ 时接收到的能量最大（式中，$\lambda$ 为波长，$n$ 为正整数，$n = 1, 2, 3, \cdots$）。雷管的一条电线接地、一条电线伸展所形成的天线，容易接收中短波调幅射频能，伸展电线长度为 $L = n\dfrac{\lambda}{4}$ 时接收到的能量最大。

（5）感应电。高压输电线在电爆网路中会产生感应电能。电爆网路与输电线平行且形成的环状面积越大，则感生电势越强。因此，在高压线附近进行电爆时，电爆网路电线应该尽量靠拢，其方向应该尽量垂直于输电线，以减少早爆危险。

**B　其他原因引起的早爆**

除了电的原因引起早爆外，其他原因也可能引起早爆：

（1）爆破器材质量不好。由于导火索质量差、芯药密度不匀、导火索被脚踩、被压和污染浸油等原因，造成导火索速燃，发生早爆事故。为了避免导火索速燃发生早爆事故，首先是生产厂家要保证产品质量，其次是使用单位要精心保管，防止被踩、被压和污染浸油。使用前也要按比例抽样进行燃速检查，坚决不使用不合格的产品，并且将其立即送入废品库准备销毁，以免忙乱中发错，造成导火索速燃早爆事故。

（2）爆破器材受到机械能、热能的作用。爆破器材在运输、储存、加工、检测和装填过程中受到猛烈冲击、摩擦或受热发生爆炸或由燃烧转为爆炸。

### 3.2.3.2　自爆与迟爆

**A　自爆**

自爆是由于爆破器材所含成分不相容或爆破器材与环境不相容而发生的意外爆炸。

例如，含有氯酸盐的硝铵炸药中的氯酸盐与硝酸铵发生化学反应引起的自爆，属于爆破器材所含成分不相容造成的。我国已经明令禁止生产含有氯酸盐的硝铵炸药，并且规定任何爆破器材新品种定型时，必须提供其所含成分具有相容性的科学证据。

爆破器材与环境不相容分为化学不相容和物理不相容两种情况。

例如，高硫矿物爆破时使用硝铵炸药发生的自爆属于化学性不相容造成的。当矿物含硫超过30%、矿粉中含硫酸铁和硫酸亚铁的铁离子之和超过0.3%，并且作业面有水时，硝铵炸药接触矿粉将加速反应而自爆。防止此类自爆应该清除炮孔内矿粉，保持炸药包装完好，严禁炸药直接接触孔壁，不许用矿渣堵塞炮孔，并且应严格控制装药时间。

在高温矿区爆破时可能发生物理不相容造成的自爆。为了防止高温造成自爆，装药前必须测定孔底温度。当孔底温度达到 $60 \sim 80℃$ 时，应该用沥青牛皮纸包装炸药，炸药不得直接接触孔壁，并且装药至起爆的持续时间不得超过 $1h$；当孔底温度达到 $80 \sim 140℃$ 时，应该用石棉织物或其他绝缘材料严密包装炸药，孔内禁止用雷管而应该用经过防热处理的黑索金导爆索引爆炸药，装药至起爆的允许持续时间应该经过模拟实验确定；当孔底温度超过 $140℃$ 时，应该用耐高温爆破器材。

**B　迟爆**

迟爆是实施爆破后延迟发生的意外爆炸。迟爆初看起来很像拒爆，但是经过几十分钟，甚至几十小时后突然爆炸。由于人们起初误以为是拒爆，当回到爆破区检查或按拒爆处理时又突然爆炸，所以有时会造成严重的人员伤亡。

发生迟爆的主要原因是爆破器材方面的原因。在使用导火索和雷管起爆的装药中，导火索药芯局部过细或不连续，存在断药、细药缺陷的导火索受潮后，药芯成分中的硝酸钾或硝酸钠潮解液浸入断药、细药处的棉纱中，形成燃速每小时数毫米或数厘米的缓燃线，延迟了起爆时间。雷管起爆威力不够，只引燃了炸药过后才转为爆炸，或者炸药起爆感度低，雷管爆炸时仅引燃了炸药而后转为爆炸，都会造成迟爆。

选用合格的爆破器材是防止迟爆的基本途径。

### 3.2.3.3　拒爆

拒爆是指爆破装药的一部分或全部在起爆后没有爆炸的现象，通常被称作盲炮。拒爆可以是单个药包拒爆，也可以是部分或全部药包拒爆。发生拒爆不仅影响爆破效果，而且处理拒爆的危险性很大。

**A　拒爆产生的原因**

产生拒爆的原因很多，可以从人的因素和物的因素两方面来考虑。人的因素引起拒爆的主要原因有：

(1) 装药、堵塞不慎引起的爆破网路断路、短路或炸药与雷管分离。

(2) 爆破网路连接错误或节点不牢、电阻误差太大。

(3) 爆破设计不当，造成带炮、"压死"或爆破冲坏网路。

(4) 防潮抗水措施不当或起爆能不足。

（5）掩护或其他原因碰坏、拉断爆破网路。

（6）漏接、漏点炮或违章作业产生拒爆。

物的因素引起拒爆的主要原因有：

（1）爆破器材质量不合格，如导火索断火、透火或喷火强度不够，电雷管短路、断路、电阻差太大等。

（2）爆破器材变质或过期。

（3）爆破工作面有水、油污染浸渍爆破器材，使其变质瞎火。

**B　拒爆的预防及处理**

应该首先考虑避免发生拒爆，然后再考虑一旦发生拒爆后的安全处理方法。防止发生拒爆的措施有：

（1）精心设计、精心施工，严防带炮和冲击爆破网路。

（2）改善操作技术，注意装药、连线和掩护时不要损坏爆破网路，避免漏接，保证爆破网路质量。

（3）加强爆破器材质量检测，改善爆破器材保管条件，防止爆破器材变质。

发现拒爆或怀疑有拒爆的场合，应该立即报告并及时处理；若不能及时处理时，应该在附近设置明显标志并采取相应的安全措施。电力起爆发生拒爆时必须立即切断电源，及时将爆破网路短路。遇到难处理的拒爆，应请示领导派有经验的爆破人员处理；大爆破的拒爆处理方法和工作组织，应由总工程师批准。每次处理拒爆时必须由处理者填写登记卡片。处理拒爆时无关人员不准在现场，并应该在危险区边界设警戒，危险区内禁止进行其他作业，处理时禁止拉出或掏出起爆药包。

不同爆破作业发生拒爆时其处理方法不尽相同。

（1）裸露爆破拒爆的处理。处理裸露爆破的拒爆时，允许用手小心地去掉部分封泥，在原有的起爆药包上重新安置新的起爆药包，加上封泥起爆。

（2）浅孔爆破拒爆的处理。处理浅孔爆破的拒爆时，可以采用下述方法：

1）经检查确认炮孔的起爆线路完好时，可重新起爆。

2）打平行孔装药爆破。平行孔距拒爆孔口不得小于 0.3m，对于浅眼药壶法，平行孔距拒爆药壶边缘不得小于 0.5m。为确定平行炮孔的方向，允许取出从拒爆孔口起长度不超过 20cm 的填塞物。

3）用木制、竹制或其他不发生火星的材料制成的工具，轻轻地将炮眼内大部分填塞物掏出，用聚能药包诱爆。

4）在安全距离外用远距离操纵的风水喷管吹出填塞物及拒爆炸药，但是必须采取措施回收雷管。

5）发生拒爆应该在当班处理，当班不能处理或未处理完毕时，应将拒爆情况（拒爆数目、炮孔方向、装药数量和起爆药包位置、处理方法和处理意见）

在现场交接清楚，由下一班继续处理。

（3）深孔爆破拒爆的处理。处理深孔爆破的拒爆时，可以采用下述方法：

1）爆破网路未受破坏，且最小抵抗线无变化者，可重新连线起爆；最小抵抗线有变化者，应验算安全距离，并加大警戒范围后，再连线起爆。

2）在距盲炮孔口不小于10倍炮孔直径处另打平行孔装药起爆。爆破参数由爆破工作领导人确定。

3）所用炸药为非抗水硝铵类炸药，且孔壁完好者，可取出部分填塞物，向孔内灌水，使之失效，然后作进一步处理。

（4）硐室爆破盲炮的处理。处理硐室爆破的盲炮可采用下列方法：

1）如能找出起爆网路的电线、导爆索或导爆管，经检查正常，仍能起爆者，可重新测量最小抵抗线，重划警戒范围，连线起爆。

2）沿竖井或平硐清除填塞物，重新敷设网路，连线起爆或取出炸药和起爆体。

### 3.2.3.4　炸药燃烧和炮烟中毒

#### A　炸药燃烧

矿用炸药中往往混有木粉、石蜡、松香或柴油等成分，遇到引火源会起火燃烧，特别是沾蜡的包装纸更易燃烧。有人试验，用电石灯的火焰点 3~5min 即可点燃药卷，火焰中心为白色、外层为棕色；25 卷 75kg 炸药约 13min 左右就全部烧完。炸药燃烧除了放出大量的热之外，产生大量的有毒气体令人员中毒，特别是在矿山井下炸药燃烧产生的大量有毒气体随风流蔓延，往往造成重大伤亡事故。

炸药本身含有大量的氧，燃烧时不需要外界供氧，因此用砂子压盖和泡沫灭火器都无用。对于初起的炸药着火，最好用水扑灭，水能降低燃烧表面的温度，也可以使硝酸铵溶解。但火势扩大时，也不宜用水扑救，以防由燃烧转化为爆炸。此时，唯一的办法是组织人员迅速撤离事故现场。

#### B　炮烟中毒

炮烟中毒是金属非金属矿山井下最主要的伤亡事故之一，根据 1973~1981 年 100 例矿山事故资料分析，炮烟中毒占整个爆破事故的 26%。

所谓炮烟是指炸药燃烧或爆炸后产生有毒有害气体的总称。在金属非金属矿山，炮烟中主要有毒有害成分是一氧化碳（CO）、氮的氧化物（NO、$NO_2$、$N_2O_5$）、二氧化碳（$CO_2$）等。在硫化物矿中，还产生硫化氢（$H_2S$）和二氧化硫（$SO_2$）。

炮烟对人体危害很大，其中一氧化碳与血色素的亲和力比氧与血色素的亲和力大 250~300 倍，致使血液中毒，造成严重缺氧窒息而死。氮的氧化物比一氧化碳的毒性大 6.5 倍以上，有强烈的刺激性，能和水结合成硝酸，对人体的肺部组织起破坏作用，造成肺水肿死亡，对眼膜、鼻腔、呼吸道等也具有强烈刺激作用。表 3 - 2 为几种常用炸药的有毒气体含量测定值。炸药燃烧与炸药在炮孔中的爆炸反应有所不同，由于和空气充分接触，多为正氧平衡，产生大量氮的氧化物。爆破中产生的一氧化碳在通风不良的地区，可较长期地停滞在采掘空间的顶部。所以炮烟中毒要根据事故发生时间、地点和条件，确定是属于哪种有毒气体中毒，对不同有毒气体中毒应采取不同的抢救方法。

表 3 - 2　几种矿用炸药的有毒气体测定值

| 炸药名称 | 有毒气体含量/(L/kg) | | |
|---|---|---|---|
| | CO | $NO_2$ | 总量 $V_{CO}+6.5V_{NO_2}$ |
| 1 号岩石炸药 | 42.7 | 8.27 | 96.50 |
| | 45.1 | 7.88 | 89.90 |
| 2 号岩石炸药 | 38.6 | 7.88 | 89.90 |
| | 47.4 | 5.08 | 80.71 |
| 3 号岩石炸药 | 35.7 | 11.4 | 109.80 |

大多数炮烟中毒事故的发生往往是由通风条件差和违章行为造成的，特别是在天井和独头工作面掘进的爆破时，更容易发生炮烟中毒事故。例如，1975 年11 月 30 日在江西某钨矿进行天井掘进的一次钻孔分段爆破试验研究时，最后一个分段高度为 10m 左右，装药 300kg，炮响后急于观察爆破效果，不到 10min 有3 人进入爆破现场，由于炮烟太浓什么也看不见只好退出，又等了一会之后第二次进入爆破现场，结果 3 个人相继因炮烟中毒而死亡。

为了杜绝炮烟中毒事故，必须严格遵守《爆破安全规程》(GB 6722—2003)的规定，井巷掘进爆破时，最后一炮响过之后至少要经过 15min 以后才能进入现场检查，检查人员认为合乎作业条件了，工人才能到现场作业。通风条件不好的天井（例如没有中心大孔的）和独头掘进工作面，等候排烟的时间还应该加长。许多有毒气体是无色、无味的，靠视觉、嗅觉很难判断，必要时应该用仪器测定CO 和 NO 等有毒气体的含量。

### 3.2.3.5　其他爆破事故

除了上述的炸药早爆、自爆、迟爆、拒爆、燃烧和炮烟中毒等事故外，采掘过程中打残眼、避炮不当、看回头炮等不安全行为以及炸药加工、储存、运输和销毁过程中也可能引起爆破事故。

#### A　打残眼

在掘进爆破作业中有时会发生拒爆，在炮孔底部残留未爆炸的残药，往往不容易被发现。因此，在进行下一个循环的凿岩作业时，如果不注意钎头很容易滑入"残眼"中，也有个别凿岩工图省事，沿着"残眼"凿岩的情况。在凿岩机的猛烈冲击下孔内残药可能爆炸，造成人员伤亡。例如，1977 年 12 月辽宁某铅锌矿，在竖井掘进中，两名凿岩工打眼时，钎头滑入"残眼"内引起残药爆炸，两名凿岩工当即死亡。

打残眼、违章处理拒爆造成的伤亡事故在各类爆破事故中所占比例较大。《爆破安全规程》明文规定严禁打"残眼"。为了避免此类事故重复发生，一方面要严格检查和妥善处理拒爆，及时查出发生拒爆的原因立即采取有效措施；另一方面应该加强爆破安全规程的宣传教育和落实工作，在开始凿岩作业之前一定要指定专人进行全面细致的检查，按爆破时的装药孔数，查找是否有"残眼"，避免打"残眼"。

B　避炮不当

矿山爆破作业中曾发生由于避炮不当导致人员伤亡的事故。

无论是露天爆破或地下爆破，必须设置警戒，有明确的爆破信号，严防有人误入爆破危险区发生意外事故。人员避炮必须到安全距离以外。

平巷掘进爆破时，距爆破点 20m 的范围内不能作为避炮场所。在相距小于 20m 的两平行巷道中的一个巷道工作面需要爆破时，相邻工作面的人员必须撤至安全地点避炮。

天井掘进采用深孔分段装药爆破时，装药前必须在通往天井底部出入通道的安全地点派出警戒，以免有人误入爆破现场。放炮前应该认真检查，发出统一规定的放炮信号，确认底部无人时方准起爆。竖井、盲竖井、斜井、盲斜井的掘进爆破中，起爆时井筒内不得有人。

当两个相向掘进的巷道即将贯通时，如果一端爆破打穿岩石隔层则可能炸伤另一端作业的人员。《爆破安全规程》规定，当两个工作面相距 15m 时，地测人员应该事先下达通知，此后只准一个工作面向前推进，并在双方通向工作面的安全地点派出警戒，双方工作面的全体人员撤至安全地点后才准起爆。

C　看回头炮

看回头炮是放炮之后怀疑自己可能丢炮漏点，又回头去看，结果炸药爆炸造成了人身伤亡事故。例如，1984 年 6 月，某井下矿一位有近 20 年放炮经验的老爆破工，看回头炮当即被炸死亡。

D　炸药库爆炸

矿山炸药库是爆破器材比较集中的存储场所，并且一般都属于重大危险源，必须严格管理。曾经发生的一些炸药库爆炸事故，几乎都与违章使用白炽灯有关。

例如，1970 年 6 月 3 日，辽宁某矿井 +13m 中段临时炸药库曾发生一起恶性爆炸事故。库内存放 1700kg 二号岩石炸药、500 余发火雷管全部爆炸。爆炸后底板形成 0.6m 深的漏斗坑，顶板岩石局部冒落。由于空气冲击波的强烈作用，距离爆炸中心 15m 左右的风水管被炸成碎片，其余风水管、电缆全部落架，井口摇台、安全栏和信号装置全部被摧毁。变电硐室的工人和等候乘罐的人员，因受冲击波超压冲击全部死亡。下部中段作业人员因炮烟中毒造成伤亡。事故调查发现，炸药库内用12盏1000W灯泡防潮烘干和照明，有的灯泡直接与爆炸材料接触。更为严重的是在保管员坐的木箱内，放入大量加工好的雷管，上面也吊了一个大灯泡。

又如，1977年7月，湖南某矿井下炸药库发生一起爆炸事故，库内存放1500发火雷管、3000m导火索和960kg二号岩石炸药，全部燃烧爆炸，造成人员严重伤亡。事故调查认为，炸药库内用三盏500W灯泡照明兼作防潮，因悬挂安装不牢灯泡摔破后落在散包的炸药上，炽热的钨丝直接加热、引燃炸药，燃烧的炸药又引爆火雷管，造成全部爆炸材料爆炸的严重事故。

《爆破安全规程》规定，爆破器材库内不应安装灯具，宜自然采光或在库外安设探照灯进行投射照明，灯具距库房的距离不应小于3m，以防止照明灯具引起爆炸器材意外爆炸。

E 违章销毁爆破器材

《爆破安全规程》对销毁爆破器材有明确规定，必须严格遵守，否则可能引起意外爆炸事故。

例如，1974年11月，江西某矿在尾矿坝销毁过期的火雷管时，没有按照《爆破安全规程》要求将待销毁的雷管包装埋入土中用电雷管起爆，而是把待销毁的雷管摆放在地上点燃导火索起爆。导火索弹回点燃了待销毁的雷管，发生意外爆炸事故，造成人员严重伤亡。1983年5月，辽宁某钢厂几名不懂炸药性能的干部带领工人销毁八桶黑火药时，用撬棍和铁锹等去开炸药桶，铁器撞击产生的火花引爆炸药桶，当场炸死多人，炸毁大卡车一辆。

## 3.2.4 爆破有害效应及其控制

在爆破工程中，炸药的能量除了一部分做有用功外，其余部分的能量所产生的效应是无用的，甚至是有害的。爆破的有害效应主要有爆破地震、空气冲击波、飞石、有毒气体、噪声等。爆破技术的关键是控制能量，将尽可能多的能量用于做有用功，减小爆破的有害效应。

### 3.2.4.1 爆破地震波

炸药在岩石中爆炸时所释放的能量中，有一小部分能量以弹性波的形式从爆源向周围介质传播形成爆破地震波。

爆破地震波常常会造成爆源附近的地面以及地面上的物体产生颠簸和摇晃；当爆破地震波达到一定强度时，可以造成爆破区周围建筑物破坏、露天矿边坡的滑坡以及地下巷道冒顶和片帮。减小爆破地震强度和确定爆破地震的安全距离是爆破安全的主要任务。

A  爆破地震波的特征参数

在研究爆破地震破坏效应时，一般考虑振动强度、频率和持续时间 3 个参数，其中振动强度和频率特性是决定破坏效应的主要因素。

振动强度常用质点振动加速度或质点振动速度来表示。振动强度与装药量、距爆源的距离等许多因素有关，往往用经验公式计算。目前应用较广的预测爆破振动速度影响的公式为

$$v = K \left( \frac{\sqrt[3]{Q}}{R} \right)^{\alpha} \tag{3-1}$$

式中  $R$——爆破源到测点的距离，m；

$Q$——同时爆破的炸药量，kg；

$K$, $\alpha$——与岩石性质、爆破参数、起爆方法及装药结构有关的系数。

在同样强度的地震波作用下，天然地震可使结构物遭到严重破坏，而爆破地震波破坏性较小，这主要是由于爆破地震波频率低、持续时间短的缘故。爆破地震波持续时间一般随装药量的增大而增长，目前尚没有成熟的计算方法，可以通过实测积累数据，然后根据经验数据对比分析类似的爆破工程。

由于爆破地震产生的破坏作用非常复杂，影响因素很多，往往很难根据单一物理量来判断爆破地震的破坏作用。《爆破安全规程》将振动速度和振动频率定为判断爆破地震破坏的依据。

B  爆破地震安全距离

为了防止爆破地震造成破坏，爆破地点与被保护对象之间必须保持的最短距离称作爆破地震安全距离。它取决于被保护对象的安全振动速度和允许炸药量。安全振动速度是被保护对象受到 90% ~95% 该速度的爆破地震作用不产生任何破坏的振动速度峰值；允许炸药量是满足振动速度要求的炸药量。

爆破地震安全允许距离可按式（3-2）计算：

$$R = \left( \frac{K_0 K}{v} \right)^{\frac{1}{\alpha}} Q^{\frac{1}{3}} \tag{3-2}$$

式中  $R$——爆破地震安全距离，m；

$Q$——同时爆破的炸药量，kg；

$v$——建（构）筑物的振动安全允许速度（见表 3-3），cm/s；

$K$, $\alpha$——与爆破点地形、地质等条件有关的系数和衰减速度系数，可按表 3-4 选取或由实验确定；

$K_0$——延时间隔影响系数，秒延时爆破时取 $K_0 = 1.0$，毫秒延时爆破时 $K_0 = 1.4 \sim 1.6$。

表 3 - 3 爆破振动安全允许速度

| 序号 | 地面建筑物和隧道的分类 | | 不同频率的爆破振动速度/(cm/s) | | |
|---|---|---|---|---|---|
| | | | <10Hz | 10~50Hz | 50~100Hz |
| 1 | 土窑洞、土坯房、毛石房屋 | | 1.0 | 1.0~3.0 | 1.3~1.5 |
| 2 | 一般砖房、非抗震的大型砌块建筑物 | | 2.0 | 2.0~2.5 | 2.5~3.0 |
| 3 | 钢筋混凝土框架房屋 | | 3.0 | 3.0~4.0 | 4.0~6.0 |
| 4 | 一般古建筑与古迹 | | 0.2 | 0.2~0.6 | 0.6 |
| 5 | 水工隧道 | 围岩不稳定，有良好支护 | 7 | 7~10 | 10~15 |
| | | 围岩中等稳定，有良好支护 | 10 | 10~15 | 15~20 |
| | | 围岩稳定，无支护 | 15 | 15~20 | 20~30 |
| 6 | 交通隧道 | 围岩不稳定，有良好支护 | 10 | 10~15 | 15~20 |
| | | 围岩中等稳定，有良好支护 | 15 | 15~20 | 20~25 |
| | | 围岩稳定，无支护 | 20 | 20~25 | 25~30 |
| 7 | 矿山巷道 | 围岩不稳定，有良好支护 | 10 | 10~20 | 20~30 |
| | | 围岩中等稳定，有良好支护 | 20 | 20~30 | 30~40 |
| | | 围岩稳定，无支护 | 30 | 30~40 | 40~50 |
| 8 | 水电站及发电厂中心控制室设备 | | 0.5 | 0.5 | 0.5~0.6 |
| 9 | 新浇大体积混凝土 | 龄期 初龄3天 | 2.0 | 2.0~2.5 | 2.5~3.0 |
| | | 龄期 3~7天 | 3.0 | 3.0~5.0 | 5.0~7.0 |
| | | 龄期 7~28天 | 7.0 | 7.0~9.0 | 9.0~12 |

表 3 - 4 爆破区不同岩性的 $K$、$\alpha$ 值

| 岩 性 | $K$ | $\alpha$ |
|---|---|---|
| 坚硬岩石 | 50~150 | 1.3~1.5 |
| 中硬岩石 | 150~250 | 1.5~1.8 |
| 软岩石 | 250~350 | 1.8~2.0 |

C 减震措施

在爆破之前必须估计爆破地震效应，并采取有效措施来减小爆破地震危害。目前国内外应用较成熟的降低爆破震动方法主要有微差爆破、预裂爆破和掘防震沟、合理选取爆破参数和炸药单耗、间隔装药和选择爆破方式等。

（1）微差爆破。微差爆破是控制爆破地震危害的最有效手段。微差爆破时爆破地震频率高、衰减快，由于多段微差爆破减少了同时爆破的炸药量，可以大大降低地震效应。必要时还可采取逐孔起爆的方式。通过正确确定段数及最大一段的装药量，选用适宜的炸药及起爆顺序与延迟时间，可以把爆破地震效应控制在安全标准要求的水平以下，而又不影响总的爆破规模。

（2）预裂爆破和掘防震沟。爆破地震波由爆源向各个方向传播，为了减弱到达保护对象的地震波强度，可以人为地在爆源和保护对象之间创造阻波条件。

预裂爆破是在爆破区和保护对象之间钻一排或多排密集炮孔，装药量较小，只要爆破后能形成一条一定宽度的连续裂缝即可。在主爆破区爆破之前首先起爆预裂孔，形成预裂缝，然后起爆主爆破区。当主爆破区爆破时，主爆破区和保护对象之间已经存在裂缝，透射到保护对象一侧的地震波的强度大为减弱，从而使保护对象免受爆破地震破坏。

在被保护物朝向爆源的一方，运用地形地物采取掘沟方式隔断地震波，特别是表面波的传播，是有效的防震保护措施。

（3）合理选取爆破参数和炸药单耗。减小炮孔超深，采用较小的抵抗线和排距，从而减小炮孔爆破的夹持作用，地震效应相应地会降低。炸药单耗—爆破 $1m^3$ 矿岩所消耗的炸药量，决定了爆破效应的强弱，炸药单耗越小爆破地震效应越弱，所以在满足爆破效果的前提下，应尽量减小炸药单耗。

（4）间隔装药。实践表明，采用间隔装药，不但可以改善爆破效果，降低大块率，同时可以减少单孔装药量，减弱地震效应。

（5）爆破方式。有研究表明，采用清碴爆破要比压碴爆破所产生的地震效应降低50%以上，因此，在必要时，可以采用清碴爆破的方式，达到减震的目的。

### 3.2.4.2 爆破冲击波

炸药在介质中爆炸，爆炸产物在瞬间高速膨胀急剧冲击和压缩周围的空气，在被压缩的空气中压力陡峻上升，形成以超声速传播的爆破冲击波。爆破冲击波具有比自由空气更高的压力—超压，常常会造成爆破区附近建筑物的破坏、人员器官的损伤和心理不良反应。

A 爆破冲击波超压

爆破冲击波由压缩相和稀疏相两部分组成，如图3-7所示。在大多数情况下，冲击波的破坏作用是由压缩相引起的。当爆破冲击波在空气中传播时，随着距离的增加，高频成分的能量比低频成分的能量更快地衰减，爆破冲击波的波强逐渐降低变成噪声和亚声。这常常造成在远离爆炸中心的地方出现较多的低频能量，导致远离爆炸中心的建筑物发生破坏。

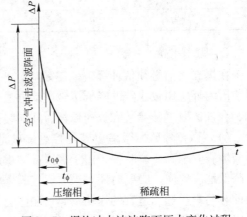

图3-7 爆炸冲击波波阵面压力变化过程

爆破冲击波波阵面上的超压值 $\Delta P$ 是决定压缩相破坏作用的特征参数：

$$\Delta P = P - P_0 \tag{3-3}$$

式中　$P$——爆炸冲击波波阵面上的峰值压力，Pa；

　　　$P_0$——周围空气的初始压力，Pa。

炸药在岩石中爆炸时，爆破冲击波的强度取决于同时爆破的装药量、传播距离、起爆方法和填塞质量等因素。冲击波波峰压力的大小与装药量和传播距离间的关系可以用下式来表示：

$$P = H\left(\frac{Q^{\frac{1}{3}}}{R}\right)^{\beta} \tag{3-4}$$

式中　$H$——与爆破现场条件有关的系数，主要取决于药包的填塞条件和起爆方法；

　　　$\beta$——爆破冲击波的衰减指数，参考表 3-5 选取；

　　　$Q$——装药量，齐发起爆时为总药量，延时起爆时为最大一段装药量，kg；

　　　$R$——自爆破中心到测点的距离，m。

表 3-5　不同起爆方法的 $H$、$\beta$ 值

| 爆破条件 | $H$ | | $\beta$ | |
|---|---|---|---|---|
| | 毫秒起爆 | 即发起爆 | 毫秒起爆 | 即发起爆 |
| 炮孔爆破 | 1.43 | | 1.55 | |
| 破碎大块时的炮眼装药 | | 0.67 | | 1.31 |
| 破碎大块时的裸露装药 | 10.7 | 1.35 | 1.81 | 1.18 |

B　爆破空气冲击波的测定

爆炸冲击波的测量仪器有电子测试仪和机械测试仪两大类。前者的测量精度较高、灵敏度较好；后者的结构简单、使用方便，但是测量精度较低。

一般地，电子测试仪由传感器、记录装置和信号放大器三部分组成。传感器是接收爆破冲击波信号的元件，它有压电式、电阻应变式和电容式三种。压电晶体式传感器是利用某些晶体（如石英钛酸钡、锆酸铅等）的压电效应，当某一面上受到爆破冲击波的压力作用时就会产生电荷，电荷量与压力成正比。这种效应是无惯性的过程，因此，能将冲击波的压力信号转换为电荷信号，并对外电路的电容充电，从而转换成电压信号。记录装置是把信号记录下来的装置，可以采用阴极射线示波器、记忆示波器或瞬态波形记录仪。信号放大器处于传感器和记录装置的中间，将传感器输出的信号放大，无遗漏地传输给记录装置。

C　爆破冲击波的破坏作用及其预防

当进行大规模爆破时，特别是在井下进行大规模爆破时，强烈的爆破冲击波在一定距离内会摧毁设备、管道、建筑物、构筑物和井巷中的支架等，有时还会造成人员的伤亡和采空区顶板的冒落。

根据国内外的统计，在不同超压下爆破冲击波造成不同建筑物破坏的情况列于表 3-6。

表 3-6　爆破冲击波的破坏等级

| 破坏等级 | 建筑物破坏程度 | 超压/MPa |
|---|---|---|
| 7 | 砖木结构完全破坏 | >0.2 |
| 6 | 砖墙部分倒塌或开裂，土房倒塌，土结构建筑物破坏 | 0.1~0.2 |
| 5 | 木结构梁柱倾斜，部分折断，砖结构屋顶掀掉，墙局部移动和开裂，土墙裂开或局部倒塌 | 0.05~0.10 |
| 4 | 木隔板墙破坏，木屋架折断，顶棚部分破坏 | 0.03~0.05 |
| 3 | 门窗破坏，屋顶瓦大部分掀掉，顶棚部分破坏 | 0.015~0.030 |
| 2 | 门窗部分破坏，玻璃破坏，屋顶瓦部分破坏，顶棚抹灰脱落 | 0.007~0.015 |
| 1 | 玻璃部分破坏，屋顶瓦部分翻动，顶棚抹灰部分脱落 | 0.002~0.007 |

爆破冲击波的影响范围与地形因素有关，根据不同地形条件可适当增减爆破冲击波安全距离。例如，在狭谷地形爆破的场合，沿沟谷的纵深或沟谷的出口方向应增大 50%~100%；在山的一侧进行爆破时对山的另一侧影响较小，在有利的地形下可减少 30%~70%。在井下爆破时，除了爆破冲击波能伤害人员以外，随后的气流也会造成人员的伤亡。例如，当超压为 $(0.3~0.4) \times 10^5$ Pa、气流速度达 60~80 m/s 时，人员将无法抵御。并且，气流中往往夹杂着碎石和木块等物体，更加重了对人体的伤害。

为了减少爆破冲击波的破坏作用，可以从两方面采取有效措施：一是防止产生强烈的爆破冲击波；二是利用各种条件来削弱已经产生了的爆破冲击波。

如果能尽量提高爆破时爆炸能量的利用率，减少形成爆破冲击波的能量，就能最大限度地降低爆破冲击波的强度。为此，应该合理确定爆破参数，避免采用过大的最小抵抗线，防止产生"冲天炮"；选择合理的微差起爆方案和微差间隔时间，保证岩石能充分松动，消除爆破夹制作用；保证炮孔填塞质量或采用反向起爆，防止高压气体从炮孔冲出等。

在井下爆破时为了削弱爆破冲击波的强度，在其传播的巷道中可以使用各种材料（如混凝土、木材、石块、金属、砂袋或充水的袋）砌筑成阻波墙或阻波排柱。图 3-8~图 3-10 分别为木阻波墙、混凝土阻波墙和木阻波排柱示意图。

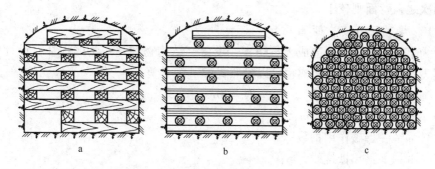

图 3-8　木阻波墙

a—留有人行道的枕木缓冲型阻波墙；b—圆木缓冲型阻波墙；c—木垛阻波墙

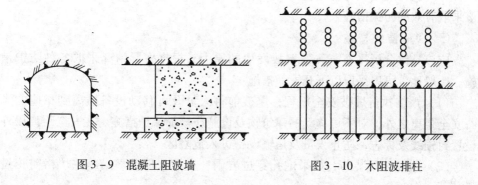

图 3-9　混凝土阻波墙　　　　　图 3-10　木阻波排柱

### 3.2.4.3　飞石

#### A　飞石的危害及产生原因

飞石是指爆破时远离爆堆飞散很远的个别岩块。这些岩块散落范围广、落点具有随机性，可能威胁人员、设备、构筑物和建筑物安全。个别飞石的最大飞散距离主要取决于最小抵抗线、爆破作用指数，其他影响因素包括：

（1）岩石特性。由于岩体的不均质性，爆破时较弱岩石处的阻力小，易冲出形成飞石。

（2）地质因素及地形因素。例如，受断层、软弱夹层或溶洞等地质因素影响而造成爆破能分布不均；冲沟、凹面或多面临空地形会造成前排孔抵抗线变小而形成飞石。

（3）其他因素。例如，装药量过大、填塞长度不够或填塞质量不佳、多段微差爆破中起爆顺序不当或延迟时间太短等；二次爆破（指用爆破的方法破碎大块）易产生飞石。

飞石的飞散距离有一定的方向性，在岩石移动方向上飞石的飞散距离较大，侧面次之，背面则较小。

B 爆破飞石安全距离

为了防止爆破飞石造成人员伤害、设备、结构物和建筑物的损坏，设计中，个别飞石对人员的安全距离也可以参照式(3-5)估算：

$$R_F = 20Kn^2W \qquad\qquad (3-5)$$

式中 $R_F$——安全距离，m；

$n$——爆破作用指数；

$W$——最小抵抗线，m；

$K$——与地形、岩石移动方向、风向、岩石特性及地质条件有关的系数。沿抵抗线方向、顺风、下坡方向、硬脆岩石取较大值，反之取较小值，一般取 1~1.5。

针对设备或建筑物的爆破飞石安全距离，可按上式计算值减半考虑，但是应该采取有效的防护措施。

C 飞石防护措施

应该具体分析飞石与飞石事故发生的原因，根据实际情况采取各种防护措施。一般地，可以采取以下几方面措施：

(1) 严格执行爆破安全规程，爆破前将人员及可移动设备撤离到相应的飞石安全距离之外，对不可移动的建筑物及设施应该加保护措施。在安全距离以外设置封锁线及标志，防止人员及运输设备进入危险区。

(2) 避免过量装药，如果炮孔穿过岩硐，应该采取回填措施并严格防止过量装药。

(3) 选择合理的孔网参数，按设计要求保证穿孔质量。

(4) 对于抵抗线不均匀、特别是具有凹面及软岩夹层的前排孔台阶面，要选择合适的装药量及装药结构。

(5) 保证填塞长度及填塞质量。露天深孔爆破填塞长度应该大于最小抵抗线的70%，同时要选用粗粒、有棱角、具有一定强度的岩石充填料。

(6) 采用合理的起爆顺序和延迟时间。延迟时间的选择应该保证前段起爆后岩石已经开始移动，形成新的自由面后再起爆后段炮孔。延迟时间过短甚至跳段都会造成后段炮孔抵抗线过大，形成向上的爆破漏斗而产生飞石。

(7) 二次爆破中尽量少用裸露爆破法。采用浅孔爆破法进行二次爆破时，应该保证孔深不能超过大块厚度的2/3，以免装药过于接近大块表面而产生飞石。

(8) 采用防护器材控制和减少飞石。防护器材可用钢丝绳、纤维带与废轮胎编结成网，再加尼龙、帆布垫构成，可以有效地控制飞石。

(9) 设置避炮棚。

### 3.2.4.4 爆破噪声

爆破噪声是指炸药爆炸所产生的爆炸声。炸药爆炸时在爆源附近的空气中形成冲击波，随着传播距离的增加空气冲击波逐渐衰减为声波。此外，岩土中的应力波、地震波的高频部分通过地面传入空气中，其中 20～20000Hz 可闻部分也形成噪声；爆破时岩石破裂、运动、碰撞及撞击地面等均产生噪声。

爆破噪声主要是指爆破冲击波波谱中的可闻部分。爆炸噪声的一个显著特点是持续时间短，属于脉冲型的高噪声。可以采取下列措施降低爆破噪声：

（1）保证炮孔填塞长度及填塞质量，可以大大减小空气冲击波，进而降低爆破噪声。

（2）采用多排微差爆破，减少最大一段装药量，可以降低爆破噪声。

（3）采用导爆索起爆系统时，用细砂土覆盖地面导爆索网路可以减弱爆破噪声。

（4）在二次爆破中，用钻孔水封爆破代替裸露爆破可以降低爆破噪声。

（5）设置障碍及遮蔽物是降低爆破噪声的有效措施。

一般来说，爆破噪声为间歇性脉冲噪声，虽然声压级比较高但是作用时间很短，造成的危害不大。对于必须留在离爆破区较近的人员，可使用防噪声耳塞、耳罩及帽盔等听力保护器以减小爆破噪声对听力的影响。

## 3.2.5 爆破安全管理

### 3.2.5.1 爆破安全规程

矿山爆破作业必须严格遵守《爆破安全规程》（GB 6722—2003）中的有关规定。《爆破安全规程》详细地规定了进行各种爆破作业的各方面要求，其主要内容包括：

（1）爆破作业的基本规定。包括有关爆破工程分级管理、爆破企业与爆破作业人员、爆破设计、爆破安全评估、爆破工程安全监理、设计审批、爆破作业环境的规定、施工准备、爆破器材、起爆方法与起爆网路、装药、填塞、爆后检查、盲炮处理、爆破效应监测和爆破总结方面的规定。

（2）各类爆破作业的安全规定。包括有关露天爆破、硐室爆破、地下爆破、拆除爆破及城镇浅孔爆破、水下爆破、金属爆破与爆炸加工、地震勘探爆破、油气井爆破、钻孔雷爆和桩井爆破方面的规定。

（3）安全允许距离与环境影响评价。包括一般规定以及爆破振动安全允许距离、爆破冲击波安全允许距离、个别飞散物安全允许距离、爆破器材库的安全允许距离、爆破器材库的内部安全允许距离、外部电源与电爆网路的安全允许距离、爆破对环境有害影响的控制方面的规定。

（4）爆破器材的安全管理。包括一般规定以及有关爆破器材的购买、爆破器材的运输、爆破器材的储存、爆破器材的检验和炸药的再加工方面的规定。

### 3.2.5.2 爆破作业的基本规定

**A 重要爆破工程分级管理**

《爆破安全规程》根据炸药量将各类爆破工程分为 A、B、C、D 四级，见表 3-7，按各级别的相应规定进行设计、施工和审批。

表 3-7 爆破工程分级

| 级别 | 爆破工程形式 | | | | | |
|------|------|------|------|------|------|------|
| | 硐室爆破 | 露天深孔爆破 | 地下深孔爆破 | 水下深孔爆破 | 复杂环境深孔爆破 | 拆除爆破及城市浅孔控制爆破 |
| A | $1000 \leqslant Q < 3000$ | | | $Q \geqslant 50$ | $Q \geqslant 20$ | $Q \geqslant 0.5$ |
| B | $300 \leqslant Q < 1000$ | $Q \geqslant 200$ | $Q \geqslant 100$ | $20 \leqslant Q < 50$ | $10 \leqslant Q < 20$ | $0.2 \leqslant Q < 0.5$ |
| C | $50 \leqslant Q < 300$ | $100 \leqslant Q < 200$ | $50 \leqslant Q < 100$ | $5 \leqslant Q < 20$ | $5 \leqslant Q < 10$ | $Q < 0.2$ |
| D | $Q < 50$ | $50 \leqslant Q < 100$ | $20 \leqslant Q < 50$ | $0.5 \leqslant Q < 5$ | $1 \leqslant Q < 5$ | |

注：1. $Q$ 表示炸药量，单位为 t；

2. 一次用药量大于 3000t 的硐室爆破，应由业务主管部门组织专家讨论通过，按 A 级管理；

3. 复杂环境深孔爆破指在距离破区 100m 范围内有居民集中区、大型养殖场或重要设施的环境进行的深孔爆破。

**B 爆破企业与爆破作业人员**

承担爆破设计的单位应该持有有关部门核发的《爆破设计证书》，是经工商部门注册的企业（事业）法人单位，其经营范围包括爆破设计，有符合规定数目、级别、作业范围的持有《爆破工程技术人员安全作业证》的技术人员和有固定的设计场所。

表 3-8 列出了承担各级爆破设计的单位应该具备的条件。表 3-9 列出了承担各级爆破施工的单位应该具备的条件。

表 3-8 承担各级爆破设计单位的条件

| 工程等级 | 设计单位条件 | |
|------|------|------|
| | 人 员 | 业 绩 |
| A | 高级爆破技术人员不少于 2 人，其中 1 人持有同类 A 级证 | 同类一项 A 级或两项 B 级成功设计 |
| B | 高级爆破技术人员不少于 1 人，持同类 B 级证者不少于 1 人 | 同类一项 B 级或两项 C 级成功设计 |
| C | 中级爆破技术人员不少于 2 人，其中 1 人持有同类 C 级证 | 同类一项 C 级或两项 D 级成功设计 |
| D | 中级爆破技术人员不少于 1 人，持同类 D 级证者不少于 1 人 | 同类一项 D 级或两项一般爆破成功设计 |

表3-9　承担各级爆破工程施工企业的条件

| 工程等级 | 施工企业条件 | |
| --- | --- | --- |
| | 人　员 | 业　绩 |
| A | 高级爆破技术人员不少于1人,有同类B级证者不少于1人 | 有B级以上(含B级)同类工程施工经验 |
| B | 高级爆破技术人员不少于1人,同类C级证者不少于1人 | 有C级以上(含C级)同类工程施工经验 |
| C | 中级爆破技术人员不少于1人,同类D级证者不少于1人 | 有D级以上(含D级)同类工程施工经验 |
| D | 中级爆破技术人员不少于1人 | 有一般爆破施工经验 |

C　爆破安全评估

实施A、B、C、D级爆破前都应该进行安全评估,未经过安全评估的爆破设计任何单位不准审批或实施。安全评估的内容包括:设计和施工单位的资质是否符合规定,设计依据资料的完整性和可靠性,设计方法和设计参数选择的合理性,起爆网路的准爆性,设计选择方案的可行性,存在的有害效应及可能影响范围,保证工程环境安全措施的可靠性,以及可能发生事故的预防对策和抢救措施是否适当。

爆破作业环境的规定爆破作业点有下列情形之一时,禁止进行爆破作业:

(1) 岩体有冒顶或边坡滑落危险。

(2) 爆破会造成巷道涌水,堤坝漏水,河床阻塞,泉水变迁。

(3) 爆破可能危及建(构)筑物、公共设施或人员的安全,而无有效防护措施。

(4) 硐室、炮孔温度异常。

(5) 通道不安全或阻塞,支护规格与支护说明书的规定有较大出入或工作面支护损坏。

(6) 距工作面20m内的风流中瓦斯含量达到或超过1%,或有瓦斯突出征兆。

(7) 危险区边界上未设警戒。

(8) 光线不足、无照明或照明不符合规定。

(9) 未严格按本规程要求做好准备工作。

D　起爆方法

(1) 下列情况严禁采用导火索起爆:

1) 硐室爆破、城市浅孔爆破和拆除爆破、深孔爆破和水下爆破。

2) 竖井、倾角大于30°的斜井和天井工作面的爆破。

3）有瓦斯和粉尘爆炸危险工作面的爆破。

4）借助于长梯子、绳索和台架才能点火的工作面。

（2）在有瓦斯和粉尘爆炸危险的环境中爆破，严禁使用普通导爆管和普通导爆索起爆。

（3）城市浅孔爆破的拆除爆破不应使用孔外导爆索起爆。

（4）在杂散电流大于 30mA 的工作面，或高压线射频电源安全距离之内，或雷雨天时，不应该采用普通电雷管起爆。

E　装药工作规定

为了防止装药过程中发生意外爆炸，装药时应该遵守下列规定：

（1）装药前对炮孔进行清理和验收。

（2）大爆破装药量应该根据实测资料校核修正。

（3）使用木质或竹质炮棍装药。

（4）装起爆药包、起爆药柱和硝化甘油炸药时，严禁投掷或冲击。

（5）深孔装药出现堵塞时，在未装入雷管起爆药柱等敏感爆破器材时，应采用铜或木制长杆处理。

（6）距爆破器材 50m 范围内禁止烟火。

（7）爆破装药现场不准用明火照明。

（8）禁止使用冻结的或解冻不完全的硝化甘油炸药。

（9）预装药时间不宜超过 7 天。

F　填塞规定

（1）硐室、深孔、浅孔、药壶、蛇穴装药后都应进行堵塞，不得使用无填塞爆破（扩壶爆破除外）。

（2）不应该使用石块和易燃材料填塞炮孔。

（3）不得破坏起爆网路。

（4）不应该捣固直接接触药包的填塞材料或用填塞材料冲击起爆药包。

（5）水平孔和上向孔堵塞时，不准在起爆药包或起爆药柱后面直接填入木楔。

（6）发现有填塞物卡孔应该及时处理（可用非金属杆或高压风），若处理失败无法保证爆破安全时，应作报废处理。

G　警戒与信号

（1）装药警戒区范围由爆破工作领导人确定，装药时应在警戒区边界设置标志并派出岗哨。

（2）爆破警戒范围由设计确定。

（3）执行警戒任务人员，应按指令到达指定地点，坚守工作岗位。

（4）爆破前必须同时发出音响和视觉信号，使危险区内的人员都能清楚地听到和看到。一般地，爆破作业过程中应该发出 3 次信号。

第一次信号为预警信号，该信号发出后警戒范围内开始清场工作。

第二次信号为起爆信号，准许负责起爆人员起爆。起爆信号应在确认人员、设备等全部撤离危险区，所有警戒人员到位，具备安全起爆条件时发出。

第三次信号为解除警戒信号，安全等待时间过后，检查人员进入警戒范围检查确认安全，方可发出解除警戒信号，在此之前，岗哨不准离岗，非检查人员不准进入警戒范围。

H 盲炮处理

炸药拒爆而出现盲炮时，应该遵守有关规定谨慎处理。

（1）发现或怀疑有盲炮时，应立即报告上交处理。若不能及时处理，应在附近设明显标志，并采取相应的安全措施。

（2）遇到难处理的盲炮时，应该请示领导派有经验的爆破员处理，大爆破的盲炮处理方法和工作组织，应由单位总工程师批准。

（3）处理盲炮时无关人员不准在场，应该在危险区边界设置警戒，危险区内禁止进行其他作业。

（4）禁止拉出或掏出起爆药包。

（5）电力起爆发生盲炮时，必须立即切断电源，及时将爆破网路短路。

（6）盲炮处理后应该仔细检查爆堆，将残余的爆破器材收集起来，未判明爆堆有无残留的爆破器材前应该采取防范措施。

（7）导爆索和导爆管网路发生盲炮时，应该首先检查导爆管是否有破损或断裂，如果有破损或断裂，则应该修复后重新起爆。

（8）每次处理盲炮必须由处理者填写登记卡片或提交报告，说明盲炮原因、处理的方法和结果。

### 3.2.5.3 地下爆破作业规定

（1）地下爆破的一般规定有：

1）地下爆破可能引起地面陷落和山坡滚石时，应该在通往陷落区和滚石区的道路上设置警戒，树立醒目的标志，防止人员误入。

2）工作面的空顶距离超过设计（或作业规程）规定的数值时，不应该爆破。

3）电力起爆时，爆破主线、区域线和连接线不得与金属管物等接触，不得靠近电缆、电线和信号线。

4）不得在距离井下炸药库 30m 以内的区域爆破。在离炸药库 30～100m 区域内进行爆破时，任何人不得停留在炸药库内。

5）应该在警戒区设立警戒标志。应该采用适于井下的音响信号发布"预警"、"起爆"或"解除"警报，并明确规定和公布各种信号表示的意义。

6）爆破后应该进行充分通风，保持地下爆破作业场所通风良好。

（2）井巷掘进爆破的规定有：

1）用爆破法贯通巷道时，应该有准确的测量图，并且每班都要在图上标明进度。当两工作面相距15m时，测量人员应事先下达通知，此后只准从一个工作面向前掘进，并应该在双方通向工作面的安全地点派出警戒，待双方作业人员全部撤至安全地点后才准许起爆。

天井掘进到上部贯通处附近时，不应采取从上向下的座炮贯通法；如果最后一炮仍未贯通，在下面打眼爆破不安全，必须在上面座炮处理时，应该采取可靠的安全措施。

2）间距小于20m的两个平行巷道中的一个巷道工作面需进行爆破时，应该通知相邻巷道工作面的作业人员撤到安全地点。

3）独头巷道掘进工作面爆破时，应该保持工作面与新鲜风流巷道之间畅通；爆破后作业人员进入工作面之前，应该进行充分通风，并用水喷洒爆堆。

4）天井掘进采用大直径深孔分段装药爆破时，装药前应该在通往天井底部出入通道的安全地点派出警戒，确认底部无人时方准许起爆。

5）竖井、盲竖井、斜井、盲斜井或天井的掘进爆破中，起爆时井筒内不应该有人；井筒内的施工提升悬吊设备，应该提升到施工组织设计规定的爆破危险区范围之外。

6）在井筒内运送起爆药包时，应该把起爆药包放在专用木箱或提包内；不应该使用底卸式吊桶；不应该同时运送起爆药包与炸药。

7）爆破人员从炸药库背运爆破器材到掘进工作面，应该把雷管放在特制的背袋或木箱内，与炸药隔离开。

8）往井筒掘进工作面运送爆破器材时，除爆破员和信号工外，任何人不应该留在井筒内；井筒掘进使用电力起爆时，应该使用绝缘的柔性电线作爆破导线；电爆网路的所有接头都应该用绝缘胶布严密包裹并高出水面；井筒掘进起爆时，应该打开所有的井盖门，与爆破作业无关的人员应撤离井口；井筒掘进爆破使用硝化甘油类炸药时，所有炮孔位置应该与前一批炮孔位置相互错开。

9）在复杂地质条件、河流、湖泊或水库下面掘进巷道或隧道时，应该按专项设计进行爆破。

## 3.3 矿山井下通风管理

### 3.3.1 通风术语

（1）通风构筑物：是指通风系统内用于引导风流、遮断风流和控制风量的装置的统称。可分为两大类：一类是通过风流的通风构筑物，包括主扇风硐、反风装置、风桥、导风板、调节风窗和风幛；另一类是遮断风流的，包括挡风墙和风门等。

（2）调节风窗：是以增加巷道局部阻力的方式，调节巷道风量的通风构筑物。是在木板、砖石或混凝土构筑的挡风墙上，留一个可调节其面积大小的通风口，通过改变窗口的面积，控制所通过的风量。

（3）挡风墙（密闭）：是遮断风流的构筑物，通常砌筑在非生产巷道里，用来封闭废弃的巷道，采空区等某一区域或一段巷道。永久性密闭墙用砖或混凝土砌筑，临时性密闭墙可用木柱、木板和废旧风筒布钉成。

（4）风门：在通风系统中，既需要遮断风流，又需要行人或通车的地方，就要建立风门。在只行人不通车或者车辆稀少的巷道内，可安设普通风门。在车辆通过比较频繁的巷道内应设置自动风门。

（5）多风机多级机站：是指采用多台风机并分为多级接力的一种通风方式。

（6）主扇：用于整个系统通风的风机。

（7）通风构筑物：是指用于通风系统中的为隔断风流或减少巷道风量的设施。

（8）系统测定：是指对通风系统的通风阻力、风流流速、空气压力等参数的测量。

### 3.3.2　一般规定

（1）井下作业地点和人员通行的井巷，必须进行通风。

（2）矿山进行大爆破时，必须编制专门的通风防尘设计。

（3）矿井通风的有效风量率不得低于60%，并严格按各需风点的需风量分风。粉尘合格率不得低于85%。

（4）井下采掘工作面进风流中的空气成分（按体积计算），氧气应不低于20%，二氧化碳应不高于0.5%。

（5）入风井巷和采掘工作面的风源含尘量，应不超过0.5mg/m³。

（6）井下作业地点的空气中，有害物质的接触限值应不超过GBZ2的规定。

（7）矿井所需风量，按下列要求分别计算，并取其中最大值。

1）按井下同时工作的最多人数计算，供风量应不少于每人4m³/min。

2）按排尘风速计算，硐室型采场最低风速应不小于0.15m/s，巷道型采场和掘进巷道应不小于0.25m/s；电耙道和二次破碎巷道应不小于0.5m/s；箕斗硐室、破碎硐室等作业地点，可根据具体条件，在保证作业地点空气中有害物质的接触限值符合GBZ2规定的前提下，分别采用计算风量的排尘风速。

3）有柴油设备运行的矿井，按同时作业机台数每千瓦每分钟供风量4m³

计算。

（8）采掘作业地点的气象条件应符合表 3 - 10 的规定，否则，应采取降温或其他防护措施。

表 3 - 10　采掘作业地点气象条件规定

| 干球温度/℃ | 相对湿度/% | 风速/(m/s) | 备　注 |
|---|---|---|---|
| ≤28 | 不规定 | 0.5 ~ 1.0 | 上限 |
| ≤26 | 不规定 | 0.3 ~ 0.5 | 至适 |
| ≤18 | 不规定 | ≤0.3 | 增加工作服保暖量 |

（9）井巷断面平均最高风速应不超过表 3 - 11 中的规定。

表 3 - 11　井巷断面平均最高风速规定

| 井 巷 名 称 | 最高风速/(m/s) |
|---|---|
| 专用风井，专用总进、回风道 | 15 |
| 专用物料提升井 | 12 |
| 风桥 | 10 |
| 提升人员和物料的井筒，中段主要进、回风道，修理中的井筒，主要斜坡道 | 8 |
| 运输巷道，采区进风道 | 6 |
| 采场 | 4 |

（10）冬季主要井口应有保温措施，防止井口及井筒结冰。如有结冰，应及时处理，处理结冰时应通知井口和井下各中段马头门附近的人员撤离，并做好安全警戒。

（11）在矿井进风井口和平硐口不许存放易燃物料，设有符合消防要求的密闭设施。通风井各中段井口应设安全栅门。

### 3.3.3　通风系统

（1）应根据生产变化，及时调整矿井通风系统，并绘制全矿通风系统图。通风系统图应标明风流的方向和风量、与通风系统分离的区域、所有风机和通风构筑物的位置等。

（2）矿井通风系统的有效风量率，应不低于 60%。

（3）采场形成通风系统之前，不应进行回采作业。

（4）主要进风巷和回风巷，应经常维护，保持清洁和风流畅通，不应堆放材料和设备。

（5）主要回风井巷，不应用作人行道。

（6）采掘工作面之间，应避免串联风流，否则需采取净化措施，以保证风源质量符合本《标准》的规定。

（7）井下破碎硐室、主溜井等处的污风，应引入回风道。

（8）井下炸药库，应有独立的回风道。硐室空气中氢气的含量，应不超过0.5%（按体积计算）。

（9）井下所有机电硐室，都应供给新鲜风流。

（10）采场、二次破碎巷道和电耙巷道，应利用贯穿风流通风或机械通风。电耙司机应位于风流的上风侧。

（11）采空区、废旧或暂时不用的井巷，应及时密闭。

（12）通风构筑物应由专人负责检查、维修，保持完好严密状态。

### 3.3.4　主机站风机

（1）正常生产情况下，主机站风机应连续运转。当井下无污染作业时，主扇可适当减少风量运转；当井下完全无人作业时，允许暂时停止机械通风。当主扇发生故障或需要停机检查时，应立即向调度室和主管矿长报告，并通知所有井下作业人员。

（2）每台主机站风机应具有相同型号和规格的备用电动机，并有能迅速调换电动机的设施。同时应配备一定数量的相同型号和规格的备用风机叶片。

（3）主通风系统的每一台风机都应满足反风要求，以保证整个系统风流在10min内反向，其反风量应达到正常运转时风量的60%以上。

（4）每年至少进行一次反风试验，并测定主要风路反风后的风量。

（5）通风系统反风，应按照事故应急预案执行。

（6）主要风机，应有测量风压、风量、电流、电压和轴承温度等的仪表。每班都应对风机运转情况进行检查，并填写运转记录。有自动监控及测试的主扇，每两周应进行一次自控系统的检查。

### 3.3.5　局部通风

（1）掘进工作面和通风不良的场所，应安装局部通风设备。局扇应有完善的保护装置。

（2）局部通风的风筒口与工作面的距离：压入式通风应不超过10m；抽出式通风应不超过5m；混合式通风，压入风筒的出口应不超过10m，抽出风筒的入口应滞后压入风筒的出口5m以上。

（3）采用压入式通风的局扇应安装在有贯穿风流的巷道中，并应距巷道口靠风流上侧10m以上。

（4）采用抽出式通风的局扇，其出风口应安装在有贯穿风流的巷道中，并应距巷道口靠下风侧10m以上。

（5）人员进入独头工作面之前，应开动局部通风设备通风，确保空气质量满足作业要求。独头工作面有人作业时，局扇应连续运转。爆破后，人员进入工作面的时间要严格遵守《爆破安全规程》（GB 6722—2003）的规定。

（6）采矿工作面的通风，一般应采用贯穿风流通风。进路式采矿的采场，应采用局扇进行混合式通风。

（7）停止作业并已撤除通风设备而又无贯穿风流通风的采场、较长的独头巷道，应设栅栏和警示标志，防止人员进入。若需要重新进入，应进行通风和分析空气成分，确认安全方准进入。

（8）风筒应吊挂平直、牢固，接头严密，避免车碰和炮崩，并应经常维护，以减少漏风，降低阻力。

## 3.4　井下采场地压管理

### 3.4.1　概述

未开挖的岩体或不受开挖影响的岩体部分多称为原岩体。原岩体中的岩石在上覆岩层重量以及其他力的作用下，处于一种应力状态，一般把这种应力状态称为原生应力场。

岩体被开挖以后，破坏了原岩应力平衡状态，岩体中的应力重新分布，产生了次生应力场，使巷道或采场周围的岩石发生变形、移动和破坏，这种现象称为地压显现。使围岩变形、移动破坏的力，称为地压或矿山压力。

地压使开采工艺复杂化，并要求采取相应的技术措施，以保证安全生产。为保证正常回采，而采取的减少或避免地压危害的措施，或积极利用地压进行开采，这种工作就是地压管理。为进行地压管理所采取的各种技术措施，称为地压管理方法。

地压是金属矿床地下开采中的极其复杂的问题，采矿学者约在100年前就开始研究。通过现场观测、实验室试验和理论分析研究，提出了许多地压假说，总结出地压活动规律，以及应用了各种地压管理方法和原则，这一切对完善地下开采工艺和技术，都产生显著的影响。

采场区别于水电、铁路、国防等地下工程的突出特点，在于开采范围较大；开挖的形状随矿床的形态而变化，极其复杂；开采的地点没有选择性，有时在坚硬稳固的岩体中，有时在松散破碎的地区；采场的范围和形状随生产的开展不断变化，岩层受到多次重复的扰动，呈现极其复杂的受力状态；岩层变形、移动和破坏的规律，短时间内难于认识。这些都给研究采场地压及控制采场地压，增加较大的困难。

近二十多年来，我国东北、江西、湖南、湖北、云南等地区一些地下金属矿山，先后发生大规模的破坏性的地压活动，不仅威胁矿山安全生产，而且使国家地下矿产资源受到很大损失。例如2005年河北邢台"11·6"塌陷事故死亡37人，事故的直接原因是：矿区开采十多年来积累了大量未经处理的采空区，形成大面积顶板冒落的隐患；矿房超宽、超高开挖，导致矿柱尺寸普遍偏小；无序开采，在无隔离矿柱的部位形成薄弱地带，受采动影响和蠕变作用的破坏，从而诱发了大面积采空区顶板冒落、地表塌陷事故。

通过长期的矿山现场的调查研究和仪器观测，总结出采场地压活动规律，采取多种有效的地压控制方法，进行采场地压管理。

采场地压管理的基本方法有：

(1) 利用矿岩本身的强度和留必要的支撑矿柱，以保持采场的稳定性；

(2) 采取各种支护方法，支撑回采工作面，以维持其稳定性；

(3) 充填采空区，支撑围岩并保持其稳定性；

(4) 崩落围岩，使采场围岩应力降低，并使其重新分布，达到新的应力平衡。

在矿山岩石力学中讲述了有关采场地压的基本知识，本章着重介绍与回采工艺有密切联系的采场地压管理方法。

## 3.4.2 井下支护

当回采不够稳固的矿体或围岩时，有时应用支柱或支架支护采空区，以保证回采工作的安全。20世纪60年代以前，广泛采用木材进行支护，如立柱、棚子、方框支架等。实践表明，木支护有不少缺点：易发生火灾，易腐朽，强度不大，成本高，特别是我国木材较缺，因此，应用逐渐减少。50年代后期出现的锚杆支护和近年来出现的锚杆桁架和长锚索等新型支护，逐渐在金属矿山中推广应用。广泛在煤矿应用的金属支柱和液压掩护支架，目前在金属矿山中采用的还不多。

### 3.4.2.1 木材支护

A 横撑支柱和立柱

开采急倾斜薄矿脉(厚度小于2~3m)时，用横撑支柱支护两帮围岩，并在其上架设木板或圆木，作为凿岩爆破的工作台，如图3-11所示。一般支柱近垂直的架设于上下盘围岩之间（上盘侧稍向上偏斜）。由于坑木消耗量大，支柱的作用又仅为架设工作台，开采这类矿体目前我国多用留矿采矿法代替。

在开采缓倾斜薄矿体时，可用立柱支护不稳固的顶板，采幅高度一般不大于2.3~3m。根据顶板稳固程度，采用带帽立柱或立柱加背板如图3-12所示。

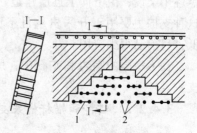

图3-11 横撑支柱
1—垫板；2—横撑支柱

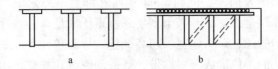

图 3 – 12　立柱
a—带帽立柱；b—立柱加背板

B　木垛

用于厚度不大而地压较大的缓倾斜矿体或在充填体上面支护顶板，如图 3 – 13 所示。木垛常用的木料长度为 1.5 ~ 2.5m，直径 120 ~ 200mm。水平矿体所用木垛中木料最小长度不得小于高度的 1/4，以保证其稳定性。

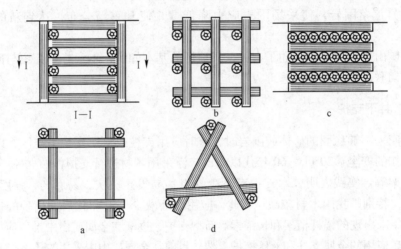

图 3 – 13　木垛
a—排内 2 根圆木；b—排内 3 根圆木；c—密实铺设圆木；d—三角形木垛

C　方框支架和木棚

方框支架是一个矩形平行六面体的木结构，随回采工作面推移，由下盘向上盘逐个架设，由下向上逐层建造，如图 3 – 14 所示。一般在方框中充满充填料，这种支护主要用于开采贵重且不稳固的厚矿体。由于木材消耗大，劳动生产率低，目前已很少应用。

在不稳固的围岩和矿石中，用回采巷道回采时，常用间隔的或密集的木棚支护。

### 3.4.2.2　锚杆和锚杆桁架支护

A　锚杆支护

自 20 世纪 40 年代锚杆支护出现以来，在其结构形式、组成材料和施工技术

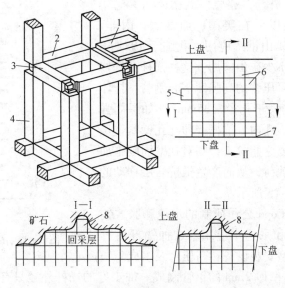

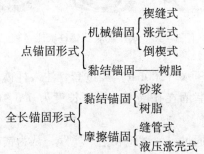

图 3 – 14　方框支架

1—地板；2—横撑；3—横梁；4—立柱；5—前导框架；

6—边角框架；7—框架的楔块；8—上引框架

等方面，都有很大的进展。综合国内外应用的锚杆结构形式，可将其作如下的分类：

$$
\text{点锚固形式}
\begin{cases}
\text{机械锚固}
\begin{cases}
\text{楔缝式}\\
\text{涨壳式}\\
\text{倒楔式}
\end{cases}\\
\text{黏结锚固——树脂}
\end{cases}
$$

$$
\text{全长锚固形式}
\begin{cases}
\text{黏结锚固}
\begin{cases}
\text{砂浆}\\
\text{树脂}
\end{cases}\\
\text{摩擦锚固}
\begin{cases}
\text{缝管式}\\
\text{液压涨壳式}
\end{cases}
\end{cases}
$$

　　点锚固式锚杆，在工作之初，先要拧紧螺帽，使其受到预加拉力，因此，也称为预应力锚杆。全长锚固式锚杆，荷载沿锚杆全长作用，属无预应力型。两类锚杆受力方式不同，它们的支护作用机理也不一样。由受力分析及实际应用表明：与点锚固式锚杆比较，全长锚固式锚杆具有锚固力大、变形小、适应范围广等优点，特别是在松软岩层中应用，效果更好。当然，在需要使用预应力锚杆的条件下，应选用点锚式锚杆为好。

　　锚杆支护区别于木材支护的主要特点，是锚杆和围岩结合为一整体，共同作用，因此，也有将这种支护称为主动支护。

　　缝管式(也称摩擦式)锚杆，是 1973 年美国密苏里 – 罗兰矿业工程学院 James

J. Sott 教授提出,并与英格索－兰德公司共同研制而成。1977 年以后在美国、加拿大、南非、菲律宾等国金属矿山推广应用。我国于 1981 年引进,现在已有不少矿山应用。这种锚杆的杆体全长是一根开缝可压缩的高强度空心钢管,杆体外径(38mm)稍大于孔径(35mm)。如果用强制方法将钢管压入孔内,锚杆壁即与孔壁紧密接触,而杆体为恢复原始状态,则对孔壁周围施加一种初始的径向载荷,从而产生抵抗岩层移动的摩擦力,如图 3-15 所示。

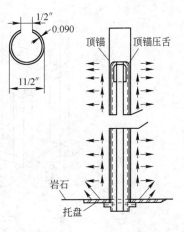

图 3-15  缝管式锚杆

由瑞典 AtlasCopo 公司研制的水压膨胀式锚杆,现已在巷道和采场中应用。这种锚杆由杆体、带夹头的杆型安装设备和高压水泵组成。锚杆用外径 44mm、壁厚 2mm 的钢管制成。加工好的锚杆外径只有 25.5mm,如图 3-16 所示。

图 3-16  水压膨胀式锚杆膨胀过程

安装锚杆时,将高压水(300bar)经过套管注入杆体。在水压作用下,折叠的钢管逐渐张开,管壁紧固在孔壁上。锚杆长度为 0.6~3.6m,孔径 38mm,拉拔力达 98.1~196.2kN。

锚杆的力学作用。通过科学试验和生产实践,认为锚杆有以下几种作用:

(1)悬吊作用。在块状结构或碎裂结构的岩层中,锚杆将不稳固的岩块或岩层,悬吊在松动区以外的稳固的岩层上,阻止岩块或岩层塌落,如图 3-17a 所示。

(2)组合作用。在层状结构的岩层中,锚杆如同联结螺栓,将薄层组合成厚梁,使围岩承载能力大大提高,如图 3-17b 所示。

(3)挤压作用。在松软岩层中,以某种参数系统布置预应力锚杆群,在围岩内形成一个承载拱,以提高围岩的承载能力,如图 3-17c 所示。

上述 3 种作用,对于地质条件复杂的岩体,有的是一种作用为主导,有的几种作用同时发生,应根据具体条件进行分析。

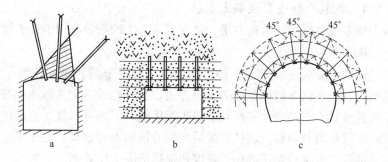

图 3 – 17 锚杆的力学作用

a—悬吊作用；b—组合作用；c—挤压作用

近年来国外还开始应用长锚索加固岩体的新技术。在矿体或围岩中，按一定网度钻凿大直径深孔，在深孔中放 1 ~ 3 根钢丝绳，然后注入水泥砂浆，提高岩体的强度，防止顶板危岩冒落。我国凤凰山铜矿实验长锚索和锚杆联合支护方法，获得良好加固顶板的效果。

B 锚杆桁架支护

锚杆桁架是矿山顶板支护的新方法，它比锚杆支护具有更多的优越性。1866年在美国研制成功，以后应用于煤和非煤矿山的宽巷道、斜坡道的顶板支护，还用于房柱法的矿房顶板支护上。

锚杆桁架是用高强度锚杆（直径为 18mm、25mm）、两个涨壳式锚杆和拧紧装置组成。由于施加预紧力，在支护范围内的顶板岩层中，形成压缩带，恰似结构力学上的桁架，从而对顶板岩层起加固作用，如图 3 – 18 所示。

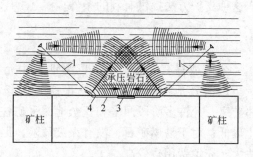

图 3 – 18 锚杆桁架结构

1—涨壳式锚杆；2—钢杆；3—拧紧装置；4—垫块

### 3.4.2.3 金属支架支护

金属支架在地下开采中的应用逐渐增加，因为它具有强度大、使用期限长、可多次复用、安装容易、耐火性好等优点。但这种支架重量大、成本高、搬运和修理较困难，因此，多用于开拓和采准巷道的支护中，而采场中应用较少。

### 3.4.2.4 混凝土和喷射混凝土支护

这种支护方法主要用于电耙巷道，喷射混凝土支护有时也用于采矿巷道。

A 混凝土支护

主要是使用素混凝土，但在一些关键部位（如斗穿与耙道相交处）采用配以钢筋或钢轨、工字钢等整体浇灌的支护方法。它具有承压大、整体性好、适应各种漏斗布置形式、支护表面平整利于耙矿等优点。但无可塑性，抗爆破冲击振动性能差，需较长的养生期，底柱回采后弯曲的钢筋不利放矿。近年来应用的混凝土搅拌输送机，可减轻施工的体力强度和提高浇灌工作效率。

B 喷射混凝土支护

将按比例并已搅拌好的干料，送入喷射机，用压气沿输料管送到工作面，干料在喷嘴的混合室内与水混合，以高速喷射到所支护的岩壁上，形成喷射混凝土支护体。它是把输送、浇灌和捣固等工序结合起来的新工艺。和浇灌混凝土相比，喷射混凝土提高了施工速度两倍以上。减少掘进工程量15%~20%，节省劳动力50%，节约混凝土50%，降低成本50%。

这种支护方法与被支护的岩壁有很高的黏结力，能充填岩壁较大的裂隙，从而提高了岩体的稳固性和承载能力。喷射混凝土与岩壁共同作用，构成统一的受力体系，成为主动的承载结构。

我国铜官山铜矿和中条山有色金属公司所属各矿等，用喷射混凝土支护电耙巷道，程潮铁矿支护采矿巷道，均取得良好的支护效果。喷射混凝土与锚杆联合支护，称为喷锚支护，支护效果更好。为进一步提高喷射混凝土施工机械化水平，我国还生产由 JR4 机械手、PH30-74 型喷射机和 SP30 皮带上料机等组成的联合机组，对推广这种支护方法提供有利的条件。

## 3.4.3 采空区充填

在开采有色金属、金矿或稀有金属矿时，广泛地采用充填采空区的支护方法。这种支护方法，可以有效地控制采场地压，减缓岩层移动和地表下沉的程度；能同时开采相邻矿房，允许多阶段回采和安全地回采矿柱，从而保证回采过程的矿石损失和贫化最低；对于易燃矿石，没有火灾危险。但充填工作的劳动消耗远比其他支护方法大，充填费用也较高。

根据采空区充填的程度，可分为全部充填和局部充填；按照回采工作和充填工作的顺序，分为同时充填和嗣后充填。在回采矿房或矿块时，分层回采和充填交替进行，用充填材料支撑围岩和矿柱，这种情况称为同时充填。回采结束后，一次完成的充填工作，称为嗣后充填，其目的一是消除采空区，控制地压，一是为了有效地回采矿柱，提高矿石回采率。

按照充填材料的成分和输送方法不同，可分为干式充填（重力充填，机械充填和风力充填）、水力充填和胶结充填。干式充填使用最早，需用矿车、机械或风力将废石送入采场，以充填采空区。由于这种充填劳动强度大、充填效率低和充填质量差，逐渐为以后发展的水力充填所代替。后者是将碎石、炉渣或尾矿用水混合后，沿管路输送到充填地点，水在采空区中渗出，充填材料充填采空区。20 世纪 60 年代出现了胶结充填，在对充填体的强度有特殊要求时，可应用胶结充填。

### 3.4.4　崩落围岩

在回采过程中或回采结束后，可采用自然方式或强制方式崩落围岩充满采空区的方法，以改变围岩应力分布状态，达到有效地控制地压的目的。

#### 3.4.4.1　开采水平和缓倾斜矿体的地压及其控制

开采顶板不稳定的缓倾斜或水平矿体时，随回采工作面的向前推进，可周期性地切断直接顶板，崩落的围岩充满采空区。此时，在回采工作面附近形成一个压力拱，拱的前脚落在工作面前方，拱的后脚落在崩落的岩石上，形成应力升高区，而在工作面上方，却形成应力降低区。

由于工作不断向前推进，压力拱也随着向前移动。正确进行周期性的放顶工作，是有效控制地压的重要环节。

#### 3.4.4.2　开采倾斜和急倾斜矿体的地压及其控制

应用崩落法回采倾斜和急倾斜厚矿体时，随采下矿石的放出，上部覆岩和围岩不断崩落，崩落的岩石充满采空区。在崩落的矿岩和上部覆岩重力作用下，矿块的底部出矿巷道发生变形和破坏。当开采深度较大，矿体厚度和走向长度都较大时，往往下盘岩石承受的压力过大，使下盘运输巷道破坏。

　　A　松散矿岩对底柱的压力

崩落采矿法大量崩矿后，采场内充满崩落矿石。由于松散矿岩的成拱作用和周壁摩擦阻力的影响，采场底部承受的压力小于上覆松散矿岩的总重。放矿过程中，底柱上的压力随放矿情况而变化。由于放矿漏斗上部松动椭球体顶端出现免压拱，从而出现以放矿漏斗为中心的降压带及其四周一定范围内的增压带。

同时放矿面积增加时（几个漏斗同时放矿），可能形成一个大的免压拱，拱上的压力将向四周传递。我们可以利用控制放矿面积及其压力传递规律，避免底柱上压力过于集中而遭到破坏。

　　B　矿体下盘的压力

当开采深度大于 300 ~ 400m 时，在回采工作影响范围内，由于下盘岩石受崩落矿岩重力作用以及承受经崩落矿岩传递的上盘压力，在下盘岩石中产生应力集中，使靠近矿体下盘的阶段运输巷道遭到破坏。在这种情况下，应将阶段运输巷道布置在离矿体稍远的地方，以避开支承压力区。

C　确定合理的矿床开采顺序

当矿体走向长度很大或地质条件复杂，合理确定矿开采顺序，是控制地压的极为重要的问题之一。

在一般情况下，矿体走向中央部位，压力最大。因此，应采取从中央向矿体两翼的前进式回采顺序，较为合理。相反，如果采用从矿体两端向中央后退式开采，在回采初期，地压可能显现不明显，但当回采接近中央部分，地压将逐渐加大，最后几个矿块由于承受较大的支承压力，使回采工作发生很大困难，甚至损失大量的矿石。

## 3.5　井巷施工工艺及施工管理

### 3.5.1　平巷施工

金属矿山，大多采用凿岩爆破法进行巷道掘进。施工的主要工序有凿岩、爆破、装岩和支护，辅助工序有撬浮石、通风、铺轨、接长管线等。

#### 3.5.1.1　凿岩工作

A　气腿式凿岩机

气腿式凿岩机（YT－23型、YSP－45型等）便于组织多台凿岩机凿岩，易于实现凿岩与装岩平行作业，具有机动性强、辅助时间短、利于组织快速施工等优点，所以现场广为使用。

巷道掘进中，凿岩工作占用的时间较长。为了缩短凿岩时间，采用多台凿岩机同时作业是行之有效的措施，特别是在坚硬岩层中掘进时，效果尤为显著。

工作面同时作业的凿岩机台数，主要取决于岩石性质、巷道断面大小、施工速度、工人技术水平以及压风供应能力和整个掘进循环中劳动力平衡等因素。当用气腿式凿岩机组织快速施工时，一般用多台凿岩机同时作业。凿岩机台数可按巷道宽度确定，一般每 0.5~0.7m 宽配备一台。

B　凿岩台车

凿岩台车可以配用高效率凿岩机，能够保证钻眼质量，提高凿岩效率，减轻劳动强度，实现凿岩工作机械化，适合钻较深的炮眼，故已在金属矿山推广使用。但它不如气腿式凿岩机灵活、方便，辅助作业时间也较长。

#### 3.5.1.2　爆破工作

A　炮眼深度的确定

炮眼深度是指眼底到工作面的平均垂直距离。它是一个很重要的参数，直接与成巷速度、巷道成本等指标有关。炮眼深度的确定，主要依据巷道断面、岩石性质、凿岩机具类型、装药结构、劳动组织及作业循环而定。

一般说来，炮眼加深可以使每个循环进尺增加，相对地减少了辅助作业时间，爆破材料的单位消耗量也可相应降低；但炮眼太深时，凿岩速度就会明显降低，而且爆破后岩石块度不均匀，装岩时间拖长，反而使掘进速度降低。从我国一些矿山的具体情况看，采用气腿式凿岩机时，炮眼深度一般为 1.8～2.0m；采用凿岩台车时，炮眼深度一般为 2.2～3.0m 较为合适。

此外炮眼深度也可根据月进度计划和预定的循环时间进行估算。

B 炮眼直径

炮眼直径应和药卷直径相适应，炮眼直径小了，装药困难；而过大的炮眼直径，将使药卷与炮眼内空隙过大，影响爆破效果。目前我国普遍采用的药卷直径为 32mm 和 35mm 两种，而钎头直径一般为 38～42mm。

C 炸药消耗量

由于岩层多变，单位炸药消耗量目前尚不能用理论公式精确计算，一般按《矿山井巷工程预算定额》和实际经验选取。

D 炮眼数目

炮眼数目直接决定每个循环的凿岩时间，在一定程度上又影响爆破效果。实践证明，炮眼过多，在炸药量一定的条件下，每个炮眼的装药量减少，炸药过分集中于眼底，爆落岩块不均匀，将给装岩工作造成困难；炮眼过少，炮眼利用率会降低，崩落岩石少，崩出的巷道设计轮廓不规整。

### 3.5.1.3 岩石的装载

工作面爆破并经通风将炮烟排除后，即进行装运岩石的工作。

在巷道掘进中，岩石的装载与转运工作是最繁重最费时的工序，一般情况下，约占掘进循环时间的35%～50%。因此不断研究和改进装岩与转运工作，对提高劳动生产率，加快掘进速度，改善劳动条件以及获得较好的经济效益有重要意义。

目前，国内已经生产了适应于不同条件的各种类型装岩和转运设备，并且正在逐步予以完善、配套，可以组成各种类型的装岩、转运机械化作业线。

### 3.5.1.4 巷道支护

巷道支护是采矿工作的重要环节，巷道稳定与否关系到采矿工作能否顺利进行。常用的支护方法有棚式支护、整体混凝土支护、锚杆支护、喷射混凝土支护。

A 棚子式支护

棚式支架，简称棚子。有木支架、金属支架和装配式钢筋混凝土预制支架。棚式支架都是间隔式的，不能防止围岩风化。

B 混凝土支护

混凝土支架或称现浇混凝土支架，其支架本身是连续整体的，对围岩能起封闭和防止风化作用。这种支架的主要形式是直墙拱形，即拱、墙和墙基所构成。

C 锚杆支护

锚杆是一种锚固在岩体内部的杆状支架。采用锚杆支护巷道时，先向巷道围岩钻孔，然后在孔内安装和锚固由金属、木材等制成的杆件，用它将围岩加固起来，在巷道周围形成一个稳定的岩石带，使支架与围岩共同起到支护作用。但是锚杆不能防上围岩风化，不能防止锚杆与锚杆之间裂隙岩石的剥落。因此，在围岩不稳定情况下，往往以锚杆再配合其他措施，如挂金属网、喷水泥砂浆或喷射混凝土等联合使用而称为喷锚或喷锚网联合支护。

D 喷射混凝土

喷射混凝土是将按一定比例配合的水泥、砂、石子和速凝剂等混合均匀搅拌后，装入喷射机，以压缩空气为动力，使拌和料沿输料管吹送至喷头处与水混合，并以较高的速度喷射在岩面上，凝结硬化后而成的高强度、与岩面紧密黏结的混凝土层。

### 3.5.2 硐室施工

硐室种类很多，大体上可分为机械硐室和生产服务性硐室两种。机械硐室主要有卸矿、破碎、翻笼、装载硐室，卷扬机房，中央水泵房及变电所，电机车修理间等；生产服务性硐室有等候室、工具库、调度室、医疗室、炸药库、会议室等。

硐室与平巷相比，无论是围岩受力状况还是施工条件，都要复杂一些。硐室常与井筒和其他巷道相连接，跨度较大，硐室围岩受力状况复杂。而有些硐室，如炸药库和其他一些机电设备硐室应具有隔水、防潮性能，故在支护质量方面有较高的要求。硐室长度短，断面大而多变，进出口通道狭窄，施工场所密集，相互干扰大，使硐室施工中的材料供应、出碴、通风及排水都比较困难。因此，在硐室施工中应统筹考虑，并根据工程特点合理选择施工方法。

#### 3.5.2.1 全断面法

全断面施工法和普通巷道施工法基本相同。由于硐室的长度一般不大，进出口通道狭窄，不易采用大型设备，基本上用巷道掘进常用的施工设备。如果硐室较高，钻上部炮眼就必须登碴作业，装药连线必须用梯子，因此全断面一次掘进高度一般不超过 4 ~ 5m。这种方法的优点是利于一次成硐，工序简单，劳动效率高，施工速度快；缺点是顶板围岩暴露面积大，维护较难，浮石处理及装药不方便等。

#### 3.5.2.2 台阶工作面法

由于硐室的高度较大不便于操作，可将硐室分成两层分层施工，形成台阶工作面。上分层工作面超前施工的，称为正台阶施工法，如图 3 - 19 所示；下分层工作面超前施工的，称为倒台阶施工法，如图 3 - 20 所示。

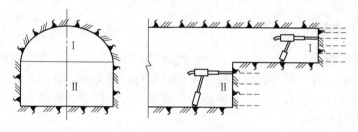

图 3 - 19  正台阶工作面开挖示意图

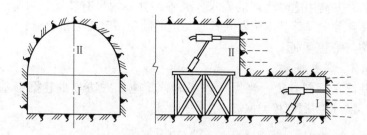

图 3 - 20  倒台阶工作面开挖示意图

### 3.5.2.3  导坑施工法

借助辅助巷道开挖大断面硐室的方法称为导坑法（导硐法）。这是一种不受岩石条件限制的通用硐室掘进法。它的实质是，首先沿硐室轴线方向掘进 1～2 条小断面巷道，然后再行挑顶，扩帮或拉底，将硐室扩大到设计断面。其中首先掘进的小断面巷道，叫做导坑（导硐），其断面面积为 4～8m²。它除为挑顶、扩帮和拉底提供自由面外，还兼作通风、行人和运输之用。开挖导坑还可进一步查明硐室范围内的地质情况。

导坑施工法是在地质条件复杂时保持围岩稳定的有效措施。在大断面硐室施工时，为了保持围岩稳定，通常可采用两项措施：一是尽可能缩小围岩暴露面积；二是硐室暴露出的断面要及时进行支护。导坑施工法有利于保持硐室围岩的稳定性，这在硐室稳定性较差的情况下尤为重要。

采用导坑施工法，可以根据地质条件、硐室断面大小和支护形式变换导坑的布置方式和开挖顺序，灵活性大，适用性广，因此应用甚广。

导坑法施工的缺点是由于分部施工，故与全断面、台阶工作面施工法相比，施工效率低。

### 3.5.2.4  留矿法

留矿法是金属矿山采矿方法的一种。用留矿法采矿时，在采场中将矿石放出后剩下的矿房就相当于一个大硐室。因此，在金属矿山，当岩体稳定，硬度在中等以上（$f > 8$），整体性好，无较大裂隙、断层的大断面硐室，可以采用浅眼留矿法施工。

### 3.5.3   斜井的施工

斜井是矿山的主要井巷之一。斜井与竖井一样，按用途分为：主斜井，专门提升矿石；副斜井，提升矸石、升降人员和器材；混合井，兼主、副井功能；风井，通风和兼作安全出口。斜井按提升容器又可分为胶带运输机斜井、箕斗提升斜井和串车提升斜井。

#### 3.5.3.1   斜井井筒内设施

根据斜井井筒用途和生产的要求，通常在井筒内设有轨道、水沟、人行道、躲避硐、管路和电缆等。由于斜井具有一定的倾角，因而无论轨道、人行道、水沟等敷设均与平巷有别。

#### 3.5.3.2   斜井掘砌

斜井井筒是倾斜巷道，当倾角较小时，其施工方法与平巷掘砌基本相同，45°以上时又与竖井掘砌相类似。

### 3.5.4   天井的施工

天井是矿山井下联系上下两个中段的垂直或倾斜巷道，主要用于放矿、行人、切割、通风、充填、探矿、运送材料工具和设备等，按其用途分别称为放矿天井、通风天井、行人天井、充填天井等。有时同一个天井可兼作几种用途。

天井工程是金属矿山基建、采准、生产探矿和放矿的重要工程之一。天井工程量约占矿山井巷工程总量的 10% ~ 15%，占采准、切割工程量的 40% ~ 50%。通常许多矿山每年都要掘进几百米直至上万米的天井。因此，加快天井施工速度，对保证新建矿山早日投产和生产矿山三级矿量平衡，实现持续稳产、高产，具有十分重要的意义。

#### 3.5.4.1   普通法掘进天井

普通法掘进天井是沿用已久的方法。为了免除繁重的装岩工作和排水工作，采用普通法掘进天井时，都是自下而上进行掘进的。它不受岩石条件和天井倾角的限制，只要天井的高度不太大都可使用。天井划分为两格间，其中一间供人员上下的梯子间，另一间专供积存爆下的岩石用的矸石间，其下部装有漏斗闸门，以便装车，如图 3 - 21 所示。

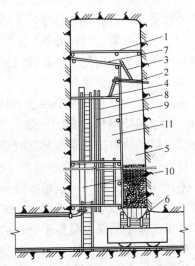

图 3 - 21   普通法掘进天井示意图
1—工作台；2—临时平台；3—短梯子；
4—工具台；5—矸石间；6—漏斗口；
7—安全棚(做成与水平面呈30°左右的角度)；8—水管；9—风管；
10—风筒；11—梯子间

### 3.5.4.2 吊罐法掘进天井

吊罐法掘进天井如图3-22、图3-23所示。它的特点是：用一个可以升降的吊罐代替普通法的凿岩平台，同时，又可作为提升人员、设备、工具和爆破器材的容器，因此简化了施工工序。吊罐法操作方便，效率较高，金属矿山已广泛使用。

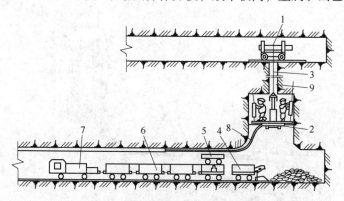

图3-22 吊罐法掘进天井示意图

1—游动绞车；2—吊罐；3—钢丝绳；4—装岩机；5—斗式转载车；
6—矿车；7—电机车；8—风水管；9—中心孔

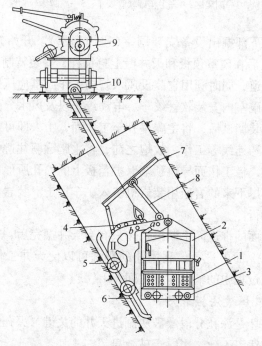

图3-23 华-2型斜吊罐结构示意图

I—罐体；II—吊架；1—折叠平台；2—伸缩支架；3—风动横撑；4—悬吊耳环；5—行走车轮；
6—滑动橇板；7—保护盖板；8—支撑；9—游动绞车；10—导向地轮

### 3.5.4.3 爬罐法掘进天井

用爬罐法掘进天井，它的工作台不像吊罐法那样用绞车悬吊，而是和一个驱动机械联结在一起，随驱动机械沿导轨上运行。图 3 - 24 为爬罐法掘进天井示意图。

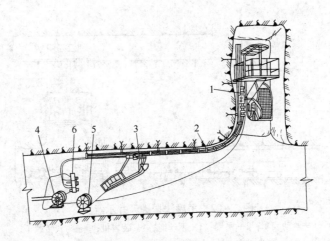

图 3 - 24　爬罐法掘进天井示意图

1—主爬罐；2—导轨；3—副爬罐；4—主爬罐软管绞车；5—副爬罐软管绞车；6—风水分配器

掘进前，先在下部掘出设备安装硐室（避炮硐室）。开始先用普通法将天井掘出 3 ~ 5m 高，然后在硐室顶板和天井壁上打锚杆，安装特制的导轨。此导轨可作为爬罐运行的轨道，同时利用它装设风水管向工作面供应压风和高压水。在导轨上安装爬罐，在硐室内安装软管绞车、电动绞车以及风水分配器和信号联系装置等。上述设备安装调试后，将主爬罐升至工作面，工人即可站在主爬罐的工作台上进行打眼、装药连线等工作。放炮之前，将主爬罐驱往避炮硐室避炮，放炮后，打开风水阀门，借工作面导轨顶端保护盖板上的喷孔所形成的风水混合物对工作面进行通风。爆下来的岩碴用装岩机装入矿车运走。装岩和钻眼可根据具体情况顺序或平行进行。

导轨随着工作面的推进而不断接长。只有当天井掘完后，才能拆除导轨，拆除导轨的方向是自上而下进行。利用辅助爬罐可以使天井工作面与井下取得联系，以便缩短掘进过程中的辅助作业时间。

### 3.5.4.4 深孔爆破法掘进天井

深孔质量的好坏是深孔分段爆破法掘进天井的关键。深孔的偏斜会造成孔口和孔底的最小抵抗线不一致，影响爆破效果。

孔的偏斜包括起始偏斜和钻进偏斜。钻机的性能、立钻的精确度和开孔误差是引起初始偏斜的主要因素；岩层变化、钻杆的刚度和操作技术是引起钻进偏斜的基本因素。孔的偏斜率随孔深增加而增大，这是目前使用深孔爆破法掘进天井在高度上受到限制的主要原因。

目前，我国多采用潜孔钻机。黄沙坪矿先后采用过 YQ – 100 型、YQ – 100A 型及 YQ – 80 型钻机和 TYQ 钻架。长沙矿山研究院研制的钻孔直径 120mm 并配有 300mm 直径的扩孔刀具的 KY – 120 型地下牙轮钻机，具有穿孔速度快、钻孔偏斜小等优点，在该矿进行了工业试验，取得了较好的技术经济效果。

开钻前根据设计要求检查硐室，测定好天井方位和倾角，给出中心点和孔位，然后安装钻机并调好钻机的方位和倾角，使之符合设计要求。

采用非电导爆管和导爆索起爆。考虑深孔爆破后有充足的排碴时间，微差间隔时间掘槽孔取 100ms 以上，周边孔取 200ms 以上。

起爆顺序是：第一分段先爆掘槽孔，第二分段掘槽孔与第一分段周边孔同时爆破，一般掘槽孔超前周边孔一个分段。

### 3.5.4.5　钻进法掘进天井

钻进法掘进天井，是用天井钻机在预掘的天井断面内沿全深钻一个直径 200 ~ 300mm 的导向孔，然后用扩孔刀具分次或一次扩大到所需断面，人员不进入工作面，实现了掘进工作全面机械化。

天井钻机的钻进方式主要有两种：一种是上扩法，其钻进程序是，将天井钻机安在上部中段，用牙轮钻头向下钻导向孔，与下部中段贯通后，换上扩孔刀头，由下而上扩孔至所需要的断面，如图 3 – 25a 所示。另一种是将钻机安在天井底部，先向上打导向孔，再向下扩孔，即所谓下扩法，如图 3 – 25b 所示。

目前我国天井钻进方式均属上扩式。

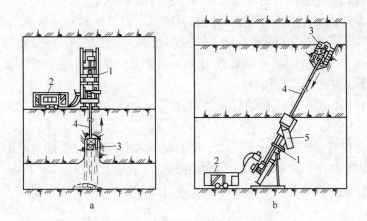

图 3 – 25　天井钻进法的两种钻进方式

a—上扩法；b—下扩法

1—天井钻机；2—动力组件；3—扩孔钻头；4—导向孔；5—漏斗

### 3.5.5 井巷施工安全及管理

#### 3.5.5.1 竖井施工安全要求

竖井施工因其工艺的复杂性和工作环境的特殊性，必须采取切实可行的安全保护措施和设置必要的安全设施，这样才能保证施工的顺利进行。

A 安全设施要求

（1）立井（竖井）施工，至少需要两套独立的上下人员、直达地面的提升装置。安全梯电动稳车应具有手摇装置，以备断电时用于提升井下人员。

（2）竖井施工初期，井内应设梯子，深度超过 15m 时，应采用卷扬机提升人员。

（3）井口必须装置严密可靠的井口盖和能自动启闭的井盖门，卸渣装置必须严密，不许漏渣，防止发生井内坠物伤人事故。

（4）竖井施工应采用双层吊盘作业，以确保井内作业人员的安全。为保证井筒延深时的施工安全，在提升天轮间顶部的上方应设保护盖。

（5）井筒内每个作业点都要设有独立的声光信号系统和通讯装置，从吊盘和掘进工作面发出的信号，要有明显的区别，并指定专人负责，所有信号经井口信号室转发。

（6）井筒延深 5～10m 后安装封口平台，天轮平台距离封口平台的垂高，不得小于 15m，翻矸平台应高于封口平台 5m。

B 安全保护措施

（1）加强职工安全知识教育和培训，特种作业人员必须持证上岗。

（2）井口应配置醒目的安全标志牌，实行安全警告制度。

（3）卷扬机安全防护装置，吊桶提升速度、提升物料对信号工的安全要求，都应严格遵守矿山安全规程。完善安全回路闭锁，防止吊桶冲撞安全门。

（4）由专人负责定期对运转设备、井内提升、悬吊设施检查，发现问题及时汇报处理，并做好详细记录。

（5）对卷扬机、空压机、爆破器材存放点和井内高空作业等危险源点实行监控管理。

（6）井内高空作业（大于 2m），工作人员必须系牢安全带，谨防发生人员与物体的坠落事件，并采取可靠的防坠措施。

（7）经常监测井筒内的杂散电流，当超过 30mA 时，必须采取安全可靠的防杂散电流措施。

（8）在含水层的上下接触地带及地质条件变化地带、可疑地带掘进，要加强探水。探水作业严格遵守技术规程和安全规程要求。当掘进面发现有异状水流和气体或发生水叫、淋水异常、底板涌水增大等情况，应立即停止作业，进行分析处理，确认安全后方可恢复施工。

（9）拆除延深井筒预留的岩柱保护盖，应以不大于 $4m^2$ 的小断面，从下向上先与大井贯通；全面拆除岩柱，宜自上而下进行。

### 3.5.5.2 平巷（硐室）施工安全要求

平巷（硐室）施工，必须严格按设计和《矿山井巷工程施工及验收规范》（GBJ 213—79）施工；在施工前必须编制施工组织设计，在流砂、淤泥、砂砾等不稳固的含水表土层中施工时，必须编制专门的安全技术设计。

A  顶板管理

（1）平巷（硐）施工过程中，要设专人管理顶帮岩石，防止片帮冒顶伤人。

（2）钻眼前要检查并处理顶帮的浮石，在不太稳固岩石中巷道停工时，临时支护应架至工作面，以确保复工时顶板不致发生冒落。

（3）在不稳固岩层中施工，进行永久支护前应根据现场需要，及时做好临时支护，确保作业人员人身安全。

（4）爆破后，应对巷道周边岩石进行详细检查，浮石撬净后方可开始作业。

B  爆破安全管理

（1）平巷（硐）爆破时，应先通知在附近工作面作业人员，待全部撤离至安全区后，才能进行爆破，并要在所有的路口设岗，以加强警戒。

（2）在处理瞎炮时，应在爆破20min后再允许人员进入现场处理。处理时应将药卷轻轻掏出，或在距瞎炮300m处另打炮眼爆破，引爆瞎炮，严禁套老眼施工。

（3）加强爆破器材管理，禁止使用失效及不符合有关要求或国家标准的爆破器材。

C  通风防尘管理

掘进爆破后，通风时间不得小于15min，待工作面炮烟排净后，作业人员方可进入工作面作业，作业前必须洒水降尘。独头巷道掘进应采用混合式局部通风，即用两台局扇通风，一台压风，一台排风。风筒要按设计规定安装到位，对损坏者要及时更换。

D  供电管理

（1）建立危险源点分级管理制度，危险源点处必须悬挂安全警示牌。

（2）保护电源与供电线路要确保工作正常。

（3）严禁携带照明电进行装药爆破。

E  施工组织管理

（1）开挖平巷（硐）时，要编制施工组织设计，并应在施工过程中贯彻执行。

（2）采用钻爆法贯通巷道时，当两个互相贯通的工作面之间的距离只剩下15m时，只允许从一个工作面掘进贯通，并在双方通向工作面的安全地点设立爆破警戒线。

（3）喷混凝土作业时，严格按照安全操作规程作业，处理喷管堵塞时，应将喷枪对准前下方，并避开行人和其他操作人员。

### 3.5.5.3 斜井(巷)施工安全要求

（1）斜井(巷)井口施工，应严格按照设计执行，及时进行支护和砌筑挡墙。

（2）必须设置防跑车装置；在斜井(巷)井口应设逆止阻车器或安全挡车板；井内应设两道挡车器，即在井筒中上部设置一道固定式挡车器，在工作面上方 20~40m 处设置一道可移动式挡车器。井内挡车器常用钢丝绳挡车器、型钢挡车器和钢丝绳挡车帘等。

（3）由下向上掘进30°以上的斜巷时，必须将溜矿(岩)道与人行道隔开。

（4）斜井内人行道一侧，每隔 30~50m 设一躲避硐；人行道应设扶手、梯子和信号装置。

（5）掘进巷道与上部巷道贯通时，应设有安全保护措施。

（6）在有轨运输的斜井(巷)中施工，为了防止轨道下滑，可在井筒底板每隔 30~50m 设一混凝土防滑底架，将钢轨固定其上。

（7）在含水层的上下接触带及地质条件变化地带、可疑地带掘进，应认真实行防突水措施，防止工作面突水事件发生。

### 3.5.5.4 天井、溜井施工安全技术要求

天井、溜井施工，必须严格按照设计和《矿山井巷工程施工及验收规范》（GBJ 213—79）进行施工，矿山必须编制天、溜井施工设计和施工组织设计图。

A 普通法、吊罐法和爬罐法施工的安全要求

普通法、吊罐法和爬罐法掘进天、溜井时，作业人员要进入井内，应注意以下事项：

（1）每次爆破后，必须加强局部通风，半小时后方可允许人员进入井内。

（2）首先要检、撬浮石，而且要保证两人作业，一人照明，一人检、撬。

（3）井壁破碎或不稳固时，应支横撑柱或安装锚杆维护。

（4）凿岩平台要安装稳固，出渣间和人行间的隔板要严密结实，防止渣石掉入人行间。每隔 6~8m 设一平台，内设人行梯子。

（5）用吊罐法施工时，严防发生"翻罐"和"蹾罐"事故；凿岩时吊罐要架牢，防止摆动。爬罐法施工时，导轨要固定牢靠，并防止爆破崩坏或崩松导轨，而发生吊罐事故。

（6）必须设立信号联络装置。可采用电铃、灯光和电话或复式信号系统，保持罐内人员与绞车司机之间的联系，确保罐笼提升、下降时的安全。

（7）应选用安全系数 $k>13$ 的粗钢丝绳、提升能力大的慢速绞车，电动机要

有过电流保护装置。

B 钻井法施工的安全要求

(1) 采用"上扩法"时,岩渣可以自重下落,操作人员应采取防护措施以避免落石伤人的事故发生。

(2) 采用"下扩法"时,岩渣由导孔排出,下面操作地点粉尘大,坠石容易伤人。要加强通风和降尘措施,并采取防止落石伤人的安全措施。

(3) 设专人负责定期对钻井设备进行检查和维护工作,确保设备在运转时的正常进行。

C 深孔爆破成井法施工的安全要求

(1) 中心孔一定要按设计施工,确保一次成井。

(2) 作业人员不准站在中心孔下方,防止中心孔内掉石伤人事故的发生。

(3) 盲天井施工时,为保证一次爆破达到设计高度,一般掏槽孔要超深 1.5 ~ 2m,辅助孔超深 1.0 ~ 1.5m,周边孔超深 0.5 ~ 1.0m;并且要防止发生炮孔挤死或堵塞。

### 3.5.5.5 井巷维护

为了保证矿井正常生产,对已破坏的巷道应及时修复,使其处于良好状态。巷道的修复工作应根据支护结构、工作条件、支护破坏程度等情况采取不同的措施。下面介绍砌混凝土、喷混凝土、架棚等巷道的修复方法。

A 砌混凝土巷道的修复

(1) 局部加固法。局部加固法主要适用于料石砌碹或混凝土砌碹的巷道修复。若巷道拱顶受到局部地压作用而产生纵向或横向裂缝,碹体仍能起支撑作用,且仍能满足使用要求时,可采取喷射混凝土或内套拱形槽钢支架来处理,喷层厚度一般 20 ~ 30mm。经过一段时间,若碹体又产生裂缝可重复喷射。

若碹体拱顶均产生裂缝,并且有失稳的危险,可用钢轨做骨架,在两架钢轨间铺设模板,在模板内浇灌约为 700mm 厚混凝土,进行整体加固。

如果重要硐室处于松软岩层中,地压显现很大,碹体破坏变形严重,采用加固方法难以奏效时,此时应考虑其他加固方案。

(2) 砌碹巷道返修。返修巷道必须由外向里分段进行,其施工方法和新掘巷道基本相同。值得注意的是,前方待返修的 5 ~ 10m 巷道必须用木棚或拱形金属支架进行加固,以防止在拆除旧碹体时发生冒顶事故。此外,返修段巷道一旦开挖后,应及时支护,支护过程接顶必须严格。

B 锚喷巷道的修复

若喷层开裂,局部出现剥落现象,而锚体仍能有效地发挥作用,此时只要挖掉破坏的喷层,在原有喷层上再喷一层混凝土即可。若围岩及喷层破碎严重,除打锚杆加固外,还应挂设金属网;压力特别大时,还要增设钢筋架,以增加锚喷支护的刚度。

处于断层破碎带的巷道，可考虑注浆团结围岩，然后用锚喷网或砌混凝土方式加以修复。

C　棚式支架巷道的修复

在棚式支架巷道中，若只有一根棚腿折断。先在折断棚腿的顶梁支上撑柱，并将顶梁抬高 20～50mm，撤出折断的棚腿，修整侧帮松脱围岩，然后换上新的棚腿，背好背板即可；若一架棚子的两根棚腿均被压坏，而棚梁完好无损，此时可采用两根临时支柱支撑顶梁，撤出两侧压坏的棚腿，然后分别更换棚腿即可；若连续有 2～3 架支架的棚腿都在巷道一侧折断，此时可在压坏棚腿的一侧用抬棚将棚梁托起，然后更换被折断的棚腿。

若支架顶梁被压坏，且顶梁上部有浮石，则应在折断的顶梁前后安设中间棚子，控制顶部岩石，防止发生冒落事故，然后再更换压坏的顶梁。

## 3.6　矿井运输与提升管理

### 3.6.1　斜井提升运输

（1）运输班、机电队要合理地确定钩头位置，不可超距离使用，上、下把钩人员必须按章操作，有效地避免整圈压绳、卡绳等现象。

（2）机电队应根据绳头的磨损发问，定期剁、截钩头，对使用不当造成剁、截，责任者应赔偿损失，机电队要建立专门台账，对每次剁绳时间、长度、原因做好原始记录，对事故性的压绳应及时向安全部门汇报。

（3）运输班应做好提升井筒的日常清理工作，机修工和钉道班应保证车辆和轨道的质量标准。

（4）上、下把钩人员应坚守岗位，走钩前做好摘钩的准备工作，人员没有到位前，打点工不能打点起钩，严防中途紧急停车蹾钩而致使钢丝绳受内伤，挂钩时，必须认真检查车辆、连接装置及钩头完好，严格控制脱钩事故发生，控制提升车数，杜绝超负荷提升。

（5）上、下把钩工进岗后要认真检查工作环境的安全条件，及时清理杂物和排除隐患，对信号线路和设备机电队必须定期进行检查，确保信号可靠，为便于加强各水平通讯联系，调度室必须确保电话畅通。

（6）机电队要做好提升绞车安全保险装置及人车的日常检修保养，确保性能良好，避免提升过程中的异常现象和故障，避免因紧急刹车蹾钩而造成的断绳，脱钩及放大滑事故。

（7）绞车工必须实行岗位交接班制度，做到：无信号不开车，信号不清不开车，对信号有疑问不开车，开车时思想必须高度集中，严禁看书，干私活，时刻注意设备运转情况，当车运行到各水平岔道处前，必须减速，做好行车稳、停车准，并认真填写好运转日记。

（8）信号工必须严格执行交接班制度，每班接班时，必须对信号进行一次试验，确保信号正常，方可使用，接收信号时要仔细，收送信号要及时、准确、清晰，车行至各水平，信号工要密切注意道岔，不得错道而行。

（9）当钢丝绳已受损，如扭转、压绳等发生后，岗位操作工必须立即汇报，进行处理，任何人不得隐瞒或拖延时间，不允许强行继续走钩。

（10）运输队要确保在各条下山的阻车器、导向轮、安全挡、信号、电话等设备的完好，确保正常提升，当某一设备出现故障时，应立即汇报处理，在故障没有排除前，禁止走钩。

（11）岗位人员必须严格督促执行"行人不行车，行车不行人"，杜绝人车同行或提升时，井筒有人从事其他工作等现象；清理井筒时，必须制订安全措施，并严格执行。

（12）采掘队及维修人员装车时，严禁超满、超高、超宽，运输岗位工有权对上述现象的重车拒绝提升运送。

（13）机电队根据《规程》规定，测算提供各条下山使用的钢丝绳规格、型号、长度和用量，提升车数，建立各类绞车钢丝绳的台账，收集、管理好技术资料，帮助搞好设备质量和对岗位操作人员进行技术培训和业务指导工作。

（14）安全科负责对斜井提升的设备，绞车安全保险装置和钢丝绳的检查制度落实情况的检查；对各岗位操作工执行规程情况的检查；对每条下山的安全条件情况的检查；对各有关单位执行规程情况的检查；每星期对主副井筒进行一次检查；对使用中的钢丝绳，机电队要经常进行检查。

（15）井口必须设置灵敏可靠的阻车器，坡度小于30°、垂直深度超过90m和坡度大于30°、垂直深度超过50m的斜井，须设专用人车运送人员。斜井用矿车组提升时，严禁人货混合串车提升。人车应有顶棚，并装有可靠的断绳保险器。列车各车辆的断绳保险器应相互连接，并能在断绳时同时起作用。断绳保险器应既能自动，也能手动。

（16）用列车运送人员的斜井，必须符合下列规定的声、光信号装置。每节车厢都能在行车途中向卷扬机司机发出紧急停车信号；多水平运送时，各水平发出的信号要有区别，以便卷扬机司机辨认；所有收发信号的地点，都要悬挂明显的信号牌。

## 3.6.2　竖井提升

（1）罐笼升降人员和物料：垂直深度超过50m的竖井，应用罐笼升降人员；罐笼须装设能打开的活顶盖，罐笼底板应铺设坚固的无孔钢板；罐笼两端出入口，应装设高度不小于1.2m的罐门或罐帘，罐门或罐帘下部距罐底不得超过

250mm，罐帘横杆的间距，不得大于200mm，罐门不得向外开启；罐笼内须设阻车器；在井口应公布，罐笼的最大载重量。

（2）罐笼的层高和一次载人数量：单层或多层罐笼最上层的净高不得小于1.9m，防坠器的拉杆弹簧须有保护套筒；多层罐笼其他各层的净高不得小于1.8m；罐笼载人数量，应按每人占用0.2m²底板面积确定；应在井口公布，罐笼每层一次载人数量；提升人员或物料的罐笼，必须安装安全可靠的防坠器；罐道钢丝绳应有20~30m的备用长度；天轮到卷扬机卷筒的钢丝绳最大偏转角不得超过1°30′。

（3）竖井提升系统的提升装置（卷筒、制动装置、保险装置、调整装置、传动装置、提升容器、防坠器、导向槽等）、摇台（或托台）、阻车器、推车机、装卸矿设施、天轮和钢丝等，每班应检查一次，每周应由车间设备负责人检查一次，每月应由矿机电科长（机械师）检查一次。

（4）钢筋混凝土井架、钢井架和多绳提升机井塔每年必须检查一次，木质井架每半年必须检查一次，检查结果应写书面报告，有严重问题的应报送主管局（公司），并及时解决。

（5）乘罐人员应在距井口5m以外候罐，必须严格遵守乘罐制度，听从信号工指挥；竖井提升系统，须设有能从各中段发给井口总信号工转达卷扬机司机的信号装置。井口信号与卷扬机的启动要有闭锁装置，还要设有辅助信号装置，以及电话或话筒；井口和井下各中段井口车场，都必须设信号装置。在用中段均应设专职信号工。各中段发出的信号应有区别。

（6）所有升降人员的井口及卷扬机室，均须悬挂下列布告牌：每班上下井时间表；信号标志；每层罐笼每次允许乘罐的人数；其他有关升降人员的禁止和注意事项。清理竖井井底水窝时，上部中段须保护设施，以防物体坠落伤人。

### 3.6.3 提升装置

（1）提升装置的天轮、卷筒、主导轮和导向轮的最小直径与钢丝绳直径之比，必须符合下列规定：摩擦轮式提升装置的主导轮，有导向轮时，不小于100，无导向轮时，不小于80；地表提升装置的卷筒和天轮，不小于80；井下提升装置和凿井的提升装置的卷筒和天轮，不小于60；废石场的提升或运输装置的卷筒和导向轮，不小于50；悬挂吊盘、吊泵、管道用的绞车的卷筒和天轮、凿井时运料绞车的卷筒，不小于20。移动式辅助性绞车不受此限。

（2）提升装置的卷筒、天轮、主导轮、导向轮的最小直径与钢丝绳中的钢丝的最大直径之比，必须符合下列规定：地表提升装置，不小于1200；井下或凿井用的提升装置，不小于900；凿井期间升降物料的绞车或悬挂水泵、吊盘用的提升装置不小于 300。

（3）各种提升装置的卷筒缠绕钢丝绳的层数，必须符合下列规定：在竖井中升降人员或升降人员和物料的，宜缠绕单层；竖井中专用于升降物料的，或 45°以下的的斜井升降人员的，准许缠绕两层；在 30°以下、斜长超过 600m 的斜井中升降人员的，准许缠绕 3 层；盲井（包括竖井、斜井）中专为升降物料的或地面运输用的，准许缠绕 3 层；开凿竖井或斜井期间升降人员和物料的准许缠绕两层，深度或斜长超过 400m 时，准许缠绕 3 层；移动式或辅助性专为提升物料用的，以及凿井期间专为升降物料用的，准许多层缠绕。

（4）在卷筒上缠绕两层或多层钢丝绳时，必须符合下列规定：卷筒边缘应高出最外层一层钢丝绳，其高差不小于钢丝绳直径的 2.5 倍；卷筒上须装设带螺旋槽的木衬，卷筒两端应设有过渡块；经常检查钢丝绳由下层转至上层的临界段部分（相当于 1/4 绳圈长），并统计其断丝数。每季度应将钢丝绳窜动 1/4 圈的位置。

（5）斜井提升容器的最大速度，不得超过下列规定：升降人员或用矿车升降物料，斜井长度小于 300m 时，3.5m/s；斜井长度大于 300m 时，5m/s。用箕斗升降物料：斜井长度小于 300m 时，5m/s；斜井长度大于 300m，7m/s。斜井升降人员的加速度或减速度，不得超过 $0.5m/s^2$。

### 3.6.4  平巷运输管理

#### 3.6.4.1  电机车运输

（1）电机车司机要实行现场交接班，接班时，要检查电机车铃、灯、闸等灵活情况，发现问题，及时汇报解决。

（2）电机车载重前，要检查牵引矿车数，连接情况及矿车装载情况（超高、超宽等），电机车运行除在车场外，均须用车头牵引，禁止用车头抵推。

（3）电机车运行时，司机不得将身体伸出车外，时刻注意前方，发现有人以及接近岔道、弯道、风门、硐室出口等处，要发出警铃，减速运行。

（4）电机车运输，除随车司机外，严禁带人，跟车工严禁在矿车内站立。严禁站在两车连接处或乘坐在重车上，电机车进出车场及充电硐室时跟车工不得乘坐电机车。

（5）电机车司机离开驾驶位时，必须切断电源，将控制把手取下保管好，扳紧车闸，但不得关闭车灯，电机车同方向运行时，两车距离不得小于 100m。

#### 3.6.4.2  人力推车

（1）人力推车前要检查矿车装载情况（如超高、超宽）。

（2）推车时，要时刻注视前方，发现前方有人员行走，以及接近岔道、弯道、硐室出口、风门处时，要口头发出警号，发现障碍物要立即停车，清除。

（3）推车进出车场时，要扳好道岔，同方向推车两车距离不得小于 10m，严禁放飞车。

（4）不准将矿车放在主要运输轨道上，以防电机车来往碰撞，发生事故，不准将矿车停放在主要进风巷道中，以免影响通风，不准将矿车停放在可能自动滑动的斜坡道中，以免跑车发生事故。

### 3.6.4.3   人车乘坐管理规定

（1）运输队确定专人押车，配备必须工具、哨子等，押车司机应严格执行现场交接班制度，认真检查人车的保险闸，连接装置、坐靠板等完好情况，发现问题及时汇报处理，严禁人车带"病"运行。

（2）每班接班时，必须先试运行钩，确认安全方可乘人运行，无押车司机人车不得载人运行，否则作违章处理。

（3）押车工要严格掌握控制人员超载，待人员坐稳后，方可发出行车信号，人车在运行中，押车工要时刻注意前方，手握闸把，严禁与他人谈笑取闹。

（4）押车工必须严守岗位，与井上、下打点工密切配合，工伤用车要及时，不得拖延。

## 3.6.5   钢丝绳与连接装置

（1）对提升钢丝绳要求质保证书资料齐全，提升钢丝绳使用前必须进行拉力、弯曲、扭转等试验，机电部门不见质保证书和试验报告单的钢丝绳，不能上机使用。

（2）使用中的钢丝绳，必须严格执行"专人每日检查"制度，对钢丝绳的磨损、弯曲、断丝、变形和锈蚀等情况做好准确、详细的原始记录。

（3）除在倾角 30° 以下的斜井用提升物料的钢丝绳外，其他提升钢丝绳和平衡钢丝绳，使用前必须进行试验。经过试验的钢丝绳，储存期不得超过 6 个月。

（4）提升钢丝绳（用于摩擦式提升机的除外）的试验，必须遵守下列规定：升降人员或升降人员和物料用的钢丝绳，自悬挂时起，每隔 6 个月试验一次；有腐蚀性气体的矿山，3 个月试验一次；升降物料用的钢丝绳，自悬挂时起，第一次试验的间隔时间为一年，以后每隔 6 个月试验一次；悬挂吊盘用的钢丝绳，自悬挂时起，每隔一年试验一次。

（5）各种提升设备用的钢丝绳，自悬挂时起的安全系数，必须遵守以下规定：专为升降人员用的，安全系数不得小于 9；升降人员和物料用的，升降人员和物料混合提升时，不得小于 9，升降物料时安全系数不得小于 7.50；专用升降物料的，不低于 6.5。

（6）在用的钢丝绳作定期试验时，如果安全系数为下列数字，必须更换：

专为升降人员用的小于7；升降人员和物料用的，升降人员小于7，升降物料时小于6；专为升降物料和悬挂吊盘用的小于5。

（7）对提升钢丝绳，除每日进行检查外，每周必须以 0.3m/s 以下的速度进行一次详细的检查，每月进行一次全面检查；对平衡绳（尾绳）和罐道绳，每月进行一次详细检查。所有检查结果，均应记入检查记录簿。

（8）出现下列情况，钢丝绳必须更换：各种钢丝绳在一个捻距内断丝面积同钢丝总断面积之比达到下列规定时必须更换：升降人员或升降人员和物料用的钢丝绳为 5%；专为升降物料用的钢丝绳为 10%；提升钢丝绳直径减少到 10%；钢丝绳的钢丝有变黑、锈皮、点蚀麻坑等损伤时，不得用作升降人员；钢丝绳锈蚀严重，点蚀麻坑形成沟纹，外层钢丝松动时，不论断丝数或绳径变细多少，都必须立即更换。

### 3.6.6 岗位职责

#### 3.6.6.1 信号工
（1）井上、下信号工要实行现场交接班，严守岗位，接班时要认真检查信号、电话、电铃是否完好，发现问题及时汇报处理。

（2）听从押车工指挥，发送信号要及时、准确、清晰，人车在运行时，严禁睡觉、看书、脱离岗位。

（3）行车人，要密切注视人车运行情况，手不离点把，每钩做到目迎目送人车，遇到紧急情况，随时发出停车信号。

（4）人车运行时，不得与他人交谈，不得将点把交与他人使用。

#### 3.6.6.2 乘车人员
（1）井口 20m 内严禁吸烟或使用明火，严禁酒后下井，非本矿人员未经安全部门批准，一律不许入井。

（2）入井人员必须佩戴安全帽，携带矿灯，严禁穿化纤衣服入井，严禁携带烟、火入井。

（3）乘车人员进出井口时，要注意防止风门伤人，过风门要随手将风门关好。

（4）每一乘车人员必须严格遵守乘人车管理规定，听从指挥，自觉执行"先来先上"秩序，严禁拥挤，抢跳入车。

（5）人车每排座位限乘3人（押车工工作座位只允许司机一人乘坐），严禁超载，蹬钩头，人车运行中的井筒严禁人员上、下井或干其他事。

（6）乘车人员不得在井口，停车场闹事，辱骂信号工、押车工，如违章乘坐人车而造成事故或受伤，事故要从严处理，受伤不作工伤处理。

## 3.7  井下采场技术管理

### 3.7.1  一般规定

（1）采场是矿山组织生产的基本单元。采场技术管理是矿山技术管理的基础，要在生产矿长或总工程师的领导下，以生产部门为主，充分发挥其他各职能部门、各级生产管理人员和工程技术人员的作用，建立健全各项责任制，做到各级人员职责明确，有职，有责，有权。

（2）采场设计和组织生产，应实行强化开采，推广先进经验，采用适用的新技术、新工艺、新设备，认真执行安全规程和本项《采场技术管理》要求，达到安全，高效和低耗的要求，并降低采矿损失和贫化。

（3）矿山应根据本项《采场技术管理》的基本原则。结合生产实际情况，制订采场技术管理实施细则。

### 3.7.2  采场单体设计

（1）采场单体设计应在本阶段总体设计的基础上进行，要照顾上、下、左、右相邻采场的关系及回采顺序。

（2）采场单体设计应根据地质测量部门提供的地质测量资料进行。采场单体设计的地质储量要求达到相应的级别。

对于提供设计用的地测资料，需经地质测量专业主管技术人员、技术（业务）主办审核。

（3）采场单体设计应包括下列内容：地下开采采场结构及参数的确定，采场工程布置，施工顺序及进度要求，落矿、出矿和充填，顶板管理，通风及安全措施，降低矿石损失，贫化的措施及主要技术经济指标等。

（4）采场单体设计应包括下列图表：采场三面投影图，采准、切割与回采工程布置图，主要巷道断面图，支护结构图，工程量表及施工进度计划。

（5）采场单体设计的技术经济指标内容包括：地质矿量，地质品位，采矿量，采矿品位，出矿量及出矿品位，矿石损失率，贫化率，采准切割量，采掘工效，采场生产能力，主要材料消耗和作业成本等。

### 3.7.3  出矿管理

（1）矿山必须根据不同采矿方法的要求，加强出矿管理工作。采用崩落法的矿山应配专人负责出矿管理，认真执行《崩落采矿法技术标准》的有关规定。

（2）采场出矿必须按月作业计划，合理均衡配矿，保持月出矿品位稳定，其波动幅度应控制在 ±10% 以内。

（3）矿山必须加强采场出矿的计量和取样管理。

### 3.7.4 采场验收

（1）矿山必须建立和健全采场验收制度，应根据不同的采矿方法制订采场验收标准，确定验收权限。

（2）采场验收分阶段进行，各项作业完成后均应组织验收，采场投产前应组织综合性验收，采场结束后进行最终验收。

（3）矿山应建立和健全采场生产台账，采场结束后，应及时整理分析全部资料，作出开采评价报告，采场最终验收后作为技术档案归档。

（4）矿山在考核生产计划完成情况和进行奖罚时应以验收的数量和质量为依据。验收人员应坚持原则，严格按验收标准验收。

## 3.8 矿山环境保护

环境与发展是关系人类前途命运的重大问题。我国政府采取一系列政策措施，加强环境保护和生态建设，加大矿山环境保护与治理的力度。

新中国成立50多年来，我国的矿业得到很大发展。但是矿产资源的开发，特别是不合理的开发、利用，已对矿山及其周围环境造成污染并诱发多种地质灾害，破坏了生态环境。越来越突出的环境问题不仅威胁到人民生命安全，而且严重地制约了国民经济的发展。

### 3.8.1 矿山环境灾害

我国的矿业活动主要指矿石采掘、选矿及冶炼3部分。按照我国固体矿床矿山科学技术发展水平，目前主要采用露天、地下两种方法开采矿产资源。随着社会生产发展的需求和科学技术进步，露天开采所占比重正在迅速增加。人类在开发利用矿产资源以满足自身需要的同时，由于破坏了原有的环境平衡系统，改变了周围的环境质量，因而产生出众多的环境问题。

#### 3.8.1.1 采矿占用和破坏了大量土地

矿山开发占用并破坏了大量土地，其中占用土地系指生产、生活设施及开发破坏影响的土地，其中破坏的土地指露天采矿场、排土场、尾矿场、塌陷区及其他矿山地质灾害破坏的土地面积。

#### 3.8.1.2 采矿诱发地质灾害

由于地下采空，地面及边坡开挖影响了山体、斜坡稳定，导致开裂、崩塌和滑坡等地质灾害。致使上覆山体逐渐发生变形、开裂。露天采矿场滑板事件频繁发生。

采空区塌陷对土地资源的破坏，在采矿中占有重要地位，主要是由地下开采造成的。而我国的矿山开采中，以地下开采为主，另外，采用水溶法开采岩盐所形成的地下溶腔，可导致地面沉陷，在一些盐矿已有发生。

### 3.8.1.3 产生各种水环境问题

（1）矿区水均衡遭受破坏。大量未经处理的废水排入江河湖海，污染严重。其次，在地表水汇流过程中，也有大量地表径流通过裂缝漏入矿井，使地表径流系统明显变小。另外，由于河流变成了矿坑水的排泄通道，河道两侧浅层地下水均受到不同程度的污染。矿井疏干排水，导致大面积区域性地下水位下降，破坏矿区水均衡系统；造成大面积疏干漏斗、泉水干枯、河水断流、地表水入渗或经塌陷灌入地下，影响了矿山地区的生态环境，使原来用井泉或地表水作为工农业供水的厂矿、村庄和城镇发生水荒。

（2）破坏水均衡系统，引起水体污染。沿海地区的一些矿山因疏干漏斗不断发展，当其边界达到海水面时，易引起海水入侵现象。矿山附近地表水体常作为废水、废渣的排放场所，由此遭受污染。地下水的污染一般局限于矿山附近，为废水及废渣、尾矿堆经淋滤下渗或被污染的地表水下渗所致。

（3）产生大量废气、废渣、废水。大气污染源主要来自矸石、尾矿、自然粉尘、扬尘和一些易挥发气体。矿山固体废弃物主要有矸石、露天矿剥离物、尾矿。矿山开采不仅占用大量土地，而且对土壤和水资源造成了污染。我国矿业活动产生的各种废水主要包括矿坑水，选矿、冶炼废水及尾矿池水等。

1）矿业废气。废气、粉尘及废渣的排放引起大气污染和酸雨，其中以硫化工和煤炭最严重，已构成严重的社会公害。此外废渣、尾矿对大气的污染也相当严重。

2）矿业废水。我国矿业活动产生的各种废水主要包括矿坑水，选矿、冶炼废水及尾矿池水等。其中煤矿、各种金属、非金属矿业的废水以酸性为主，并多含大量重金属及有毒、有害元素（如铜、铅、锌、砷、镉、六价铬、汞、氰化物）以及 COD、$BOD_5$、悬浮物等；石油、石化业的废水中尚含挥发性酚、石油类、苯类、多环芳烃等物质。众多废水未经达标处理就任意排放，甚至直接排入地表水体中，使土壤或地表水体受到污染；此外，由于排出的废水入渗，也会使地下水受到污染。

3）矿业废渣。矿业废渣包括煤矸石、废石、尾矿等。

（4）水土流失及土地沙化。矿业活动，特别是露天开采，大量破坏了植被和山坡土体，产生的废石、废渣等松散物质极易促使矿山地区水土流失。

（5）其他灾害。

1）土壤污染。"三废"排放使矿区周围土壤受到不同程度污染。

2）矿震。采矿所诱发的地震，出现在我国许多矿山，成为矿山主要环境问题之一。

3）尾矿库溃坝。由于某些原因，尾矿坝溃塌，尾矿外流，造成极大危害。

4）崩塌、滑坡、泥石流。采矿活动及堆放的废渣因受地形、气候条件及人为因素的影响，发生崩塌、滑坡、泥石流等。如矿山排放的废渣常堆积在山坡或沟谷内，这些松散物质在暴雨诱发下，极易发生泥石流。

总而言之，矿山开采对环境的破坏是严重的：开采活动对土地的直接破坏，如露天开采直接破坏地表土层和植被；矿山开采过程中的废弃物（如尾矿、矸石等）需要大面积的堆置场地，导致对土地的过量占用和对堆置场原有生态系统的破坏；矿石、废渣等固体废物中含酸性、碱性、毒性、放射性或重金属成分，通过地表水体径流、大气飘尘，污染周围的土地、水域和大气，其影响面将远远超过废弃物堆置场的地域和空间，污染影响要花费大量人力、物力、财力，经过很长时间才能恢复，而且很难恢复到原有的水平。

## 3.8.2 矿山环境治理现状

矿山环境问题的防治主要包括"三废"（废水、废气、废渣）的防治、矿山土地复垦及采空区地面沉陷（塌陷）、泥石流、岩溶塌陷等灾害的防治。

### 3.8.2.1 废气治理

废气治理主要是对窑炉的烟尘治理、各种生产工艺废气中物料回收和污染的处理。据统计，矿业采选行业治理率、治理水平都比较低，整个采选行业处理率不足20%，低于全国其他行业的平均处理率。

### 3.8.2.2 废水处理

我国矿山排放的废水种类主要有酸性废水、含悬浮物的废水、含盐废水和选矿废水等。为防止对环境的污染，目前主要从改革工艺、更新设备、减少废水和污染物排放，提高水的重复利用率，以废治废、将废水作为一种资源综合利用3个方面进行治理。

目前存在的问题，一是废水处理装置能力不足，据统计目前还有30%左右的废水未经处理就直接外排；二是废水处理技术开发水平还不高；三是节约用水和废水治理的管理制度还不够完善。

### 3.8.2.3 废渣处理

矿山废渣的处理主要是综合利用，即废渣减量汇入资源化、能源化。这是一项保护环境、保护一次原材料、促进增产节约的有效措施。总的来看，矿业废渣占全国固体废物总量的一半，但处置利用率最低，对矿山环境的影响大。从各类矿业看，煤炭、建材非金属采选业的废渣利用率较高，而黑色金属采选业的废渣处置率较低。

### 3.8.2.4 采空区土地及废渣场土地复垦

土地复垦，是采空区造成的地面沉陷、排土场、尾矿堆和闭坑后露天采场治理的最佳途径，不仅改善了矿山环境，还恢复大量土地，因而具有深远的社会效益、环境效益和经济效益。

### 3.8.2.5 泥石流的防治

矿山泥石流通常发生在排土初期，随着排出的废弃物数量增加，排土场的边坡稳定性往往得以提高和加强，矿山泥石流也就逐渐减弱。对矿山泥石流防治的关键是预防。我国目前所采取的预防措施主要有：合理选择剥离物排弃场场址，慎重采用"高台阶"的排弃方法；清除地表水对剥离排弃物的不利影响；有计划地安排岩土堆置；复垦等。对泥石流的治理，可采取生物措施（如植树、种草），但其时间长、见效慢。目前除加强排土场和尾矿库的管理外，大多采用工程治理措施，主要是拦挡、排导及跨越措施。

### 3.8.2.6 岩溶塌陷的防治

我国对岩溶塌陷的防治工作开始于20世纪60年代，目前已有一套比较完整和成熟的方法。防治的关键是在掌握矿区和区域塌陷规律的前提下，对塌陷做出科学的评价和预测，即采取以早期预测、预防为主，治理为辅，防治相结合的办法。

（1）塌陷前的预防采取以下主要措施：合理安排矿山建设总体布局；河流改道引流，避开塌陷区；修筑特厚防洪堤；控制地下水位下降速度和防止突然涌水，以减少塌陷的发生；建造防渗帷幕，避免或减少预测塌陷区的地下水位下降，防止产生地面塌陷；建立地面塌陷监测网。

（2）塌陷后的治理措施主要有以下几种：塌洞回填；河流局部改道与河槽防渗；综合治理。

### 3.8.2.7 矿山水均衡遭受破坏的防治

为防治和防止因疏排地下水而引起对矿山地区水均衡的破坏，保护地下水资源，并消除或减轻因疏排地下水引起的地面塌陷等环境问题，一些矿山采用防渗帷幕、防渗墙等工程，堵截外围地下水的补给，取得了显著的环境效益和经济效益。

## 3.8.3 矿山生产生态保护

### 3.8.3.1 矿山环境治理

#### A 固体废弃物的资源化

矿山尾矿、废石等固体废弃物治理的关键问题是综合利用。如果对其经济有效地综合利用，其数量就会减少，通过最终充填、掩埋处置，其危害就能消除。矿山固体废弃物的资源化是综合利用的基础和条件。

（1）尾矿。我国矿产资源特点为伴生矿多、难选矿多、贫矿多、小矿多。我国矿山企业多，矿产资源是国民经济和社会发展的重要物质基础。我国正处在全面建设小康社会，加速工业化，对矿产资源需求强劲增长时期，产生了大量的尾矿，这些尾矿由于技术原因，仍有大量可利用的矿产资源，通过先进技术仍可以从中提取有用资源。其他尾矿还可以作为井下充填料，作路基填料等意图，尾矿虽然是矿产资源一次利用的废弃物，但是可以转化为有用的资源实现二次利用。

（2）废石。矿山开采过程中产生了大量废石，实际上这些废石也是具有巨大价值的二次资源。要对这些废石进行综合治理，首先就地消化，尽可能地合理利用，化害为利。其次是采取防护措施，减少对环境的污染。这些废石可以用作建筑材料，回收有用金属及其他物质。修建道路及工业和民用建筑场地。用作露天采场及井下回采充填料。

B  土地复垦

矿山的开发，必然要使矿区的自然环境遭到破坏，特别是露天开采，与地下开采相比，具有很大的优势，因此露天开采的比重越来越大。露天开采的结果，破坏了地面地形、地物的本来面貌，特别是对森林、绿色植物等植被的破坏，其结果使水土流失，甚至引起气候的变迁。由于开采不但截断了地下水源，使有毒的金属离子暴露出来，而且在地表堆积着大量的废石、废渣、尾矿及形成了大片采空区凹地。特别是废弃的露天矿场，几乎是一片荒凉。

另一方面由于地下开采的结果，使井下形成了许多采空区和空洞，特别是利用允许地表陷落的崩落法的矿山，将会给地表带来错位和沉陷的问题。

总之，随着矿床的开采必然会对地表产生破坏，并随着矿山资源的不断开采受破坏的面积越来越大。因此，如何将废弃的矿山和正在开采的矿山进行土地恢复工作，为工业、农业、林业及其他行业提供可利用的土地及改善自然环境状态，避免矿山对环境的污染。

C  矿山废水的无害化

我国是水资源贫乏的国家，人均水资源仅为世界平均水平的1/4。水资源短缺已经成为我国经济社会发展的主要制约因素之一。而在矿山开采过程中又会产生大量的矿山废水，其中包括矿坑水、露采场废水、选厂废水、尾矿库和废石场的淋滤水，这些水不仅白白浪费，而且更重要的是，它们的排放严重地污染了地表水和地下水，危害环境，因此矿山废水通过处理无害排放，予以利用，意义重大。

我国绝大部分有色矿山、部分铁矿山和贵金属矿山为原生硫化物矿床或含硫化物矿床，这些矿床无论露采还是坑采，都会产生大量的硫化物或含硫化物的废石，堆存在废石场的这些废石在氧和水的作用下，风化、淋溶产生大量酸性废水。可以说，有色金属矿山以及含硫化物的贵金属矿山和铁矿山的开采，已成为对水体和生态环境造成污染最严重的行业之一。

### 3.8.3.2  矿山环境保护措施

A  组织措施

主要是建立环境保护的管理机构和监测体系。目前，我国矿山环境保护机构的设置，根据矿山建设和生产过程中对环境污染的程度及企业规模的大小确定。一般大型矿山设置环保科，中、小型矿山建立科或组。矿山企业中的环境保护人员主要包括：矿山环保科研人员，环境监测人员，污水治理人员，矿山企业防尘人员，保护设备检修人员，矿区绿化人员，复垦造田人员等。

**B 经济手段**

矿山企业环保设施的投资，是矿山基建总投资的一部分。根据目前矿山企业的生产情况，环保工程投资主要有以下几方面："三废"处理设施、除尘设施、污水处理设施、噪声防止设施，绿化，放射性保护，环境监测设施，复垦造田等。投资的来源，大致有以下几个方面：新建及改扩建项目的工程基建投资；主管部门和企业自筹资金；排污回扣费，即环保补助资金。环保工程投资的多少，根据矿山建设的客观条件和要求而定。环境保护和治理的资金来源还直接与企业的管理和经济效益有关。

**C 环保资金来源的政策性措施**

为保护环境和治理污染，国务院和有关部门制定了《污染源治理专项基金有偿使用暂行办法》、《关于工矿企业治理"三废"污染开展综合利用产品利润提留办法的通知》、《关于环境保护资金渠道的规定的通知》等行政法规和部门规章，保证了环境保护与治理经费有一个重要来源。

**D 矿山环境保护有关的政策性法规及标准**

经过 20 多年的发展，我国已经形成一系列与矿山环境保护有关的法律制度，其中主要有《中华人民共和国矿产资源法》、《中华人民共和国环境保护法》、《中华人民共和国水污染防治法》、《中华人民共和国大气污染防治法》、《中华人民共和国海洋环境保护法》以及《中华人民共和国土地管理法》等。

有关的矿山环境标准有《大气环境质量标准》、《城市区域环境噪声标准》、《地面水环境质量标准》、《工业炉窑烟尘排放标准》、《有色金属工业固体废物污染控制标准》等。

### 3.8.3.3 加强矿山环境保护的对策

(1) 正确处理矿产资源开发与环境保护的关系，切实加强矿山环境保护工作。矿业开发要正确处理近期与长远、局部与全局的关系，把矿产资源开发利用与环境保护紧密结合起来，实现矿业的持续健康发展。

矿产资源开发不得以牺牲环境为代价，避免走先污染后治理、先破坏后恢复的老路。采矿权人对矿山开发活动造成的耕地、草原、林地等破坏，应采取有力的措施进行恢复治理；对矿山产生的废气、废水、弃渣，必须按照国家规定的有关环境质量标准进行处置、排放；对矿山开发活动中遗留的坑、井、巷等工程，必须进行封闭或者填实，恢复到安全状态；对采矿形成的危岩体、地面塌陷、地裂缝、地下水系统破坏等地质灾害要进行治理。矿产资源开发要保护矿区周围的环境和自然景观。严禁在自然保护区、风景名胜区、森林公园、饮用水源地保护区内开矿。严格控制在铁路、公路等交通干线两侧的可视范围内进行采矿活动。西部矿产资源开发必须重视生态环境的保护和建设，防止矿产资源开发加剧生态环境恶化。

根据国家的方针政策，综合运用经济、法律和必要的行政手段，依法关闭产品质量低劣、浪费资源、污染严重、不具备安全生产条件的矿山。积极稳妥地关闭资源枯竭的矿山。资源开采为主的城市和大矿区，要因地制宜发展接续和替代产业。

（2）明确目标，科学规划，把矿山环境保护作为一项重要任务来抓。各地应结合当地工作实际，抓紧开展矿山环境调查与评价，制定矿山环境保护规划，并纳入当地的国民经济和社会发展计划。矿山企业是矿山环境保护与治理的直接责任人，要抓紧制定本企业矿山环境保护与治理规划，切实保护好矿山环境。

对开发造成的矿山环境破坏，应有计划、有步骤地进行治理。以使矿山及周围矿山城市的环境质量有明显改善，重点开发区的环境污染及生态环境恶化的状况基本得到控制。

（3）加强法规和制度化建设，全面推进矿山环境保护。各级人民政府要依据《环境保护法》、《矿产资源法》、《土地管理法》等法律法规，结合本地区的实际情况，制定矿山环境保护管理法律法规、产业政策和技术规范，为加强矿山环境保护工作提供强有力的法律保障，使矿山环境保护工作尽快走上法制化的轨道。

要完善矿山环境保护的经济政策，建立多元化、多渠道的投资机制，调动社会各方面的积极性，妥善解决矿山环境保护与治理的资金问题。对于历史上由采矿造成的矿山环境破坏而责任人灭失的，各计划部门、财政部门应会同有关部门建立矿山环境治理资金，专项用于矿山环境的保护治理；对于虽有责任人的原国有矿山企业，矿山开发时间较长或已接近闭坑，矿山环境破坏严重，矿山企业经济困难无力承担治理的，由政府补助和企业分担；对于生产矿山和新建矿山，遵照"谁开发、谁保护""谁破坏、谁治理""谁治理、谁受益"的原则，建立矿山环境恢复保证金制度和有关矿山环境恢复补偿机制；各地政府要制定矿山环境保护的优惠政策，调动矿山企业及社会矿山环境保护与治理的积极性；鼓励社会捐助，积极争取国际资助，加大矿山环境保护与治理的资金投入。

（4）强化监督管理，严格控制矿山环境遭受破坏。矿山建设严格执行"三同时"制度，保证各项环境保护和治理措施、设施与主体工程同时设计、同时施工、同时投产。对措施不落实，设施未验收或验收不合格的矿山建设项目，不得投产使用；对强行生产的，国土资源主管部门要依法吊销采矿许可证。

各级人民政府要坚持预防为主，保护优先的方针，坚决控制新的矿山环境污染和破坏。对于新建和技术改造的矿山建设项目，严格执行环境影响评价制度，矿山环境影响评价报告必须设立矿山地质环境影响专篇，矿山环境影响评价报告书作为采矿申请人办理采矿许可证和矿山建设项目审批的主要依据。矿山申请建设用地之前必须进行地质灾害危险性评估，评估结果作为办理建设用地审批手续主要依据之一。各级资源环境行政主管部门要严格把关，确保矿山开采中环境不遭到破坏。

矿山企业对矿区范围的矿山环境实施动态监测，并向资源环境行政主管提供监测结果，对于采矿引起的突发性地质灾害要及时向当地政府和行政主管部门报告。

各级人民政府要加强矿山环境保护监督管理，在矿山企业年检中加强矿山环境的年检内容，对矿山环境破坏严重的企业，责令限期治理，并依法处罚。

（5）依靠科技进步和国际合作，提高矿山环境保护水平。要加强矿山环境保护的科学研究，着重研究矿业开发过程中引起的环境变化及防治技术，矿业"三废"的处理和废弃物回收与综合利用技术，采用先进的采、选技术和加工利用技术，提高劳动生产率和资源利用率。加强矿山环境保护新技术、新工艺的开发与推广，增加科技投入，促进资源综合利用和环境保护产业化。加强矿山生态环境恢复治理工作，不断提高生态环境破坏治理率。引进和开发适用于矿区损毁土地复垦和生态重建新技术，进行矿区生态重建科技示范工程研究，加大矿山环境治理与土地复垦力度，在一些工作开展早、基础条件好的矿区，选择不同类型、不同地区的大型矿业基地，针对矿产资源开发利用所造成的生态环境破坏问题，以可持续发展的观点，发展绿色矿业，建立绿色矿业示范区。应加强国际合作，大力培训人才，努力学习各国矿山环境保护的先进技术和经验，从而加强和改善我国矿山环境保护工作。

（6）加强领导，共同推进矿山环境保护工作。要把加强矿山环境保护工作作为矿业开发的重要内容和紧迫任务，各级政府、资源环境管理部门都要充分认识这项工作的重要性和艰巨性，坚持不懈地抓下去。地方各级人民政府，应当对本辖区的矿山环境质量负责，采取措施改善矿山环境质量，省级政府要确定一位省级领导具体负责，坚持和完善各级政府对资源环境工作的目标责任制，建立矿山环境保护目标，做到责任到位，认真落实，并作为政绩考核内容之一。国务院各有关部门要加强协调与合作，共同做好矿山环境保护工作。国家环境保护总局要站在全局的高度，履行执法监督职能，做好综合协调；国土资源部负责矿山环境保护具体工作，在做好地质环境保护舱督管理的同时，积极推进和组织矿山环境调查、规划和矿山地质灾害防治及土地复垦工作；各有关部门要密切配合，大力支持矿山环境保护工作。

### 3.8.4 我国环境保护的基本方针

我国是发展中的国家，随着经济的发展，环境污染的问题变得突出起来，虽然，环境污染并不是经济发展的必然结果，然而，总结西方国家环境污染的经验教训，如果不采取有效措施，加强对环境的管理，其结果必然重踏西方工业发达国家先污染后治理的弯路。

世界上工业发达的国家在环境保护方面取得较大成就的主要经验是：

（1）规定各种环境保护法律、政策，若有违犯，给予经济和法律制裁。

（2）普遍建立环境保护机构。

（3）实行以环境规划为中心的环境管理体制。

我国党和政府对环保工作十分重视。《宪法》第十一条第三款规定："国家保护环境和自然资源，防治污染和其他公害"。这就把保护环境、合理开发和充分利用自然资源作为我国现代化建设中的一项战略任务和基本国策。国家把环境污染和生态破坏与经济建设、城市建设和环境建设同步规划、同步实施、同步发展，力求经济效益、社会效益和环境效益统一起来。这是因为我国是一个人口众多的发展中国家，不但要发展现代化的工农业和国防科学技术，而且还十分重视环境保护工作，否则就会重踏西方国家先污染后治理的老路，甚至导致自毁家园、破坏生存条件的严重恶果。

（1）"预防为主"是我国环境保护的基本方针，是搞好科学的环境管理所必须采取的主要手段。所谓"预防为主"就是要防患于未然，要充分注意防止对环境和自然资源的污染和破坏；尽可能减少污染的产生，严格控制污染物进入环境；在新建、改建和扩建工程中有关环境保护的设施必须与主体工程同时设计、同时施工、同时投产。如果不执行"预防为主"的方针，其结果必然是先污染后治理的局面，污染容易，治理难，恢复更难，后患无穷。

（2）"全面规划、合理布局"是防治污染的关键。在制定矿山总体规划时，要把保护环境的目标、指标和措施同时列入规划，应该根据矿区的自然条件、经济条件做出环境影响的评价，找出一种既能合理布局矿山企业，又能维持矿区及其附近的生态平衡，保护环境质量的最佳总体规划方案。矿山是采矿、选矿及冶炼的联合企业，而采矿本身又有露天和地下开采之分。因此，对新建矿山的设计和对老矿山的改造，首先要注意采矿、选矿、冶炼生产的合理布局，生产区和生活区的布局，井口工业场地的合理布局以及进风、排风井的位置，废石场、废渣堆积场、尾矿坝、高炉渣、冶金渣等的堆放及布置位置。

此外，对于矿区的地形、地质、水源、风向等均应全面考虑，做到统筹兼顾、全面安排。

（3）"综合利用，化害为利"是消除污染的重要措施。工业"三废"特别是矿山选矿和冶炼的"三废"中，有益有害组分是在一起的，所以"三废"的处理和有益组分的回收是密切相关的，"废"与"宝"是相对的，有许多对环境造成污染的物质，弃之有害，收之为宝。我们应该在坚持执行"预防为主"的方针时，对于某些不可避免的污染物质一定要采取综合利用的方针，变废为宝。这样不但消除了污染，减轻了危害，而且回收了资源，得到更大的经济效益。国家对综合利用是采取鼓励的政策。《环保法》中指出；国家对企业利用废气、废水、废渣作主要原料生产的产品，给予减税、免税和价格政策上的照顾，盈利所得不上交，由企业用于治理污染和改善环境。

(4)"发动群众，大家动手"是环境保护工作的群众路线。环境保护工作既要有专门的专业队伍，更要发动群众，依靠群众。如植树造林、爱国卫生运动、加强企业管理、开展减少污染的技术改造、技术革新等都涉及每个人、每个方面，而且互相之间，各行各业都要紧密配合。只有把群众发动起来，人人重视和监督环境保护工作，并与专业队伍密切配合、才能取得显著成绩。《环保法》规定：公民对污染和破坏环境的单位和个人有权监督、检举和控告。被检举、控告的单位和个人不得打击报复。规定国家对保护环境有显著成绩和贡献的单位、个人给予表扬和奖励。

(5)"保护环境、造福人民"是环境保护工作的目的，就是为了造福人民和子孙后代。要克服那种"怕花钱、怕投资"等错误思想。有些领导不关心工人的生命安全，把发展生产与保护环境对立起来，他们不懂得环境保护是进行工业生产、发展经济不可缺少的条件和环境保护方针的政策性和科学性。

总之，我们必须认真执行党和国家为我们制定的环境保护方针、政策，让富饶的祖国成为一个"清水蓝天、花香鸟语"的美丽乐园。

# 参 考 文 献

［1］ 陈宝智．矿山安全工程．北京：冶金工业出版社，2010

［2］ 谢世俊．金属矿床地下开采．北京：冶金工业出版社，1990

［3］ 陈国山．采矿概论．北京：冶金工业出版社，2010

［4］ 王英敏．矿井通风与防尘．北京：冶金工业出版社，1993

［5］ 铜陵有色金属公司．技术规程．A02 版．2008

［6］ 铜陵有色金属公司．工作标准．A02 版．2008

［7］ 李景元．现代企业车间主任现场管理运作实务．北京：中国经济出版社，2007

［8］ 大岛．大岛语录：科学的现场管理．北京：科学出版社，2005

［9］ 宋维同．班组长训练课程．北京：中国经济出版社，2005

［10］ 王关义．现代企业管理．北京：清华大学出版社，2004

［11］ 张淑君．企业运作管理．北京：清华大学出版社，2005

［12］ 单凤儒．企业管理．北京：高等教育出版社，2004

# 冶金工业出版社部分图书推荐

| 书　　名 | 作　者 | 定价(元) |
|---|---|---|
| 非煤矿山生产岗位操作规程指南（上） | 黄海嵩 | 59.00 |
| 非煤矿山生产岗位操作规程指南（下） | 黄海嵩 | 51.00 |
| 采矿工程师手册（上） | 于润沧 | 196.00 |
| 采矿工程师手册（下） | 于润沧 | 199.00 |
| 采矿手册（第1卷）矿山地质和矿山测量 | 本书编委会 | 99.00 |
| 采矿手册（第2卷）凿岩爆破和岩层支护 | 本书编委会 | 165.00 |
| 采矿手册（第3卷）露天开采 | 本书编委会 | 155.00 |
| 采矿手册（第4卷）地下开采 | 本书编委会 | 139.00 |
| 采矿手册（第5卷）矿山运输和设备 | 本书编委会 | 135.00 |
| 采矿手册（第6卷）矿山通风与安全 | 本书编委会 | 109.00 |
| 采矿手册（第7卷）矿山管理 | 本书编委会 | 125.00 |
| 矿山安全工程 | 陈宝智 | 30.00 |
| 矿山重大危险源辨识、评价及预警技术 | 景国勋 | 42.00 |
| 矿山环境工程 | 蒋仲安 | 39.00 |
| 采矿概论 | 陈国山 | 32.00 |
| 采矿学（含光盘） | 王　青 | 58.00 |
| 现代金属矿床开采科学技术 | 古德生 | 260.00 |
| 金属矿床地下开采 | 解世俊 | 33.00 |
| 地下金属矿山灾害防治技术 | 匡忠祥 | 75.00 |
| 井巷工程 | 赵兴东 | 38.00 |
| 矿井通风与除尘 | 浑宝炬 | 25.00 |
| 矿井通风三维仿真模拟理论与矿用空气幕理论 | 杨志强 | 58.00 |
| 矿井热环境及其控制 | 杨德源 | 89.00 |
| 爆破工程 | 张云鹏 | 36.00 |
| 中国爆破新技术 | 刘殿书 | 200.00 |
| 乳化炸药（第二版） | 汪旭光 | 150.00 |
| 采掘机械 | 李小豁 | 36.00 |
| 矿山充填力学基础 | 蔡嗣经 | 39.00 |
| 矿山岩石力学若干测试技术及其分析方法 | 赵　奎 | 26.00 |
| 金属及矿产品深加工 | 戴永年 | 118.00 |
| 金属矿山尾矿综合利用与资源化 | 张锦瑞 | 16.00 |
| 矿业经济学 | 李仲学 | 26.00 |
| 现代矿业管理经济学 | 彭会清 | 36.00 |